Auf dem Weg zur Führungskraft

Anke Lüneburg

Auf dem Weg zur Führungskraft

Die innere Haltung entwickeln

Anke Lüneburg
Anke Lüneburg Strategien + Potenziale
Harrislee bei Flensburg, Deutschland

ISBN 978-3-658-21985-7   ISBN 978-3-658-21986-4   (eBook)
https://doi.org/10.1007/978-3-658-21986-4

Die Deutsche Nationalbibliothek verzeichnet diese Publikation in der Deutschen Nationalbibliografie;
detaillierte bibliografische Daten sind im Internet über http://dnb.d-nb.de abrufbar.

Umschlaggestaltung: deblik Berlin
Fotonachweis Umschlag: © psdesign1/stock.adobe.com

Springer ist ein Imprint der eingetragenen Gesellschaft Springer Fachmedien Wiesbaden GmbH und ist
ein Teil von Springer Nature
Die Anschrift der Gesellschaft ist: Abraham-Lincoln-Str. 46, 65189 Wiesbaden, Germany

Meinem Mann Jan und meiner Tochter Jenny
in großer Dankbarkeit
für die stetige Unterstützung all meiner Ideen und Vorhaben
– vor allem bei diesem Buch.

Ebenso widme ich dieses Buch meinen drei Vorbildern in der Führung:

Joost Smeulders, den ich zu Beginn meiner Berufslaufbahn kennenlernen durfte
und der mich durch seine Persönlichkeit, seine Art zu führen und mit Menschen
umzugehen, sehr geprägt hat.

Hans-Werner Berlau, der mich als Aufsichtsratsvorsitzender beim Aufbau und
der Entwicklung eines Unternehmens engagiert begleitet hat und mir stets den
Freiraum gelassen hat, den ich brauchte.

Birgit Jürgens, die mich als Lehr- und Mastercoach der DGfC bis heute begleitet,
mir immer wieder neue Perspektiven eröffnet und wunderbare kreative Ideen zum
Thema Führung hat.

Und ich widme das Buch all den Führungskräften, die mit Respekt, Verantwortung,
Klarheit und Empathie ihre Unternehmen in die Zukunft führen.

Vorwort

Noch ein Buch für (zukünftige) Führungskräfte? Ja!

Diesmal eine echte Wegbegleitung für Menschen, die anders führen wollen als nur mithilfe einiger Führungstools oder Management Skills – und oft noch nicht einmal diese zur Verfügung haben.

Führen zu lernen wie einen Beruf zu lernen ist das Ziel – denn Führen im Arbeitsalltag läuft nicht nebenher, sondern ist eine echte Aufgabe, für die Fachaufgaben abgegeben werden müssen. Gleichzeitig wird es für Unternehmen immer wichtiger, dass in allen Bereichen Führungskräfte mit einer starken Persönlichkeit Verantwortung übernehmen, um im Wettbewerb zu bestehen, Veränderungen umzusetzen und wirtschaftlichen Erfolg zu haben. Nur echte Persönlichkeiten können die Potenziale von Mitarbeitenden herausfinden und sie bei der Weiterentwicklung unterstützen, ihre Stärken stärken und so ihre Leistungen steigern.

Um gut führen zu können, sollten Menschen sich zunächst selbst gut kennen: Wer bin ich? Was brauche ich, um gut arbeiten zu können? Welche Werte sind mir wichtig? Dann folgt das Wissen über Menschen, ihre Gefühle und Bedürfnisse, über die Kunst der Gesprächsführung und soziale Kompetenzen. Und nicht zuletzt: Wie funktionieren Organisationen? Wie können sie verändert werden, um das Unternehmen an neue Herausforderungen anzupassen?

Coaching bietet viele Möglichkeiten, diesen Weg zu begleiten, denn im Coaching geht es immer um die Anerkennung der Einzigartigkeit von Menschen und um die Entwicklung von Kompetenzen und Potenzialen. Mit Menschen, die ihre Stärken nutzen dürfen, können Unternehmen außerordentliche Erfolge erreichen. Gleichzeitig werden Konflikte reduziert oder sogar vermieden, das Mitarbeiterengagement und das Betriebsklima verbessern sich, sodass die Attraktivität als Arbeitgeber steigt.

Eine echte Ausbildung zur Führungskraft ist eine Vision, an die ich glaube: Warum sollte es nicht in zehn oder zwanzig Jahren eine Ausbildung geben wie „Master of Leadership" für Menschen mit Bachelorabschluss oder „Führung lernen" für Menschen mit einer Ausbildung? Auch in Meisterschulen oder berufsbildenden Schulen könnte zusätzliches Wissen über Menschen, Organisationen und Führung vermittelt werden.

Bis dahin können viele Unternehmen auf Basis dieses Buches ihre zukünftigen Führungskräfte im Rahmen von zweijährigen Ausbildungen, bestehend aus sechs oder sieben einwöchigen Blöcken, dabei unterstützen, ihr Profil bzw. ihre innere Haltung als Führungskraft zu entwickeln. Auch kleine Unternehmen können ein solche Projekt angehen, indem sie sich mit befreundeten Unternehmen oder Stakeholdern zusammentun.

Die mutigen Unternehmen, die diesen Weg gehen, werden erleben, wie sich die Zusammenarbeit verbessert, wie sich mehr Mitarbeitende mit ihrem Unternehmen identifizieren und bereit sind, ihr gesamtes Wissen für den gemeinsamen Erfolg einzubringen – und im Unternehmen zu bleiben. Gute Führungskräfte sind entscheidend für eine enge Bindung der Mitarbeitenden ans Unternehmen – und eine echte Ausbildung trägt zur Qualität von Führung bei.

Ich bedanke mich bei all meinen Gesprächspartnern, die bereitwillig meine Fragen zu Führung und Ausbildung beantwortet haben, und bei meiner Lektorin Eva Brechtel-Wahl für die geduldige stetige Begleitung meines ersten Buches.

Nun wünsche ich Ihnen viel Freude und Inspiration beim Lesen und vor allem bei der Umsetzung! In diesem Sinne gebe ich Ihnen die folgenden weisen Worte mit:

„Wir brauchen uns nicht immer wieder zu verändern. Es reicht, wenn wir uns entfalten."

Anke Lüneburg
Flensburg
im Herbst 2018

Danksagung

Ein herzlicher Dank geht an die Expertinnen und Experten, die für ein Interview zur Verfügung gestanden haben. Die Ergebnisse sind vor allem in Kap. 7 eingeflossen.

Herr Hans-Jochen Becker, Geschäftsführer
Groth & Co. Bau- und Beteiligungs GmbH & Co.KG, Pinneberg
Mail: hjbecker@groth-gruppe.de
Internet: ► www.groth-gruppe.de

Herr Heinz-W. Bertelmann, Geschäftsführer
Bertelmann & Hacker KG Personalentwicklung und Unternehmensführung, Flensburg
Mail: hwb@bertelmannhacker.de
Internet: ► www.bertelmannhacker.de

Frau Petra Clemen, Geschäftsführerin
ClemenConsulting, Mannheim
Mail: p.clemen@clemenconsulting.de
Internet: ► www.clemenconsulting.de

Herr Dr.-Ing. Claus-Christian Ehrhardt, Geschäftsführender Gesellschafter
Groth & Co. Bauunternehmung GmbH, Pinneberg
Mail: cehrhardt@groth-pinneberg.de
Internet: ► www.groth-gruppe.de

Frau Birgit Jürgens, Mastercoach ISP/DGfC, Varel
Mail: heine-juergens@ewetel.net
Internet: ► https://www.coaching-dgfc.de über Coachsuche

Herr Holger Littau, Geschäftsführender Gesellschafter
LITTAU GmbH, Kiebitzreihe
E-Mail: littau@littau-gmbh.de
Internet: ► www.littau-gmbh.de

Frau Sylke Schliep, Führungskräftetrainerin, LUXXprofile Master und Instructor
Entwicklung nach Maß, Wattenbek
E-Mail: kontakt@entwicklung-nach-mass.eu
Internet: ► www.entwicklung-nach-mass.eu

Frau Barbara Schüssler, Leitung Personal & Organisation
GP JOULE GmbH, Reußenköge
E-Mail: b.schuessler@gp-joule.de
Internet: ► www.gp-joule.de

Herr Dietrich von Holten
Von Holten Consult, Hamburg
E-Mail: dietrich@vonholten.de
Internet: ► www.vonholten.de

Ich bedanke mich bei der **Deutschen Gesellschaft für Coaching (DGfC)** und ihrem Vorstandsvorsitzenden Peter Paul König, dass ich über die neuen Ethikgrundsätze und das Coaching-Verständnis der Gesellschaft schreiben durfte.
DGfC, Bielefeld: ► www.coaching-dgfc.de

Ich bedanke mich ebenso bei der **LUXXunited GmbH**, Herrn Peter Boltersdorf und Herrn John Delnoy, für die Erlaubnis, über das LUXXprofile und seine Möglichkeiten zu schreiben.
LUXXunited GmbH, Berlin: ► www.luxxprofile.com

Inhaltsverzeichnis

Über die Autorin

Anke Lüneburg

ist Diplom-Betriebswirtin und zertifizierte Coach, Beraterin und Trainerin im Bereich Führung, Selbstführung, Berufsstrategie und Potenzialentwicklung und beschäftigt sich mit der Entwicklung von Organisationen. Sie bringt über 20 Jahre Führungserfahrung als Managerin, Unternehmerin und Ausbilderin in verschiedenen Branchen mit. Anke Lüneburg war bis Sommer 2018 fünf Jahre Lehrbeauftragte an der FH Westküste in Heide/Holstein und lehrt online Führungskompetenzen.

Ein-Führung

Literatur – 6

© Springer Fachmedien Wiesbaden GmbH, ein Teil von Springer Nature 2019
A. Lüneburg, *Auf dem Weg zur Führungskraft*,
https://doi.org/10.1007/978-3-658-21986-4_1

1

In diesem Buch geht es um eine Ausbildung für Führungskräfte – keine Weiterbildung, kein Seminar, kein Vermitteln von Instrumenten oder Tools. Eine Ausbildung, die ihren Namen verdient und gleichberechtigt neben der Berufsausbildung steht. Wir legen in unserem Land viel Wert auf die fachliche Ausbildung – ob im Studium oder im Betrieb. Eine Ausbildung für Führungskräfte – auch Projektmanager/innen führen! – gibt es jedoch nicht, obwohl das doch viel wichtiger sein sollte, schließlich geht es um Menschen. Menschen, die bereit sind, ihr Bestes zu geben, sich zu engagieren, ihr Wissen zu teilen – und dann von Menschen geführt werden, die den Wert ihrer Mitarbeitenden nicht erkennen, weder Respekt noch Wertschätzung für ihre Kompetenzen erkennen lassen noch sie in ihrer Weiterentwicklung unterstützen.

> Es geht somit um **die eigene, persönliche Profilbildung,** um die **Entwicklung der inneren Haltung als Führungskraft** – und nicht um eine uniforme Ausbildung oder die reine Vermittlung von Methoden. Jeder und jede führt anders – und das ist gut so, wenn er oder sie sich mit Menschen, Organisationen und ihren Eigenheiten ebenso gut auskennt wie mit sich selbst. Coaching kann dabei unterstützen, die zugehörigen Führungskompetenzen in der **Ausbildung zur Führungskraft** zu erlernen.

Oftmals wissen Führungskräfte einfach nicht, wie sie führen sollen oder was dazu gehört. Sie haben die Führungsaufgaben irgendwann zu ihren Fachaufgaben dazu bekommen – ohne dass ihnen Aufgaben abgenommen worden wären oder sie zumindest eine Weiterbildung bekommen hätten. Und selbst wenn ein Seminar angeboten wird, handelt es sich oft um Managementtechniken, die vermittelt werden (und die auch hilfreich sind) – jedoch kein Wissen über Menschen, ihre Bedürfnisse und Motive, über Organisationen und ihre Funktionsweise – und schon gar nicht darüber, wie Führungskräfte sich selbst besser kennenlernen und führen können.

Eine besondere Herausforderung für Mitarbeitende sind Führungskräfte, die überhaupt nicht führen. Hier erfolgen keine oder unklare Anweisungen, Entscheidungen müssen Mitarbeitende oder Externe fällen, Ziele fehlen oder werden vernachlässigt. Damit entstehen häufig „unsichtbare" Führungskräfte: Jemand aus dem Team übernimmt die Aufgaben der Führungskraft. Falls mehrere führen wollen, entstehen Konflikte. Wenn Mitarbeitende sich nicht selbst motivieren können, wird in solchen Teams Dienst nach „Vorschrift" gemacht.

Es gab einmal den Trend, dass Führungskräfte mehr soziale Kompetenzen entwickeln sollten. Sie lernen also in Seminaren, wie sie ihre Kommunikations- und Konfliktfähigkeiten verbessern können, setzen das eine oder andere im betrieblichen Alltag ein – und stoßen doch wieder an Grenzen, wenn es im Team „knirscht". Was ist der Grund? Ohne Selbstkompetenz, also das Wissen über sich selbst, ist der Erwerb von sozialen Kompetenzen nicht möglich.

Nach der Gallup-Metaanalyse 2016 „halten sich 97 % für eine gute Führungskraft, aber zwei von drei Arbeitnehmern (69 %) hatten im Lauf ihres Arbeitslebens schon mindestens einmal einen schlechten Vorgesetzten." (▶ http://www.gallup.de/183104/engagement-index-deutschland.aspx). – da kann also etwas nicht stimmen.

An die alljährliche Gallup-Umfrage haben sich schon alle gewöhnt: Nur um die 15 % der Arbeitnehmer fühlen sich ihrem Unternehmen emotional verbunden, der Rest macht „Dienst nach Vorschrift": 70 % haben eine geringe Bindung, 15 % gar keine Bindung an den Arbeitgeber – und damit entsteht gewaltiger Schaden für die Unternehmen.

Die Gallup-Metaanalyse 2016 hat eine große Untersuchung dazu durchgeführt und kommt zu dem Ergebnis, dass Mitarbeiterbindung das wichtigste Ziel für Unternehmen ist, um wettbewerbsfähig zu bleiben. Sie schreiben wörtlich: „Eine mangelnde emotionale Bindung an das eigene Unternehmen geht in den allermeisten Fällen auf Defizite in der Personalführung zurück: Aus motivierten Leuten werden Verweigerer, wenn ihre emotionalen Bedürfnisse bei der Arbeit über einen längeren Zeitraum ignoriert werden." (► http://www.gallup.de/183104/engagement-index-deutschland.aspx). Gallup erhofft sich einen echten Kulturwandel, der jedoch noch weit weg zu sein scheint und empfiehlt einstweilig, den Führungskräften das Feedback-Geben sowie Gespräche über Stärken und Potenziale beizubringen.

In ihrem Buch „Musterbrecher" berichten die Autoren Wüthrich, Osmetz und Kaduk über sieben Führungsmuster, nach denen die meisten Führungskräfte führen. Sie stammen aus Schulen, Hochschulen und aus der Ausbildung, automatisch übernommen von Meinungsmachern oder Vorbildern. Studierende werden eng betriebswirtschaftlich, nicht multidisziplinär ausgebildet; die Ausbildung oder das Studium beschränkt sich auf das mechanistische Denken, Techniken und Methoden, die als Instrumente zum Lösen betriebswirtschaftlicher Probleme sinnvoll sind (wie ich aus eigener Erfahrung meines betriebswirtschaftlichen Studiums bestätigen kann). Es findet jedoch keine Auseinandersetzung statt, ob der Einsatz der Instrumente wirklich jederzeit und bei jedem Menschen sinnvoll ist. Auch ein Perspektivwechsel findet nicht statt, vor allem wenn das Studium eng getaktet ist. In der Praxis wird dann so geführt, wie alle anderen das auch tun, ohne dass das Verhalten reflektiert wird (vgl. Wüthrich et al. 2009, S. 22–24).

Vor allem in technischen und naturwissenschaftlichen Studiengängen fehlt das Thema Führung – und damit sind Nachwuchsführungskräfte auf sich selbst gestellt. Viele interessieren sich nicht für Themen wie Selbstführung, Emotionen, Werte oder Leadership. Zum einen liegen ihre Interessen natürlich mehr im technischem oder naturwissenschaftlichen Bereich, zum anderen glauben sie, dass es für sie und ihre Tätigkeit als Führungskraft nicht wichtig und damit zu vernachlässigen ist. Jedoch ist die Wahrscheinlichkeit relativ hoch, dass sie einmal Projekte leiten werden – auch Projektmanager benötigen nach Ansicht der Deutschen Gesellschaft für Projektmanagement neben den fachlichen und organisationalen Fähigkeiten soziale und personale Kompetenzen wie Wertschätzung, Motivation, Mitarbeiterführung, Verlässlichkeit oder Ethik (GPM – Deutsche Gesellschaft für Projektmanagement (2009), S. 4–6. Quelle: ► https://www.gpm-ipma.de/fileadmin/user_upload/Qualifizierung___Zertifizierung/Zertifikate_fuer_PM/National_Competence_Baseline_R09_NCB3_V05.pdf).

Da die Vernachlässigung wichtiger Führungs- und Projektkompetenzen zu großen Schwierigkeiten in Unternehmen führt, ist der von Gallup erhoffte Kulturwandel (siehe oben) nötig: Eine eigene innere Haltung als Führungskraft zu entwickeln!

Es geht also in diesem Buch um eine echte Ausbildung zur Führungskraft. Dazu gehört es in erster Linie, sich selbst kennenzulernen: Wer bin ich eigentlich? Was treibt mich an? Welche Stärken habe ich? Wenn Führungskräfte lernen, sich selbst zu reflektieren, ihre Gefühle und Bedürfnisse wahrzunehmen und ihr Verhalten neu zu betrachten, dann können sie sich von ihren Verhaltensmustern aus der Vergangenheit bewusst trennen und somit anders mit ihren Mitarbeitenden kommunizieren. Dann handeln sie nicht mehr wie „ein strenger Vater" oder wie „ein kleines Mädchen", um zwei typische Muster zu nennen. Menschen, die führen wollen, müssen nicht unbedingt eine Begabung dafür mitbringen, jedoch ein positives Menschenbild haben. In der Ausbildung lernen

1

sie dann alles über Menschen, ihre Einzigartigkeit, ihre Bedürfnisse und Gefühle – und damit über ihre Veränderungsmöglichkeiten. Hier sind folgende Worte kluger Manager hilfreich:

> **»** Die Menschen sind weniger veränderbar, als wir glauben.
> Verschwende nicht deine Zeit mit dem Versuch, etwas hinzuzufügen, das die Natur nicht vorgesehen hat.
> Versuche herauszuholen, was in ihnen steckt. Das ist schwer genug
> (Buckingham und Coffman 2001, S. 50).

Es gibt verschiedene Zeitpunkte im Berufsleben, sich mit eigenen inneren Haltung als Führungskraft zu beschäftigen:

- Zum Start des Karriereweges in einem Unternehmen, das seine zukünftigen Führungskräfte gut ausgebildet sehen möchte
- vor bzw. zum Berufsstart, daher wird hier neben der Ausbildung auch ein Kurs für Studierende oder Schüler/innen von berufsbildenden Schulen oder Meisterschulen vorgestellt
- in der Lebensmitte, wenn eine gestandene Führungskraft merkt, dass ihr das Wissen über sich selbst und andere helfen könnte. Hier bietet sich zunächst ein Einzelcoaching an.

Das Buch ist so aufgebaut, dass es mit dem Wissen über Menschen, ihre Bedürfnisse, Emotionen und Werte beginnt, denn es ist die Basis für Führung und Selbstführung.

Dann geht es um Organisationen: Wie funktionieren sie? Wozu sind sie da? Wie führt man eine Organisation? Welchen Sinn und Zweck hat eine Organisation? Wenn sie keine Vision, keine Mission oder Leitbild hat, ist eine Organisation schwach, ohne Energie. Auch Zukunftsformen von Organisationen, insbesondere um die Ideen von Frederic Laloux, werden vorgestellt.

Mit dem dritten Thema, der Führung, ist das Fundament für Führungskompetenzen gebaut. Aus meiner Sicht stehen menschliche Bedürfnisse und Emotionen, Führung und Organisationen heute „einzeln im Raum" bzw. werden einzeln gelehrt – sie sollten jedoch verknüpft werden, um besagtes Fundament des Wissens zu bilden.

Im Abschnitt Führung geht es um das Sinnverständnis von Führung und um Leadership. Was ist ein Leader? Worin unterscheidet er oder sie sich von Führungskräften? Es geht um Führungskompetenzen und um Werte, die die Wurzeln für die innere Haltung bilden. Neben eigenen Werten, die im Kapitel zur Selbstführung erarbeitet werden, geht es hier um unabdingbare Werte für jede Führungskraft: Vertrauen und Selbstvertrauen, Klarheit, Freiheit und Verantwortung.

Hier wird das professionelle Coaching vorgestellt, das Führungskräften als Begleitung auf Zeit zur Seite stehen und sie bei der Persönlichkeitsentwicklung unterstützen kann.

Nachdem das Fundament steht, kommt der wichtigste Teil für die innere Haltung als Führungskraft: Die Selbstführung. Wer bin ich? Was sind meine Werte, meine Stärken? Was ist meine Aufgabe im Leben? In wessen Dienst stelle ich mein Leben? Wie und wo kann ich am besten arbeiten? Welche Lebensbalance ist für mich wichtig? Welche Beziehungen brauche ich und nicht zuletzt: Was treibt mich an? Und: Was habe ich eigentlich davon, wenn ich weiß, wer ich bin?

Dazu werden passende Coachingbeispiele vorgestellt, die bei der Selbstführung unterstützen können.

In ▶ Kap. 6 werden die sozialen Kompetenzen für Führungskräfte erarbeitet. Hier geht es um die emotionale und die spirituelle Intelligenz, bevor ganz klassisch einige Wege zur guten Kommunikation und zur Konfliktfähigkeit vermittelt werden – immer unter dem Aspekt, dass die Leser aus verschiedenen passenden Möglichkeiten wählen können, um ihre innere Haltung als Führungskraft zu stärken.

Mit Unterstützung von weiteren Coachingbeispielen können soziale Kompetenzen geübt werden, vor allem die Transaktionsanalyse bekommt neben dem systemischen Arbeiten einen größeren Platz.

Das Buch endet mit den konkreten Vorschlägen für eine Führungskräfteausbildung im Unternehmen bzw. für einen Kurs an Schulen oder Hochschulen. Diese sind als Muster zu betrachten, denn aus meiner Sicht sollte jedes Unternehmen seine ganz persönliche Ausbildung zusammenstellen (lassen), die zu den eigenen Zielen und Strategien sowie Zeit- und Inhaltsanforderungen passen.

Das vorliegende Buch kann für die Leser als eigene Ausbildung – allein oder in der Gruppe – genutzt werden. Dafür empfehle ich den Kauf eines schönen Buches, am besten in Din A-4-Größe, das Sie als Lerntagebuch begleiten kann (mehr dazu in ▶ Abschn. 7.4). Am Ende jedes Kapitels sowie in einer separaten Liste (auch online zum Download) gibt es Fragen und Aufgaben, die der Vertiefung und der Auseinandersetzung mit dem jeweiligen Thema dient. Empfehlenswert ist es, sich nach jedem Kapitel die Zeit für die Bearbeitung und vor allem fürs Nachdenken zu nehmen. Auch eine ruhige Ecke, wo Sie nicht gestört werden, ist hilfreich. Vielleicht können Sie sich auch mit jemandem austauschen, der ebenfalls seine Fragen klärt.

Unterstützen kann Sie der untenstehende Baum (◘ Abb. 1.1), dessen Stamm Ihr zukünftiges Profil, Ihre Haltung als zukünftige Führungskraft symbolisiert. Ihre Potenziale,

◘ Abb. 1.1 Der Profil-Baum. (Eigene Darstellung)

Werte und Ihre Stärken sind in Ihnen vorhanden („verwurzelt“) und kommen möglicherweise erst beim Lesen und Beschäftigen mit sich selbst hervor, falls diese ihnen noch nicht bewusst sind. Sie bilden die Wurzeln, die Basis für das Profil und die Haltung. Im Baum befinden sich Ihre Kompetenzen: Selbstkompetenz, soziale und emotionale Kompetenzen – und Ihr Wissen über Organisationen, Menschen etc.

So sieht der Baum aus, wenn Sie Ihr Lerntagebuch mit Ihren persönlichen Inhalten gefüllt haben – oder die Chance hatten, eine Ausbildung zur Führungskraft in Ihrem Unternehmen zu machen. Auch ein Kurs an Ihrer Schule oder Hochschule trägt zur Entwicklung Ihrer Haltung und dem Erlernen erster Kompetenzen bei (◘ Abb. 1.1).

Damit haben Sie ein wunderbares Buch über sich selbst zusammengestellt, mit sehr viel Wissen über alles, was eine Führungskraft benötigt. Sie haben Ihre innere Haltung, Ihr Profil schriftlich notiert – vielleicht sogar wie ich als Baum gezeichnet – und können immer wieder darauf zurückgreifen – und es vielleicht auch fortführen, denn Menschen entwickeln sich weiter, wenn sie es wollen….

Abschließend möchte ich Ihnen eine Zen-Weisheit mitgeben, die als Leitsatz dienen kann: „Ein Baum mit starken Wurzeln kann einem gewaltigen Sturm widerstehen, aber kein Baum kann solche Wurzeln schlagen, wenn der Sturm bereits am Horizont auftaucht.“

Literatur

Bücher

Buckingham, M., & Coffman, C. (2001). *Erfolgreiche Führung gegen alle Regeln. Wie Sie wertvolle Mitarbeiter gewinnen, halten und fördern. Konsequenzen aus der weltweit größten Langzeitstudie des Gallup-Instituts*. Frankfurt a. M.: Campus.

Wüthrich, H. A., Osmetz, D., & Kaduk, S. (2009). *Musterbrecher. Führung neu leben* (3. überarbeitete und erweiterte Aufl.). Wiesbaden: Gabler.

Online-Dokumente

Gallup Deutschland. Engagement Index Deutschland. (2016). ▶ http://www.gallup.de/183104/engagement-index-deutschland.aspx. Zugegriffen: 1. Apr. 2018.

GPM – Deutsche Gesellschaft für Projektmanagement. (2009). ICB – IPMA Competence Baseline Version 3.0 in der Fassung als deutsche NCB 3.0 National Competence Baseline. ▶ https://www.gpm-ipma.de/fileadmin/user_upload/Qualifizierung___Zertifizierung/Zertifikate_fuer_PM/National_Competence_Baseline_R09_NCB3_V05.pdf. Zugegriffen: 1. Apr. 2018.

Menschen

© Springer Fachmedien Wiesbaden GmbH, ein Teil von Springer Nature 2019
A. Lüneburg, *Auf dem Weg zur Führungskraft*,
https://doi.org/10.1007/978-3-658-21986-4_2

2

Führung ohne Menschen ist nicht möglich. Menschen führen, Menschen werden geführt – nicht nur in einer Hierarchie, sondern auch in Projekten. Oder auch in (fast) hierarchielosen Organisationen, wie denen, die Laloux in „Reinventing Organizations" (siehe ▶ Abschn. 3.2) vorstellt. Gerade in Teams ohne Führungskraft müssen Mitarbeitende Verantwortung übernehmen – sie führen also ihre Kollegen innerhalb ihres Verantwortungsbereichs, z. B. bei der Erstellung des Dienstplans für alle. In einem Projekt übernimmt auch die Spezialistin Führungsverantwortung, wenn sie die Projektleitung innehat, selbst wenn sie ansonsten kein Personal führt.

In vielen Organisationen werden Führungsaufgaben vergeben, ohne dass sich die Beauftragten Wissen über Menschen angeeignet haben. Häufig wird die Meinung vertreten, dass das nicht notwendig sei, denn die Projektleiterin oder der Abteilungsleiter habe kraft Amtes Weisungsbefugnis. Wenn Führung im Sinne von Befehl und Gehorsam verstanden wird, ist das richtig – ob jedoch die Mitarbeitenden dann wirklich motiviert sind, sich engagieren und ihre beste Leistung erbringen – und vor allem dem Unternehmen erhalten bleiben –, darf angezweifelt werden.

Im Berufs- und Führungsalltag werden die Themen Gefühle und Bedürfnisse häufig ignoriert, obwohl beides eng verbunden sein sollte, wie Bitzer anmerkt (Bitzer 2016, S. 57 ff.). Das Zeigen oder auch das Wahrnehmen von Gefühlen wird als unprofessionell oder unwissenschaftlich betrachtet; sie gehören nach Meinung vieler in das Privatleben. Menschen können jedoch ihr Zwischenhirn während ihrer Arbeitszeit nicht ausschalten; im negativen Fall unterdrücken sie mithilfe des Großhirns ihre Gefühle, mit langfristig negativen Folgen für die physische und psychische Gesundheit. Gleichzeitig werden seit einigen Jahren emotionale und soziale Kompetenzen von Führungskräften gefordert – die sie jedoch nur lernen und einsetzen können, wenn sie sich selbst und ihre eigenen Emotionen gut kennen.

Daher geht es zu Beginn zuerst um Menschen, um ihr Verhalten, ihre Gefühle und Bedürfnisse. Führungskräfte, die mehr Wissen über Menschen haben, können ihre Gruppe oder ihren Verantwortungsbereich leichter steuern und erzielen bessere Ergebnisse. Um Gefühle und Bedürfnisse besser zu verstehen, wird ein kurzer Blick auf die Funktionsebenen des Gehirns geworfen.

2.1 Die Funktionsebenen des Gehirns

Das Gehirn besteht aus drei Schichten bzw. Funktionsebenen, die miteinander verbunden sind:

- Das Stammhirn sorgt für die körperlichen Funktionen wie Herz-Kreislauf oder Immunsystem. Gleichzeitig sitzen dort die menschlichen Instinkte und angeborenen Antriebe wie Ernährung (Existenzsicherung), Kampf- und Fluchtverhalten.
- Im Zwischenhirn oder limbischen System liegen die Gefühle. Hier werden die emotionalen Erfahrungen abgespeichert und im Fall einer neuen Erfahrung sehr schnell mit früheren Erfahrungen abgeglichen. Je nach Art der Erfahrung – positiv oder negativ – erhalten Menschen ein angenehmes oder weniger angenehmes körperliches Signal.
- Das Großhirn ist der Sitz des Denkens, Wollens, Planens und der Impulskontrolle. Durch das Großhirn kann der Mensch die Folgen seines Handelns abschätzen. So können Menschen Signale aus den beiden anderen Gehirnschichten ignorieren, z. B. ihre Gefühle oder Bedürfnisse in bestimmten Situationen. Werden diese über längere Zeit ignoriert, so können Krankheiten entstehen (vgl. Fritsch 2012, S. 11 ff.).

Gefühle, in der Fachsprache Emotionen genannt, bedingen menschliches Verhalten sowie die Motivation von Menschen und hängen eng mit der Erfüllung von Bedürfnissen zusammen. Gleichzeitig hängen Gefühle mit Einstellungen und Gedanken zusammen – manchmal so unklar, dass sie kaum voneinander zu unterscheiden sind.

Daher ist es für zukünftige und jetzige Führungskräfte unabdingbar, sich mit eigenen und fremden Gefühlen und Bedürfnissen auseinanderzusetzen und sie von Pseudogefühlen, Einstellungen und Gedanken abgrenzen zu können.

2.2 Gefühle und Bedürfnisse

Grundsätzlich kommt jeder Mensch mit der Fähigkeit auf die Welt, Gefühle und Bedürfnisse zu empfinden. Mohr spricht hier vom sogenannten „Lebensstrom, der inneren Quelle des Lebens, die jedes Lebewesen in sich trägt" (Mohr 2008, S. 67). Manche Bedürfnisse wie Hunger oder Durst bleiben zeitlebens deutlich spürbar, andere werden ggf. schon früh von Einflüssen durch Bezugspersonen verdeckt. Beispielsweise kann das Bedürfnis nach Autonomie von einer Familienstruktur verdeckt werden, die alle Kinder eng an die Herkunftsfamilie bindet.

Um den Zusammenhang zwischen Gefühlen, Gedanken und Körper einordnen zu können, werden in den folgenden Kapiteln Gefühle und Bedürfnisse beschrieben und erläutert.

2.2.1 Gefühle und Pseudogefühle

Die Wissenschaft kennt eine unterschiedliche Zahl von sogenannten Grundgefühlen, die alle Menschen auf der Welt empfinden können. An dieser Stelle soll die Auswahl von Mohr vorgestellt werden, die sich zum größten Teil mit anderen Ergebnissen deckt.

Gefühle ermutigen zum Handeln; die Grundgefühle werden so benannt, da sie unterschiedliche Handlungen auslösen, um menschliche Bedürfnisse wie Sicherheit oder Verhalten gemäß der eigenen Werte zu erfüllen (◻ Tab. 2.1).

Neben den genannten Grundgefühlen gibt es noch die Liebe als Grundgefühl, die jedoch kein bestimmtes Verhalten erwartet. Menschen sind dann am Wohlergehen anderer interessiert ohne Erwartungen zu haben. Unter Liebe kann im Berufsleben Wertschätzung, Aufmerksamkeit und Interesse an anderen verstanden werden, z. B. wenn eine Führungskraft sich für Weiterentwicklung eines Mitarbeiters einsetzt oder sie den Sondereinsatz einer Mitarbeiterin öffentlich lobt. Auch das echte Zuhören gehört dazu; dazu mehr im ▶ Kap. 6.

Bitzer (vgl. 2016, S. 87 ff.) glaubt aufgrund seiner langjährigen Erfahrungen als Trainer und Berater, dass es sogar nur zwei wirklich bedeutsame Grundgefühle (er nennt sie Basisemotionen) gibt: Angst und Liebe (bzw. Wertschätzung etc.).

Das Grundgefühl Liebe mit seinen Synonymen im Unternehmensalltag wurde bereits oben beschrieben; Bitzer beschreibt darüber hinaus die Irritationen, die bei der Verwendung des Begriffs „Liebe" bei Führungskräften ausgelöst werden. Er ist sich jedoch sicher, dass das Grundgefühl Liebe die Grundlage für Leistung und Motivation ist und daher in den Unternehmen mehr beachtet werden sollte, um Menschen an Unternehmen zu binden.

2

◻ Tab. 2.1	Grundgefühle. Eigene Darstellung nach Mohr 2008, S. 71 f.
Grundgefühl	**Handlungen**
Angst	Flucht, Kampf oder „tot stellen", Suche nach Hilfe
Ärger	Um eine Situation zu ändern, wird Energie gesammelt. Gern soll die Änderung extern passieren. Ggf. ärgert man sich über sich selbst
Trauer	Abschied von einer unabänderlichen Situation. Phasen des Trostes, der Wut, des Alleinseins und Akzeptanz der Situation
Freude	Verstärkung des eigenen Verhaltens, Suchen von Kontakten, Entspannung des Körpers durch Endorphine
Scham	Wahrnehmung, dass jemand als Mensch abgewertet wird
Schuld	Nicht-stimmiges Verhalten mit den eigenen Werten führt zu Schuld als Gefühl; Wunsch nach Änderung oder Verhinderung eines ähnlichen Vorgehens in der Zukunft
Ekel	Bewahrung vor Gefahr durch Ungenießbares, die sofortige Körperreaktion hervorruft

Zum Grundgefühl Angst gibt es inzwischen sehr viele Untersuchungen, möglicherweise ist Angst das meist untersuchte Grundgefühl. In Zeiten von hoher Arbeitslosigkeit oder in Regionen mit wenig adäquaten Arbeitsplätzen neigen Menschen aus Angst zur Anpassung an die Anforderungen des Arbeitgebers. Ein weiterer Grund für dieses Verhalten ist sicherlich, dass Angst zu Unsicherheit, Mutlosigkeit und zur Ablehnung von Verantwortung und dem Treffen von Entscheidungen beiträgt und damit der Wirtschaft massiv schadet. Daher soll im Rahmen der Ausbildung zur Führungskraft (▶ Kap. 7) das Thema Grundgefühle mit den Schwerpunkten Angst und Wertschätzung/Liebe besprochen werden.

Es gibt jedoch einen weiteren Grund, warum das Grundgefühl Angst in der Gesellschaft und damit auch in den Unternehmen eine große Rolle spielt:

Menschen, denen in der Kindheit nicht erlaubt wurde, ihre echten Gefühle zu zeigen und damit zu verarbeiten, wie z. B. bei Angst oder Trauer („Ein Indianer kennt keinen Schmerz" oder „Jungen weinen nicht") zeigen häufig eher Wut oder Ärger als ihre echten Gefühle wie Verletzlichkeit oder Traurigkeit. In der Kindheit haben sie sich (unbewusst) entschieden, entweder Gefühle gar nicht mehr wahrzunehmen, also gefühllos zu werden und damit ein Ersatzgefühl zu spüren, dass ihre Familie akzeptiert (das kann durchaus Wut sein, wenn es in der Familie üblich ist, laut zu werden oder Türen zu knallen), oder die Angst/Trauer in sich festzuhalten und nach außen eine positive Haltung zu zeigen. Sind diese Menschen als Erwachsene wieder in so einer Situation, so reagieren sie mit Ärger, Gefühllosigkeit oder „lächeln" die Trauer oder die Angst weg. Im Unternehmensalltag erkennen solche Führungskräfte weder die eigenen Gefühle bzw. Bedürfnisse noch die der Mitarbeitenden und können sie somit nicht nachvollziehen.

Beispiel

Ein Abteilungsleiter, der fast 40 Jahre lang sehr engagiert für sein Unternehmen gearbeitet und sich stark mit ihm identifiziert hat, erfährt einige Zeit nach einem Eigentümerwechsel von seinem direkten Vorgesetzten per Mail, dass er „nicht mehr Mitglied des Teams" sei. Die Bedeutung der Nachricht kommt nicht bei ihm an (er ist doch Teammitglied, seit vielen Jahren!), er ruft seinen Vorgesetzten an und erfährt, dass er „gefeuert" sei. Er ist sehr gefasst, obwohl er soeben den Sinn seines Seins verloren hat und äußert Verständnis für das Unternehmen, als er sich bei seinen Mitarbeitenden verabschiedet. Jahrgang 1943, durfte er niemals in seiner Familie Trauer oder Ängste zeigen und hat sie auch nicht in dieser für ihn existenziellen Situation gezeigt.

Auch Trauer ist ein wichtiges Grundgefühl in Unternehmen – nicht nur bei Kündigungen. In diesem Fall wurde einem Menschen gekündigt, der für Kollegen und Mitarbeitende eine wichtige Stütze und eine Säule des Unternehmens war. So hat nicht nur der betroffene Abteilungsleiter getrauert, sondern auch die Mitarbeitenden, die ihre Stütze verloren hatten. Gleichzeitig gab es keine angemessene Verabschiedung, sodass Mitarbeitende ihr Trauergefühl nicht verarbeiten konnten.

Auch bei der Planung und Umsetzung von Veränderungen kann Trauer empfunden werden, beispielsweise bei einer Umstrukturierung von Abteilungen oder bei der Übernahme des Unternehmens durch ein anderes. Wenn Menschen Veränderungen ablehnen, so hat das auch damit zu tun, dass sie sich nicht von Bestehendem und/oder Vertrautem verabschieden wollen. Projektleiter, die z. B. eine neue Software einführen sollen, sollten diese Grundgefühle kennen und ihr Verhalten darauf abstellen – dann können sie Mitarbeitende leichter ins Boot holen.

Weitere Gefühle, die bei bedeutenden Veränderungen entstehen, sind Verzweiflung und Hoffnungslosigkeit. Hier geschehen Dinge, die die Betroffen nicht beeinflussen können, z. B. die Insolvenz ihres Unternehmens oder die Verlagerung ihrer Arbeitsplätze ins Ausland. Viele Menschen unterdrücken jedoch dieses Gefühl aus Angst, ihr Leben nicht mehr kontrollieren zu können. Dabei gibt es positive Beispiele wie die wahre Geschichte eines Tochterunternehmens, das von der Muttergesellschaft wegen schlechter Rentabilität aufgegeben werden sollte:

Beispiel
Nach langen vergeblichen Kämpfen der Mitarbeitenden, Führungskräfte und Bürger des Ortes entschieden die vormaligen Führungskräfte gemeinsam mit allen Betroffenen, das Tochterunternehmen zu übernehmen und unter neuem Namen selbstständig weiterzuführen. Die Verzweiflung und Hoffnungslosigkeit, die über Monate über allem hing, wurde somit in mutige und zukunftsorientierte Handlungen umgewandelt. Es ist heute noch, nach 10 Jahren, am Markt aktiv.

Auch innerhalb einer Abteilung kann eine Führungskraft mit der Situation konfrontiert sein, dass Mitarbeitende Sorgen haben (z. B. Pflege der alten Eltern). Oder sie muss mitteilen, dass Arbeitsplätze gestrichen werden. Hier ist es wichtig, zunächst die eigenen Gefühle zu erkennen (bin auch ich verzweifelt, weil ich betroffen sein könnte?) und dann zu verstehen, dass diese Gefühle (möglicherweise noch mehr) bei den Mitarbeitenden ebenfalls auftauchen. Gut ausgebildete Führungskräfte können dann alle Gefühle zulassen, ehrlich darüber sprechen und gemeinsam an Lösungen arbeiten.

Beispiel
Der Sohn einer Mitarbeiterin, 22 Jahre alt und mit Herzfehler, stirbt unerwartet während eines stabilen Phase. Die Mitarbeiterin traut sich nicht, mit ihrem Vorgesetzten darüber zu sprechen, da er Gespräche über Privates nicht zulässt, und lässt sich krankschreiben. Nach sechs Wochen kehrt sie zurück an ihren Arbeitsplatz, es geht ihr jedoch offenkundig schlecht, sie kann nicht in der Qualität arbeiten wie vor dem Tod ihres Sohnes.

2

Der Vorgesetzte sieht das, sucht jedoch nicht das Gespräch, sondern spricht nur über ihre Arbeit und kritisiert ihr Tempo. Als Vorgesetzter sollte eine solche Veränderung wahrgenommen und z. B. ein Vier-Augen-Gespräch angeboten werden. Wenn die Mitarbeiterin lieber mit einer anderen Person sprechen möchte, sollte das angeboten werden. Gemeinsam mit der Unternehmensleitung kann dann besprochen werden, wie grundsätzlich mit der Situation umgegangen werden sollte, z. B. eine befristete Arbeitszeitverkürzung, Trauerbegleitung, die der Arbeitgeber übernimmt o. ä.

Ableitung weiterer Gefühle

Von den Grundgefühlen werden weitere Gefühle abgeleitet; sie sind angenehm, wenn Bedürfnisse erfüllt – oder unangenehm, wenn Bedürfnisse nicht erfüllt werden.

Folgende kleine Aufzählung nach Fritsch (2012, S. 19–20) und Rosenberg (2007b, S. 36) zeigt

1. Beispiele für Gefühle, die sich auf die Zusammenarbeit in einer Organisation positiv auswirken, wenn Bedürfnisse von Führungskräften und Mitarbeitenden erfüllt sind:
   - ermutigt
   - zufrieden
   - vergnügt
   - motiviert
   - zuversichtlich
   - energievoll
   - optimistisch
   - sicher
   - inspiriert
   - vertrauensvoll
   - befriedigt
   - bereichert
   - interessiert
   - gestärkt

sowie

2. Beispiele für Gefühle, die sich auf die Zusammenarbeit in einer Organisation negativ auswirken, wenn Bedürfnisse von Führungskräften und Mitarbeitenden **nicht** erfüllt sind:
   - ärgerlich
   - feindselig
   - verunsichert
   - wütend
   - resigniert
   - missmutig
   - entmutigt
   - gestresst
   - gehemmt
   - mürrisch
   - verdrießlich
   - neidisch
   - zermürbt.

Beim Lesen der Beispiele kann man sich sicherlich die entsprechende Atmosphäre in einer Organisation vorstellen. Um Gefühle wahrnehmen zu können, schlägt Fritsch sogenannte Gefühlslandkarten vor, die gedankliche, körperliche und verhaltensbezogene Aspekte beinhalten. Am Beispiel zweier Gefühle, die im Unternehmensalltag vorkommen, sollen sie in Kurzform vorgestellt werden (◘ Tab. 2.2):

◘ **Tab. 2.2** Die Gefühlslandkarte. Eigene Darstellung in Anlehnung an Fritsch 2012, S. 22 ff.

Gefühlslandkarte	Interesse	Angst
Zugehörige Gefühle	– angeregt, fasziniert, neugierig, offen, wissbegierig, wach, eifrig, aufmerksam, gespannt	– alarmiert, beunruhigt, entsetzt, gehemmt, befangen, panisch, besorgt, verzagt
Auslöser	– Situation ist neu und angenehm	– Verlust der Selbstbestimmung/ Gefahr durch jemanden
	– Etwas oder jemand erregt durch Verhalten oder Aussehen Aufmerksamkeit	– Situation ist neu, unbekannt und herausfordernd – Bewältigung ist ungewiss
	– Etwas weicht von der üblichen Routine ab	– (glauben) keine Kontrolle zu haben, nichts tun zu können
	– Etwas ist anders als bekannt	
Gedanken	– Da passiert etwas	– Das wird mir schaden, der wird mir schaden
	– Es ist neu, unbekannt	– Ich bin hilflos, ich kann nichts tun, ich schaffe es nicht, habe keine Kontrolle
	– Das ist spannend, interessant, wichtig	– Ich werde etwas …(etwas Gutes) verlieren
	– Ich will das verstehen, wissen, ausprobieren	
Körperreaktionen	– Lebhafte Mimik und Gestik	– Kloß im Hals
	– Wache offene Augen	– Leise, belegte Stimme
	– Aufrechte oder nach vorn gebeugte Haltung	– Herzklopfen, erhöhter Puls
	– Vitale Körperbewegungen	– Druck, flaues Gefühl im Magen
		– Erstarrung, Lähmung
		– Unfähigkeit, klaren Gedanken zu fassen
Handlungsimpulse	– Sich räumlich nähern	– Weglaufen, sich verstecken
	– Zeit für etwas/jemanden aufwenden	– Erstarren
	– Fragen stellen	– sich wehren/auseinandersetzen
	– Ganz Ohr sein	– nicht das sagen, was man denkt fühlt oder will

2

Durch die Gefühlslandkarten können sich Menschen selbst beobachten, z. B. durch ihre Gedanken oder ihre Handlungsimpulse, um ihre Gefühle wahrzunehmen. Ebenso können Führungskräfte ihre Mitarbeitenden beobachten und ihr Verhalten darauf ausrichten.

Pseudogefühle

Neben den echten Gefühlen gibt es auch sogenannte „Pseudogefühle", die ursprünglich Marshall Rosenberg, der Entwickler der „Gewaltfreien Kommunikation", so benannt hat (Fritsch 2012, S. 34).

Pseudogefühle sind Gedanken, die keinen Handlungsimpuls wie Gefühle auslösen, jedoch oft Gefühlen gleichgesetzt werden.

Beispiele sind
- Vermutungen („Ich habe das Gefühl, dass du…")
- Analysen über sich selbst („Ich fühle mich…. beliebt/unbeliebt, zuständig, überlegen, kompetent, ausgelastet, fleißig,….")
- Analysen über das Verhalten anderer („Ich fühle mich von dir…..gekränkt, kleingemacht, benachteiligt, manipuliert, angetrieben, gemobbt…." und „Ich fühle mich von dir nicht ….akzeptiert, beachtet, bestätigt, gesehen, unterstützt, verstanden…") (vgl. Fritsch 2012, S. 35 f.).

Gedanken beeinflussen Gefühle; sie können vorhandene Gefühle verstärken oder abschwächen oder neue Gefühle auslösen. So können Gedanken unterstützen oder noch mehr zu Unsicherheit beitragen. Da es vielen Menschen schwer fällt, ihre Gefühle auszudrücken, nehmen sie Pseudogefühle zu Hilfe. Damit können jedoch ihre Gesprächs- oder Verhandlungspartner nicht erkennen, welche Bedürfnisse sie haben – ebenso wenig wie sie selbst.

Für Führungskräfte ist es sehr wichtig, dass sie klar erkennen, was sie gerade wirklich empfinden und welche Bedürfnisse dahinter stecken könnten.

In der Selbstreflexion im Coaching können verschiedene Situation noch einmal durchgespielt werden, um dann zu sehen, welche Gefühle wirklich empfunden wurden. Darauf aufbauend können Coachees üben, wie sie ihre echten Gefühle wahrnehmen und angemessen zeigen können.

2.2.2 Bedürfnisse

> Bedürfnisse sind allgemeine Lebensmotive, die alle Menschen auf der ganzen Welt haben, und die für unser körperliches, seelisches und soziales Überleben sorgen (Fritsch 2012, S. 39).

Gefühle haben die Aufgabe, auf die eigenen Bedürfnisse aufmerksam zu machen. Werden diese Bedürfnisse nicht erkannt bzw. unterdrückt und somit nicht erfüllt, oder hat jemand verlernt, sich selbst wahrzunehmen, dann kann es zu ernsten psychischen oder physischen Krankheiten kommen.

Grundbedürfnisse des Menschen sind
- Die Sicherung der Existenz (Überleben, Nahrung, Wasser, Unterkunft, Wohlbefinden etc.)
- der soziale Bezug bzw. der Kontakt mit anderen (Gemeinschaft, Zugehörigkeit, Respekt, Unterstützung, gemeinsame Werte)

- Individualität und Integrität (Authentizität, Lernfähigkeit, Kreativität, Selbstwahrnehmung)
- die seelische Geborgenheit/Sicherheit (Bindung, Empathie, Anteilnahme, Ermutigung, Freundlichkeit, Aufmerksamkeit, Treue, Loyalität, Kontinuität)
- Autonomie (Selbstbestimmung, Freiheit, Unabhängigkeit, für sich sein, eigene Träume und Wünsche wählen und die Erfüllung planen)
- feiern und spielen (Rituale, Geburtstage, Abschiede, Trauern, Freude, Lachen)
- spirituelle Verbundenheit und Integrität (Bedeutung haben (Selbstwert), Sinn im Leben, seinen Platz finden, Kreativität, Authentizität, Struktur, Klarheit, Verantwortung, Schönheit, Harmonie, Frieden) (vgl. Fritsch 2012, S. 41 f.; Rosenberg 2007c, S. 54 f.)

Es gibt weitere Bedürfnistheorien; die bekannteste ist die Maslowsche Bedürfnispyramide (siehe ▶ Abschn. 2.4.2); hier sollen zwei Bedürfnistheorien vorgestellt werden, die mit der Methode Transaktionsanalyse (TA, siehe ▶ Abschn. 6.6.4) verknüpft sind:

Die Motivationstheorie

Eric Berne, der Entwickler der TA-Methode, geht von drei psychologischen Grundbedürfnissen aus, die er zur Motivationstheorie zusammengefasst hat. Die Bedeutung dieser drei Grundbedürfnisse ist für Unternehmen und Führungskräfte wichtig, denn sie tragen bei der Erfüllung entscheidend zu wirtschaftlichem Erfolg des Unternehmens bei. Sie sind einzeln wichtig, sollten jedoch auch als Gesamtheit betrachtet werden.

Stimulation ist das Grundbedürfnis nach sinnlicher Anregung (sehen, hören, riechen, schmecken, tasten), aber auch nach dem Wunsch zu wachsen und geistige Anregungen zu erhalten. Zu wenig (z. B. Isolationshaft) oder zu viele Reize können zu Wahrnehmungsstörungen führen und krank machen. Im Unternehmen bedeutet Stimulation das Bedürfnis, gefordert zu werden: Durch Aufgaben, durch eine Position, Ziele oder Veränderungen. Wenn dieses Bedürfnis nicht befriedigt wird, entsteht Frust sowie Passivität. Mitarbeitende fühlen sich nicht mehr verantwortlich, sind gelangweilt, machen ggf. mehr Fehler und ziehen sich zurück. Im schlimmsten Fall entsteht „Bore-out", also Krankheiten durch Langeweile. Das Gegenteil ist „Burn-out", die Überforderung durch zu viel Stimulation.

Strokes (Bedeutung: Streicheln, aber auch Schläge) stellen das Grundbedürfnis nach Zuwendung, Beachtung und Anerkennung dar (verbal, non-verbal, körperlich). Strokes sind als Grundbedürfnis positiv gemeint („Streicheleinheiten"), z. B. loben, Komplimente, lächeln; sie können jedoch auch negativ sein. Wenn Kinder beispielsweise keine positive Anerkennung erhalten, tun sie alles, um negative Aufmerksamkeit zu erhalten. Im Unternehmen wünschen sich Mitarbeitende die Wahrnehmung ihrer Person (von der Führungskraft gesehen werden) und Anerkennung durch Wertschätzung ihrer Arbeit, durch ein angemessenes Gehalt und ein gutes und sicheres Arbeitsumfeld. Wenn Menschen diese Anerkennung nicht erhalten, ziehen sie sich zurück oder wechseln die Arbeitsstelle. Falls das aus verschiedenen Gründen nicht möglich ist, besteht die Gefahr der psychischen oder physischen Erkrankung sowie der negativen Verhaltensänderung. Strokes im Arbeitsumfeld zu geben wird ähnlich wie Gefühle zu äußern immer noch negativ oder zumindest kritisch gesehen.

2

Structure (Struktur) ist das Grundbedürfnis nach Ordnung, z. B. die Zeit auf eine bestimmte Weise zu verbringen und zu strukturieren. Dazu gehört im Arbeitsalltag der Wunsch von Mitarbeitenden, ihre Aufgaben planen und abarbeiten zu dürfen, ohne dass Vorgesetzte immer wieder mit neuen Aufgaben oder anderen Ideen kommen. Auch Rituale, z. B. Weihnachtsfeiern, Zeiten für Aktivitäten oder Zeiten für Rückzugsmöglichkeiten, z. B. zur Projektplanung oder Berichte schreiben gehören dazu. Wenn Mitarbeitende immer wieder andere Tätigkeiten durchführen müssen und zu ihren „eigentlichen" Aufgaben nicht kommen, so kann das zu Verhaltensstörungen, Krankheiten und geringerer Produktivität führen. Auch die Überschneidung von Arbeitszeit und Freizeit sowie die stetige Online-Erreichbarkeit können zu einer Nicht-Erfüllung des Bedürfnisses nach Struktur führen (vgl. Hagehülsmann 1998, S. 73 ff.).

Die Triebkräfte-Theorie

Eine weiterentwickelte Bedürfnistheorie stammt von der Transaktionsanalytikerin Fanita English. Sie besteht aus drei Stufen:
- Überleben: Alle Menschen wollen ihr Leben erhalten
- Gestalten: Jeder Mensch möchte so sein, wie er ist und sich als Persönlichkeit mit anderen verbinden
- Ruhen: Jeder Mensch braucht Phasen der Regeneration und Ruhe
(vgl. Mohr 2008, S. 69).

Beispiele aus dem Unternehmenskontext sind Gefühle wie Erschöpfung (nach vielen Überstunden, wenn ein Projekt fertig werden musste), Unsicherheit (es ein Gerücht um, dass 100 Arbeitsplätze wegfallen sollen) oder Wut (es soll das dritte Wochenende in Folge gearbeitet werden, obwohl es anders vereinbart war).

Hinter der Erschöpfung steckt das Bedürfnis nach Erholung und Ruhe; hinter der Unsicherheit das Bedürfnis nach Sicherheit und hinter der Wut können mehrere Bedürfnisse stecken, z. B. das Bedürfnis nach respektvollem Umgang, Autonomie, Gerechtigkeit, Freiheit oder Selbstbehauptung bzw. Selbstfürsorge (Sicherung der eigenen Grenzen, für eigenen körperlichen oder seelischen Schutz sorgen).

Wenn also Menschen, die führen, diese Bedürfnisse erkennen (bei sich selbst und bei anderen), so können sie entsprechend agieren, um negative Gefühle gar nicht aufkommen zu lassen. So können sie Mitarbeitenden, die ein Projekt unter großem zusätzlichen Zeiteinsatz zur vereinbarten Deadline beendet haben, freie Tage bei der Unternehmensleitung durchsetzen – oder es gibt bereits eine solche Vereinbarung. Bei erkennbarer Unruhe unter den Mitarbeitenden wegen Umstrukturierungen und damit möglichem Arbeitsplatzwegfall können Führungskräfte ein Meeting einberufen und alle Informationen, die vorliegen, weitergeben. Ein Eingeständnis, dass auch die Führungsebene keine weiteren Informationen hat, sie jedoch alles tun wird, um sie zu erhalten, trägt zur Beruhigung und damit zum subjektiven Sicherheitsgefühl der Mitarbeitenden bei. Eine selbstbewusste Führungskraft kann durchaus eingestehen, dass auch sie sich Sorgen macht – dazu gehört jedoch das Erkennen der eigenen Gefühle und Bedürfnisse.

Im Fall von wütenden Mitarbeitenden sollten Führungskräfte ebenfalls das Gespräch suchen – sie erklären die Gründe für die Maßnahme, suchen ggf. weitere Lösungen oder bieten externe Unterstützung an. Im besten Fall kann die Arbeit verlegt werden, damit ein freies Wochenende ermöglicht wird. In allen Lösungsvorschlägen ist jedoch die Voraussetzung, dass die Führungskraft erkennt, dass die Mitarbeitenden wütend sind und die Gründe nachvollziehen kann, auch wenn betriebliche Situation die Wochenendarbeit erfordert. Wer einfach anordnet und Bedürfnisse ignoriert, wird mit Folgen wie mangelnde Motivation, Kündigungen oder Krankheiten zu rechnen haben.

Im ▶ Abschn. 4.1.3 wird das Verhalten von Führungskräften und deren Auswirkungen betrachtet; insbesondere geht es um das Sinnverständnis von Führung. Dazu sind Kenntnisse über Bedürfnisse und Gefühle wichtig.

2.2.3 Zusammenhang von Gedanken, Gefühlen und Körper

Wie in den Gefühlslandkarten erkennbar, verursacht jedes Gefühl eine körperliche Reaktion. Häufig vorkommend sind Verspannungen im Nacken oder Magenschmerzen, wenn Menschen überarbeitet sind, weil sie alle Aufgaben annehmen, die ihnen zugewiesen werden und sie glauben, dass sie sie nicht ablehnen dürfen (Angst).

Emotionen und Gesundheit stehen in Verbindung, wie jedem durch Sätze wie „das geht mir an die Nieren" oder „da läuft mir die Galle über" bekannt ist. Bitzer stellt dar, wie eng Emotionen, Gesundheit, Kommunikation und Führung zusammenhängen: Im positiven Fall, wenn Menschen sich entfalten dürfen – und im negativen, wenn sie in ihrer Entwicklung behindert werden und sie keine Anerkennung bekommen, sondern möglicherweise sogar gekränkt oder verletzt werden. Dann entsteht negativer Stress – aus Sicht des Zellbiologen Bruce Lipton die Ursache für 95 % der Krankheiten (vgl. Bitzer 2016, S. 109).

Durch das in Unternehmen häufig noch vorherrschende mechanistische Weltbild, das Menschen wie Maschinen betrachtet (siehe ▶ Kap. 3), finden Emotionen faktisch nicht statt und damit auch keine psychischen Auswirkungen auf Menschen. Wenn Menschen krank werden, werden einzelne Symptome behandelt und als Defizite, die den Ablauf stören, betrachtet. Dann ist der schmerzende Nacken eine Verspannung, die massiert werden muss oder es wird empfohlen, sich mehr zu bewegen – nach den Ursachen wird jedoch nicht geforscht.

Beispiel

In einem Hotel herrscht den ganzen Morgen und Vormittag an der Rezeption Hochbetrieb durch viele Abreisen und anfragende Gäste. Jetzt in der Mittagszeit ist es ruhiger und die Mitarbeitenden verteilen die zu erledigenden Aufgaben, zu denen sie den ganzen Morgen nicht gekommen sind. Der Hotelchef kommt nach seiner Mittagspause durch die Hotelhalle und sagt zu den Mitarbeitenden an der Rezeption: „Na, haben Sie wieder alle Gäste vergrault?" Aus seiner Sicht möglicherweise witzig gemeint – oder ihm fiel nichts anderes ein – die Mitarbeitenden haben den Satz als mangelnde Anerkennung ihres Engagements wahrgenommen.

Bezogen auf dem Zusammenhang von Gesundheit, Emotionen, Kommunikation und Führung soll abschließend aus einer Stellungnahme zum betrieblichen Gesundheitsmanagement des Mediziners Gunter Frank zitiert werden:

» (…)Arbeitspsychologen und –soziologen wissen nach Jahrzehnten guter Forschung heute ganz genau, was Menschen an ihrem Arbeitsplatz krank macht: Ein hoher Grad an belastendem Stress. Häufig ausgelöst durch unehrliche Kommunikation, Kontrollverlust, fehlende Wertschätzung und mangelnde Autonomie der eigenen

2

Arbeit. Alles Ursachen, die sehr stark mit einer schlechten Führungskultur zusammenhängen. Verbessert sich diese im Sinne eines partnerschaftlichen Führungsstils, dann sinken die Fehlzeiten und man kann gleichzeitig die Verbesserung des Betriebsergebnisses sehen. (…) (Frank in: Bitzer 2016, S. 113).

2.3 Verhalten

Im letzten Abschnitt wurde deutlich, dass Gefühle, erfüllte oder nicht erfüllte Bedürfnisse, Einstellungen und Normen Menschen zu bestimmtem Verhalten veranlassen. Auch das persönliche Können und Wollen, Motivation und Werte sowie die jeweilige Situation bedingen das Verhalten.

Im folgenden Abschnitt sollen das Verhalten selbst, Einstellungen und Glaubenssätze untersucht werden.

2.3.1 Verhaltensmodelle und Gründe

Menschen arbeiten, um ihre Bedürfnisse zu befriedigen, auch ehrenamtliche Arbeit gehört hinsichtlich der sozialen und weiteren Bedürfnisbefriedigung dazu.

Crisand hat verschiedene Modelle untersucht, die das Verhalten von Menschen erklären können. Eines ist das Modell „Abwehrmechanismus", das dem Schutz des Selbstwertgefühls dient, also ein Mensch unbewusst nutzt, um sein Selbstwertgefühl stabil zu halten. Wenn Menschen sich abwehrend verhalten, wurde ein wichtiges Bedürfnis nicht erfüllt. Wird beispielsweise in einer Sitzung ein Mitarbeiter vom Vorgesetzten vor allen lächerlich gemacht, so wird u. a. das Bedürfnis nach Respekt und Wertschätzung nicht erfüllt. Daraus entsteht Frust, ggf. Wut, denn das Selbstwertgefühl des Mitarbeiters gerät ins Wanken. Um es stabil zu halten, greift er je nach Typ und Situation zu verschiedenen Abwehrmechanismen, z. B. zum Rückzug („Schmollwinkel") oder zum aggressiven Widerspruch. Sollte eine ähnliche Situation häufiger vorkommen, so könnte der vorher engagierte Mitarbeiter sein Engagement zurückfahren und sich sogar in die innere Kündigung zurückziehen. Abwehrmechanismen sind Symptome, nicht Ursachen für das Verhalten von Mitarbeitenden. Daher ist es wichtig, dass Führungskräfte die wirklichen Ursachen herausfinden, bevor Mitarbeitende kündigen und das Unternehmen verlassen. Häufige Gründe sind mangelnde Anerkennung/Wertschätzung, zu wenig Freiraum oder wenig interessante Aufgaben (vgl. Crisand 1996, S. 25 ff.).

Zum wichtigen Wissen für Führungskräfte gehört, dass

— Menschen gefühlsbetonte Wesen sind und nicht als geistbetonte Wesen geführt werden sollen,

— Menschen sich durch widersprüchliche Teile ihrer Persönlichkeit in einem Rollenkonflikt befinden können, der zu widersprüchlichem Verhalten führen kann,

— das Selbstwertgefühl stetig gestärkt werden muss, um gute Arbeitsergebnisse zu erzielen,

— Menschen teilweise unbewusst handeln (frühere Erlebnisse verbleiben im Unbewussten, beeinflussen aber das jetzige Verhalten), sodass Führungskräfte damit rechnen müssen, dass Mitarbeitende in manchen Situationen irrational reagieren.

Sie können durch ihr Wissen über die Sensibilität von Menschen die Ursache für das Verhalten lokalisieren (vgl. Crisand 1996, S. 84 ff.).

Menschliches Verhalten hängt sowohl von den Anlagen als auch von der Umwelt ab. Auch ein Mensch mit geringen Anlagen kann viel leisten, wenn er in eine Unternehmensumwelt kommt, die ihn fördert, wo er den Freiraum hat, den er braucht, wo er Verantwortung übernehmen darf, wenn er möchte etc.

Das Verhalten von Mitarbeitern steht immer im Zusammenhang mit dem Verhalten der Führungskräfte. Das heißt, dass sich jeder Mensch, der führen möchte oder es bereits tut, sich mit sich selbst beschäftigen sollte: Wer bin ich? Was sind meine Werte und Stärken? Wie nehmen andere mich wahr? Wie verhalte ich mich in verschiedenen Situationen?

Nach dem gleichen Muster sollten sich Führungskräfte für ihre Mitarbeitenden interessieren: Wer ist sie oder er? Was sind ihre Werte und Stärken? Wie nehme ich sie wahr? Wie verhalten sie sich in verschiedenen Situationen?

Die ▶ Kap. 5 und ▶ Kap. 6 dienen der Beantwortung dieser Fragen, um die eigene innere Haltung als Führungskraft zu entwickeln.

Mitarbeitende spiegeln ihre Führungskräfte – so wie Kinder ihre Eltern. Ist ein Vorgesetzter der Auffassung, dass seine Mitarbeitenden faul, unzuverlässig und nicht brauchbar sind, so verhalten sie sich nach einer gewissen Zeit entsprechend. Obwohl sie beim vorherigen Vorgesetzten ihre Aufgaben fachlich kompetent erledigt haben, benehmen sie sich und arbeiten bei einer solchen Einstellung eines Vorgesetzten wie erwartet. Damit beginnt der Teufelskreis: Der Vorgesetzte fühlt sich bestätigt, übernimmt Fachaufgaben selbst („sonst kann das hier keiner") und verbringt seine Arbeitszeit mit Fachaufgaben anstatt mit Führung. Sein Verhalten gegenüber den Mitarbeitenden unterzieht er keiner Prüfung, denn er sieht sich als gute Führungskraft. Die Mitarbeitenden ziehen sich zurück bis zur inneren Kündigung und machen Dienst nach Vorschrift. Aus wirtschaftlicher Sicht ein großer Schaden für das betroffene Unternehmen.

Kommt jedoch eine Vorgesetztee, die ihren Mitarbeitenden etwas zutraut, die sich mit ihrem eigenen und dem Verhalten, Bedürfnissen und Gefühlen der Mitarbeitenden auseinandersetzt und ihnen auf der Basis ihres Wissens Freiräume und Verantwortung übergibt, so verhalten sich Mitarbeitende positiv, kameradschaftlich, teamorientiert, verantwortungsbewusst etc.

Crisand und Rahn machen darüber hinaus deutlich, wie wichtig es für eine gute Kommunikation ist, dass Mitarbeitende zumindest große Teile der Persönlichkeit ihrer Führungskraft kennenlernen dürfen. Weiß der Mitarbeiter zu wenig über die Persönlichkeit seines Vorgesetzten, so wird er verunsichert, unterstellt der Führungskraft ggf. falsche Absichten und schreibt ihr Eigenschaften zu, die sie gar nicht hat, jedoch als Rolle spielt. Dieses trifft vor allem für leitende Menschen zu, die glauben, sie müsste ihre private Persönlichkeit „vor der Tür abgeben" (vgl. Crisand und Rahn 2010, S. 96 ff.).

So entstehen Missverständnisse, die auf Vorstellungen der Mitarbeitenden beruhen und ihr Verhalten beeinflussen. Menschen nehmen intuitiv wahr, ob andere das meinen, was sie sagen. Spätestens die Körpersprache verrät, ob das Gesagte wirklich echt ist. Wenn beispielsweise eine Führungskraft in einem Seminar gelernt hat, dass sie mehr loben sollte, und dieses bei Mitarbeitenden umsetzt, deren Leistung sie nicht herausragend findet, so merkte der betroffene Mensch das sofort. Ein weiterer Nachteil ist dann, dass auch späteres, dann ernst gemeintes Lob nicht positiv angenommen wird, das der Mitarbeitende auf seine frühere Erfahrung zurückgreift.

2

2.3.2 Einstellungen und Gedanken

Menschliches Verhalten wird auch von Einstellungen, Normen und Gedanken beeinflusst. Sie sind gelegentlich schwer von Gefühlen zu unterscheiden.

Einstellungen sind aus dem sozialen Umfeld entstanden, beispielsweise, was „gut" oder „schlecht" ist. Enge Bezugspersonen in der Kindheit und Jugend haben vorgelebt, welches Verhalten von ihnen gesellschaftlich akzeptiert wird, was aus ethischer oder moralischer Sicht erlaubt oder nicht erlaubt ist. Dazu gehören eigene Verhaltensweisen wie Pünktlichkeit oder Ordnung sowie Verhaltensweisen gegenüber anderen, beispielsweise gegenüber Flüchtlingen oder Menschen anderer Hautfarbe. Selbst wenn junge Erwachsene die Einstellungen ihrer Eltern zunächst ablehnen, so nehmen sie sie in späteren Jahren häufig (wieder) an.

Auch Gewohnheiten tragen zum menschlichen Verhalten bei, z. B. Höflichkeitsformen gegenüber Frauen, Begrüßungsrituale, zeitliche Abläufe o. ä.

Crisand und Rahn machen deutlich, wie sich Einstellungen von Gefühlen unterscheiden:

> » Einstellungen sind eine Verbindung von Überzeugungen und Gefühlsinhalten, die im Führungsprozess dazu führen, bestimmten Personen, Ideen, Ereignissen oder Dingen (=Einstellungsobjekte) eher positiv oder negativ zu begegnen (Crisand und Rahn 2010, S. 66).

Dabei bestehen Einstellungen aus drei Komponenten:
- einer kognitiven Komponente: Wissen und Informationen über Mitarbeitende oder Dinge
- einer emotionalen Komponente: Wertschätzung oder Ablehnung von Mitarbeitenden oder Dingen
- einer Verhaltenskomponente: Verhaltensweise gegenüber Mitarbeitenden oder Dingen (vgl. Crisand und Rahn 2010, S. 66).

Die drei Komponenten sind im Unternehmensalltag besonders wichtig: Weiß eine Abteilungsleiterin, dass ihre drei Gruppen alle gut arbeiten und sie ihnen deutlich macht, dass sie zufrieden mit ihnen ist, so wird ihr Verhalten gegenüber alle drei Gruppen positiv sein und sie wird sich gegenüber der Unternehmensleitung entsprechend äußern. Lehnt sie jedoch einen Gruppenleiter trotz guter Arbeit ab, weil er sich beispielsweise respektlos ihr gegenüber verhält, so kann das ihr Verhalten gegenüber der gesamten Gruppe so beeinflussen: Die anderen beiden Gruppen können höher von ihr bewertet werden, es gibt weniger finanzielle Mittel oder Wünsche aus der Gruppe werden nicht erfüllt.

Beispiel: Akzeptanz von Frauen als Führungskräfte

In bestimmten Regionen, Kulturen oder Unternehmen sind Frauen als Führungskräfte immer noch etwas Außergewöhnliches. Das bedeutet, bei älteren Männern (mit und ohne Leitungsaufgaben) liegen wenig Informationen (Erfahrungen) sowie eine große Unsicherheit vor. Daher wird eine weibliche Führungskraft trotz guter Arbeitsergebnisse abgelehnt (negative Einstellung) und das Verhalten entsprechend angepasst.

Durch Einstellungen können Menschen psychische Bedürfnisse erfüllen, sie unterstützen ihre Persönlichkeit. Folgende Funktionen sind laut Crisand und Rahn bei Führungsaufgaben wichtig:
- Die Anpassungsfunktion
- Die Ich-Abwehrfunktion
- Die Erkenntnisfunktion
- Die Wertausdrucksfunktion (vgl. Crisand und Rahn 2010, S. 68 ff.).

Menschen möchten möglichst viel loben und möglichst wenig kritisieren oder bestrafen. Das heißt, dass Führungskräfte Mitarbeitenden gegenüber, die ihre Bedürfnisse erfüllen und die sie loben können, eine positivere Einstellung haben als gegenüber Mitarbeitenden, die dies nicht tun = **Anpassungsfunktion.**

Beispiel
Eine junge Bereichsleiterin wird stetig von ihrer Assistentin umsorgt und betreut. Was ihr zunächst gut tut – sie hat also eine positive Einstellung ihr gegenüber – und sie somit mit der Assistentin sehr zufrieden ist, lässt sie übersehen, dass die Assistentin ihre Arbeit nicht macht. Die Assistentin hat das Bedürfnis ihrer Vorgesetzten nach Anpassung so gut erfüllt, dass diese die Defizite in der Arbeit übersehen hat.

Einstellungen können auch der Abwehr von unangenehmen oder angstauslösenden Reizen dienen. Damit kann sich eine Führungskraft vor Angst oder Konflikten schützen und muss eigene Probleme nicht zugeben, stattdessen verweist sie auf Schwächen anderer. Stereotype und Vorurteile gehören zur **Ich-Abwehrfunktion.**

Beispiel
Ein neuer Teamleiter ist überfordert mit seinen Aufgaben und kann Deadlines mit seinem Team nicht halten. Anstatt einzugestehen, dass seine Kenntnisse für die Führung seines Teams nicht ausreichen, berichtet er gegenüber seinen Vorgesetzten von der Unfähigkeit und Faulheit seiner Mitarbeitenden.

Da die Welt sehr komplex ist, sind Einstellungen eine Hilfe, sie besser und schneller zu verstehen. Glaubt eine Führungskraft, dass ihr externer Dienstleister ihr immer gute Unterstützung bietet, so wird sie gegenüber jedem Mitarbeiter des Dienstleisters eine positive Einstellung haben = **Erkenntnisfunktion.**

Einstellungen unterstützen auch wichtige Werte von Menschen und stützen damit sein Selbstbild. Wenn Führungskräfte beispielsweise Freiheit und Respekt als wichtige Werte haben, so werden sie ihren Mitarbeitenden ebenfalls Freiraum gewähren (und erwarten, dass sie diesen annehmen – dazu folgt in ▶ Kap. 3 mehr) = **Wertausdrucksfunktion.**

Einstellungen werden durch Beobachtungen, Erfahrungen und Gespräche angenommen. Trotzdem ist es möglich, seine Einstellungen bzw. die Einstellungen der Mitarbeitenden zu ändern. Das ist häufig beim Wechsel von Führungskräften notwendig, wenn eine neue Gruppenleiterin mit anderen Werten führen möchte als der Vorgänger. Dann können sich die Einstellungen der Mitarbeitenden ändern. Diese Änderung ist möglich, wenn die neue Gruppenleiterin

2

— positiv von den Mitarbeitenden bewertet wird (Sympathie, Vertrauensvorschuss durch ihr Verhalten)
— glaubwürdig und kompetent erscheint
— eine positive Ausstrahlung hat und
— Macht im positiven Sinne mitbringt, sich z. B. für die Mitarbeitenden gegenüber der Unternehmensleitung einsetzt.

Die Gruppenleiterin muss darüber hinaus sicherstellen, dass ihre neuen Mitarbeitenden ihr aufmerksam zuhören, also ihre für sie neuen Inhalte **wahrnehmen, wirklich verstehen und behalten.** Erst dann kann eine Einstellungsänderung erfolgen. Die Mitarbeitenden müssen also die neuen Inhalte als wirklich interessant empfinden, sie durch klare und einfache Sprache verstehen und sie dadurch behalten, dass sie die neue Gruppenleiterin als positiv, sympathisch und empathisch wahrnehmen. Menschen arbeiten gern für andere, die diese Eigenschaften mitbringen, Mitarbeitende persönlich ansprechen und Wege anerkennen, wie früher gearbeitet wurde, auch wenn es anders war. Die Gruppenleiterin wird Erfolg haben, wenn sie sich in langsamen Schritten ihren Mitarbeitenden nähert und so Stück für Stück erklärt, wie zukünftig gearbeitet werden soll.

Beispiel: Ein kleines „Lädchen" in einem Hotel bekommt eine neue Leitung
Das „Lädchen" verkauft Schmuck, Dekorationsartikel, Souvenirs, Zeitungen und Zeitschriften für Hotel- und Restaurantgäste. Der Umsatz und die Zahl der Kunden sind stagnierend, daher setzt die Hotelleitung eine neue Leiterin ein. Diese sieht die Defizite (Produktauswahl, die Dekoration des „Lädchens", Servicequalität etc.), ändert jedoch nicht sofort alles, sondern führt Mitarbeitergespräche, in denen sie sich bei allen anerkennend äußert, was hier bisher geleistet wurde. Sie erkundigt sich in den nächsten Gesprächen nach Wünschen für die Arbeitsaufteilung, bezieht alle in Neubestellungen ein und nimmt sie mit auf Messebesuche. Über Wochen verteilt verändert sie das Angebot und das Aussehen des „Lädchens" nach ihren Vorstellungen und nimmt bei allen Schritten die Mitarbeitenden mit, sodass abschließend alle stolz auf ihr gemeinsames Werk sind. Das führt dann auch dazu, dass die Mitarbeitenden sich gegenüber Kunden anders verhalten, mehr Wert auf ihre Kleidung und ihre Serviceorientierung legen und die Umsätze steigen.

Schon im Vorstellungsgespräch ist es wichtig, auf die innere Einstellung von Bewerbern für Führungsaufgaben zu achten. Dazu gehören Prägungen, Rollenbilder und Einstellungen, vor allem die Fähigkeit zur Verantwortung, Selbstvertrauen und zur Wertschätzung anderer. Es ist sehr wichtig für die spätere erfolgreiche Zusammenarbeit festzustellen, ob ein Bewerber eine reife Persönlichkeit und eine respektvolle, wertschätzende innere Haltung als Führungskraft hat. Fach- und Methodenkenntnisse können Menschen sich bei Bedarf aneignen, die Einstellung gegenüber Menschen jedoch nur schwer.

2.3.3 Glaubenssätze und Erlaubnissätze

Die Bedeutung von Glaubenssätzen für das Verhalten vom Mitarbeitenden spielt eine wichtige Rolle zum Verständnis vom Verhalten anderer.

Alle Menschen haben sogenannte „innere Glaubenssätze", mit denen sie aufgewachsen sind: Elterliche Botschaften oder Anweisungen. Dazu gehören z. B. Sätze wie „Du musst immer die Beste sein", „Du darfst deine Eltern niemals enttäuschen", „Du bist immer lieb und hilfst mir" oder „Du bist einfach zu blöd, um Mathe zu verstehen". Glaubenssätze sorgen bei Menschen dafür, dass sie glauben, sie seien nur in Ordnung oder anerkannt, wenn sie beispielsweise helfen, die besten Noten schreiben oder perfekt sind.

Diese Glaubenssätze werden von Menschen auch im Beruf angewandt und die Eltern durch Vorgesetzte oder Kollegen ersetzt. D. h. wenn eine Mitarbeiterin immer die Beste sein musste, so wird sie im Beruf sehr engagiert und damit zunächst einmal eine sehr wünschenswerte Mitarbeiterin sein. Möglicherweise wird sie jedoch nie mit ihren Ergebnissen zufrieden sein und beispielsweise Präsentationen nur unter großem Druck fertig bekommen. Gleichzeitig macht sie entweder viele Überstunden oder schafft ihre anderen Aufgaben nicht. Hier kann die Führungskraft ein einfühlsames Gespräch führen und auf externe Unterstützung durch einen professionellen Coach zurückgreifen.

Wenn ein (negativer) Glaubenssatz ein Lebenssatz wird, d. h. Menschen sind überzeugt, dass dieser Satz für sie gilt, dann prägt das ihre Körperhaltung und ihr Bewegungsverhalten. Von hängenden Schultern über Hände, die in der Besprechung unter dem Tisch geknetet werden bis zum „Rennen" durch Büroräume können körperliche Reaktionen beobachtet werden.

Glaubenssätze können durch „Erlaubnissätze" abgelöst werden. Hier können sich Menschen mit negativen Glaubensätzen erlauben, z. B. mutig zu sein, Vertrauen zu haben, sich Zeit zu nehmen etc. Ein typischer Erlaubnissatz ist „Du darfst dir Zeit für deine Aufgabe nehmen" oder „du darfst am Arbeitsplatz Fachliteratur lesen". Letzter Erlaubnissatz ist u. a. für Menschen wichtig, die aus einer Familie kommen, wo nur körperlich gearbeitet wurde. Daher tragen sie den Glaubenssatz „Lesen ist keine Arbeit" mit sich herum. Aufrechte Haltung, hoch erhobener Kopf und gut eingesetzte Gestik unterstützen die Erlaubnissätze und zeigen Selbstbewusstsein und Vertrauen.

Macht und Gefühl

Macht und Gefühl sind in Organisationen eng verbunden. Menschen können durch Machtausübung anderer, vor allem durch die Eltern oder ältere Geschwister, in der Kindheit Minderwertigkeitsgefühle entwickeln, weil sie etwas nicht so gut können wie „die Großen". Ein anderer Grund sind prägende negative Ereignisse im Leben von Menschen wie schwere Krankheiten oder Todesfälle wichtiger Personen. Um eine solches Erlebnis auszuhalten, entwickeln Menschen entweder ein Geltungs- und Machtbedürfnis, um Ähnliches nicht mehr an sich heran zu lassen. Darunter bleibt jedoch das Gefühl, weniger wert zu sein als andere – das decken sie mit dem Streben nach Macht zu. Andere wiederum behalten das Gefühl der Ohnmacht, das sie in der Kindheit oder in der Situation erlebt haben und entwickeln das zu ihrer Lebenseinstellung, zur inneren Grundhaltung oder zum persönlichen Glaubenssatz (vgl. Mohr 2008, S. 79 ff.).

Hier einige Beispiele zum Verhalten von Machthabern und Machtlosen (◘ Tab. 2.3):

Marshall B. Rosenberg, der das Konzept der gewaltfreien Kommunikation entwickelt hat, zeigt die positive und die negative Seite von Macht auf:

» Die **beschützende** Anwendung von Macht hat zum Ziel, Verletzung oder Ungerechtigkeit zu verhindern. Die Absicht der **bestrafenden** Machtausübung ist es, Menschen für ihre scheinbaren Missetaten leiden zu lassen (Rosenberg 2007a, S. 181; in: Bitzer 2016, S. 55).

2

▢ **Tab. 2.3** Machtinszenierung. Eigene Darstellung in Anlehnung an Mohr 2008, S. 79–81	
Machthaber dürfen....	**Machtlose ....**
Das Gespräch beginnen	Sitzen eng beieinander
Monologe halten	Warten auf Sprecherlaubnis, reden nicht dazwischen
Bedeutungen festlegen	Haben Blickkontakt mit Machthabern, wenn sie sprechen
Gesprächsbeiträge von Machtlosen interpretieren	Schauen Machtlose nicht an, wenn diese sprechen
Fragen überhören und einfach etwas anderes erzählen	Verstärken bei Diskussion ihre ohnehin gebückte Haltung
Anweisungen geben, Aufträge erteilen	Lächeln, wenn Abstimmungen deutlich gegen sie ausfallen
Gespräch unterbrechen, abbrechen und beenden	Schränken das Gesagte sogleich wieder ein („Ich bin nicht so sicher", „ich finde es eigentlich ein bisschen schade", „Wir können es natürlich auch anders machen…"

Führungskräfte mit Macht können Mitarbeitende fördern und befördern, sie in ihrer Entwicklung begleiten und ihre Potenziale zum Vorschein holen. Sie können das mit Einzelpersonen ebenso wie mit ganzen Abteilungen tun. Diese Führungskräfte haben Selbstvertrauen und können damit auch anderen vertrauen; sie sind emotional erwachsen, im „Erwachsenen-Ich", wie die Transaktionsanalyse sagt (siehe ▶ Abschn. 6.6.4).

Machtvolle Führungskräfte können jedoch ebenso ihre Mitarbeitenden abwerten, ihre Potenziale ignorieren und sie abstufen zu einfacheren Tätigkeiten. Sie können sie klein halten und ihre Beiträge zu einer Arbeitsleistung ignorieren oder auf sich beziehen. Diese Führungskräfte wollen stark kontrollieren und sind emotional unreif; sie verbergen durch ihr Verhalten ihre eigenen Minderwertigkeitsgefühle und ihre Angst. In der Transaktionsanalyse sind sie in der Position des „kritischen Eltern-Ich" und verhalten sich so wie sich früher ihre engen Bezugspersonen ihnen gegenüber verhalten haben. Gleichzeitig sind gegenüber ihren eigenen Vorgesetzten häufig in der Rolle des „angepassten Kindes" (siehe ▶ Abschn. 6.6.4).

2.4 **Werte und Motivation**

》 Der Mensch ist eine Lernmaschine. Man muss ihn nicht motivieren, man darf ihm nur nicht den Schwung nehmen (Peter Drucker).

Crisand und Rahn sprechen von zwei Typen von Anreizen, die Bedürfnisse im Beruf erfüllen und zu einem bestimmten Verhalten („Aktivierung") bei den Mitarbeitern führen. Stabilisatoren tragen zur Bedürfniserfüllung bei der Existenzsicherung und bei sozialen Kontakten bei (Einkommen, sicherer Arbeitsplatz, gutes Betriebsklima etc.). Sie verlieren jedoch ihr Aktivierungspotenzial, wenn sie für „selbstverständlich" gehalten werden, z. B. die jährliche Prämie.

Motivatoren wiederum behalten ihr Aktivierungspotenzial und steigern die Zufriedenheit der Mitarbeitenden. Beispiele sind interessante Aufgaben, Selbstbestimmung,

Wertschätzung oder individuelle Weiterentwicklung (vgl. Crisand und Rahn 2010, S. 59 ff.). Daher wird jetzt das Thema Motivation genauer betrachtet.

2.4.1 Extrinsische und intrinsische Motivation

Über die beiden Seiten der Motivation ist schon sehr viel geschrieben worden – aber, so scheint es, sind die damit verbundenen Erkenntnisse bisher nicht viel genutzt worden. Auch die berühmte Pyramide von Maslow kann heute noch von Nutzen sein, wenn man sie als Basis für die Bedürfniserfüllung von Mitarbeitenden betrachtet und gleichzeitig berücksichtigt, dass nicht erst die Bedürfnisse einer unteren Stufe erfüllt sein müssen, bevor die nächste Bedürfnisstufe „angegangen" wird.

Bezogen auf Mitarbeitende in Unternehmen könnten die Stufen so aussehen:

- Erste Stufe/physiologische Motive: Eine gute Kantine, gutes Raumklima
- Zweite Stufe/Sicherheitsmotive: Zuverlässige Zahlung der Gehälter und Löhne, gute Sicherheitsvorkehrungen in Betriebsräumen
- Dritte Stufe/soziale Motive: Freundliches, kollegiales Miteinander, fairer Umgang, gute Kommunikation
- Vierte Stufe/Ich-Motive: Anerkennung und Wertschätzung für die geleistete Arbeit, Stolz auf das Unternehmen, hohe Identifikation mit der Arbeit
- Fünfte Stufe/Selbstverwirklichung: Bedürfnisse wie selbst gestaltete Arbeit (Freiräume), Möglichkeiten zur Weiterbildung.

Durch diese Beispiele ist bereits zu erkennen, dass eine gute Kantine nicht ausreichen würde, um die Bedürfnisse von Mitarbeitenden zu erfüllen und sie so an das Unternehmen zu binden. Es trägt möglicherweise dazu bei, ist jedoch keine Motivation wie Freiräume bei der Arbeit oder Anerkennung und Wertschätzung. Eine Kantine mit einem qualitativ hochwertigen Angebot kann natürlich auch eine Anerkennung sein, wie manche Unternehmen zeigen…

Menschen sind von Natur aus motiviert – beispielsweise durch Reize wie ein freundliches Lächeln, Zuspruch oder durch das Stellen der für sie richtigen Aufgabe. Franken (2016, S. 229) definiert Motivation als „die Summe aktivierender Beweggründe für Handeln, Verhalten und Verhaltenstendenzen" während Comelli und von Rosenstiel (2009, S. 7) Motivation als „Zusammenspiel von motivierter Person und motivierender Situation" sehen.

Bekommen also Mitarbeitende einen Aufgabenbereich zugeteilt, der ihren Kompetenzen und Interessen entspricht, dessen Ziele und Inhalte sie antreibt, dann liegt die intrinsische oder innere Motivation vor. Die Motive zum Handeln liegen im Mitarbeiter, er kann somit Aufgaben und Zielerreichung selbst steuern und damit aktiv für den Erfolg arbeiten. Damit entsteht die Befriedigung von Bedürfnissen nach Lernen und Leistungserbringung neben Spaß und Freude. Im besten Fall kommt ein Mitarbeiter in den sogenannten „Flow" nach Mihaly Cziksentmihalyi (2010), d. h. er hat so viel Freude an seiner Aufgabe, dass er in ihr aufgeht, den Zeit- und Denkaufwand nicht als Belastung empfindet und jederzeit alle Teile der Aufgabe überblickt. Es entsteht dann eine tiefe Zufriedenheit und ein hohes Leistungsniveau. Voraussetzung dafür ist das Zusammenpassen von Fähigkeiten und dem Niveau der Aufgabe sowie die dazugehörigen Bedingungen, klare Ziele und Handlungsabläufe. Auch regelmäßige Feedbacks von der Führungskraft sollten erfolgen.

2

Werden jedoch Bedürfnisse der Mitarbeitenden durch die Aufgabenerledigung nicht befriedigt, so entsteht Frustration und damit Resignation, Aggression oder Verdrängung der negativen Erfahrung. Die Nicht-Erfüllung kann sowohl durch Überforderung entstehen als auch durch Unterforderung. In beiden Fällen passten die Fähigkeiten des Mitarbeiters nicht zu den Anforderungen, einmal war das Niveau der gestellten Aufgabe zu hoch, einmal zu niedrig für die jeweiligen Fähigkeiten.

Beispiel

Eine neue Abteilungsleiterin übernahm eine Außenstelle. Es gab eine Marketingstelle, die von einer hoch qualifizierten Marketingmitarbeiterin besetzt war. Die Abteilungsleiterin war der Auffassung, dass sie selbst geeigneter sei und übernahm das Marketing selbst. Sie beauftragte die Mitarbeiterin mit der Zuarbeit zur externen Buchhaltung. Innerhalb eines halben Jahres begann die Mitarbeiterin mit der Suche nach einer neuen Stelle, wo ihre Qualifikationen gefragt waren.

Bei extrinsischer (externer) Motivation entstehen die Anreize zum Handeln aus externen Anreizen: Finanzielle Anreize wie ein hohes Gehalt, Prämien oder einen Dienstwagen, soziale Anreize wie hoher gesellschaftlicher Status, Ausblick auf Karriere oder auch Druck durch die Familie oder ein anderes persönliches Umfeld.

In vielen Unternehmen ist das Schaffen von externen Anreizen für die Zielerreichung nach wie vor üblich, obwohl wissenschaftliche Studien nachgewiesen haben, dass Menschen durch intrinsische Motivation, Freiräume, Wertschätzung und Vertrauen bessere Leistungen erbringen (vgl. Pinnow 2012, S. 125; in Franken 2016, S. 230). Insbesondere das Zahlen von Prämien oder eine Gehaltserhöhung motiviert Mitarbeitende maximal drei Monate lang, dann entsteht ein Gewöhnungseffekt und eine vorher bereits bestehende Unzufriedenheit durch die Nichterfüllung eines wichtigen Bedürfnisses ist wieder da.

Franken (2016, S. 230) empfiehlt, beide Arten von Motivation einzusetzen, da nicht in allen Tätigkeitsfeldern intrinsische Motivation möglich sei, beispielsweise „bei weniger interessanten Tätigkeiten".

Hier sei Widerspruch erlaubt: Aus wessen Sicht sind Tätigkeiten weniger interessant? Wenn eine Buchhalterin wirklich Zahlen liebt, eine wichtige Stütze bei der Durchführung von Projekten ist und dafür auch von Kollegen und Führungskräften wertgeschätzt wird- dann ist sie intrinsisch motiviert. Auch Reinigungs- und Kantinenmitarbeitende können intrinsisch motiviert sein – wenn sie große Befriedigung daraus ziehen, ihren Kollegen saubere Räume zur Verfügung zu stellen oder ihnen ein gutes Essen zu kochen. Die Anforderungen und Fähigkeiten passen zusammen, die Ziele und Handlungsabläufe sind klar. Wichtig ist die Anerkennung durch alle im Unternehmen – von der Geschäftsführung bis zu den Auszubildenden sowie die Wahrnehmung, dass diese Tätigkeiten ebenso wichtig sind wie alle anderen. Die Nicht-Wahrnehmung dieser Mitarbeitenden und die mangelnde Wertschätzung ist häufig der Grund, warum die Motivation gering ist. Daher ist auch das ein wichtiger Punkt in der Ausbildung zur Führungskraft (▶ Kap. 7). Selbstverständlich ist eine angemessene Bezahlung der Tätigkeit unabdingbar; Menschen müssen von ihrer Arbeit leben können.

Auch Comelli und von Rosenstiel (2009, S. 11) weisen auf die Gefahr der „Zerstörung der intrinsischen Motivation durch extrinsische Anreize" hin. Wenn eine intrinsisch motivierte Mitarbeiterin, die voller Begeisterung ihre Projektaufgaben erfüllt, plötzlich eine Prämie angeboten bekommt, wenn sie weiterhin so erfolgreich ist – und diese Prämie trotz weiterhin hoher Erfolgsquote nach zwei Monaten wieder abgeschafft wird („Sie sind zu gut!"), dann ist es nicht verwunderlich, wenn die intrinsische Motivation der Mitarbeiterin ebenfalls sinkt. Aus Sicht von Comelli und von Rosenstiel (2009, S. 11–12) gilt das auch für Ehrenämter: Wird eine Prämie für ein Ehrenamt gezahlt, so geht die „Ehre" verloren, insbesondere bei einer (logischerweise) geringen Prämie. Sinnvoller sind hier beispielsweise ein gemeinsames Essen aller Ehrenamtler mit den hauptamtlichen Mitarbeitenden, einer Dankrede der Leitungskräfte und/oder eine Danksagung in den zugehörigen Print- oder Online-Medien.

Wichtig für Führungskräfte ist, ihre Mitarbeitenden so gut zu kennen, dass sie wissen, was sie motiviert. Das kann im Rahmen eines Gesprächs oder eines Fragebogens erfolgen, z. B. mit Fragen wie „Welche Tätigkeit macht Ihnen am meisten Freude?" oder „Sitzen Sie gern mit anderen im Büro oder lieber allein?". Hier besteht jedoch die Gefahr, dass Mitarbeitende nicht offen und ehrlich antworten, da sie Nachteile befürchten oder sich nicht passend ausdrücken können. Ein weiterer Nachteil könnte entstehen, wenn das Gespräch unter Zeitdruck geführt wird und die Führungskraft nicht richtig zuhört. Über Frage- und Zuhörtechniken wird es im ► Kap. 6 gehen; um Vertrauen in die Führungskraft in ► Kap. 4.

Unternehmen sollen nicht mehr versuchen, vermeintliche Defizite durch Personalentwicklungsmaßnahmen zu beseitigen, sondern auf die Stärken setzen. Menschen bringen ihre Fähigkeiten und Kenntnisse mit und müssen dort eingesetzt werden, wo sie die Anforderungen erfüllen können, wie Sprenger und Buckingham und Coffman fordern:

» Der in sich ruhende Mensch, der sich seiner selbst bewusst ist und erlebbar zu sich selbst steht, so wie er ist. Nur der ist glaubwürdig. Versuchen wir nicht, abzutragen, wozu die Natur Jahrzehnte gebraucht hat, es aufzubauen. Bauen wir auf das, was der Mensch ist; versuchen wir nicht, zu verbessern, was er nicht ist (Sprenger 2013, S. 135–136).

» Die Menschen sind weniger veränderbar, als wir glauben. Verschwende nicht deine Zeit mit dem Versuch, etwas hinzuzufügen, das die Natur nicht vorgesehen hat. Versuche herauszuholen, was in ihnen steckt. Das ist schwer genug (Buckingham und Coffman 2001, S. 50).

2.4.2 Werte und Lebensmotive

Werte

In Organisationen ist häufig von Werten die Rede, die sich in Leitbildern, Missionen und Visionen wiederfinden. Sie gestalten die Unternehmenskultur und das Betriebsklima mit (dazu mehr im ► Abschn. 3.3). An dieser Stelle soll es um Werte von Menschen gehen.

> Werte sind Eigenschaften, die Menschen aus ihrer Sicht als positiv empfinden. Sie entstehen aus ihren Einstellungen, Gedanken, Verhaltensmustern und Charaktereigenschaften und können sich im Laufe des Lebens ändern.

Ihre Werte sind Menschen wichtig – und sie arbeiten gern in einer Organisation, die möglichst ähnliche Werte hat wie sie selbst. Die meisten Menschen würden vor allem folgende Werte aufzählen: Respekt, Ehrlichkeit, Hilfsbereitschaft, Toleranz, Sicherheit, Verlässlichkeit, Loyalität oder Gerechtigkeit.

2

Glück ist kein Wert an sich, sondern folgt aus der Erfüllung von Bedürfnissen oder wenn jemand so leben kann, dass seine Werte und die seiner Organisation oder seiner Umgebung größtenteils übereinstimmen. Wertschätzung ist ebenfalls kein Wert, sondern beinhaltet genau die Bedeutung: „Bitte schätze meine Werte, also meine Fähigkeiten, meine Normen und Einstellungen. Schätze mich so wert, wie ich bin!" Das passt zur OK-Philosophie der Transaktionsanalyse, die in ▶ Abschn. 6.6.4 vorgestellt wird.

In ◖ Abb. 2.1 ist eine Beispielliste von Werten zu sehen, die eine Organisation im Rahmen eines Workshops zusammengetragen hat:

Im Stamm befinden sich die Basiswerte, die die Organisation tragen. In den Ästen ist zu erkennen, wie häufig Werte genannt wurden. Die Organisation möchte sich in regelmäßigen Abständen treffen, um den Baum weiterzuentwickeln. Hinweis: Es wurde vorher nicht festgelegt, was Werte sind und was nicht, sondern mehr „Wert" auf die Entwicklung gelegt.

In den letzten Jahrzehnten scheint sich ein Wertewandel in der deutschen Gesellschaft zu vollziehen, der sich nachhaltig auf die Arbeitswelt auswirken könnte. Der entscheidendste Wandel ist bei der zumindest in Metropolen erfolgten Abkehr von materialistisch-orientierten Werten hin zu Werten wie Selbstverwirklichung und Selbstreflexion erfolgt; traditionelle Strukturen in Familien lösen sich auf, Lebensstile oder Rollen verschieben sich. All das hat auch Auswirkungen auf Organisationen, wie an Diskussionen über Arbeitszeitmodelle erkennbar ist.

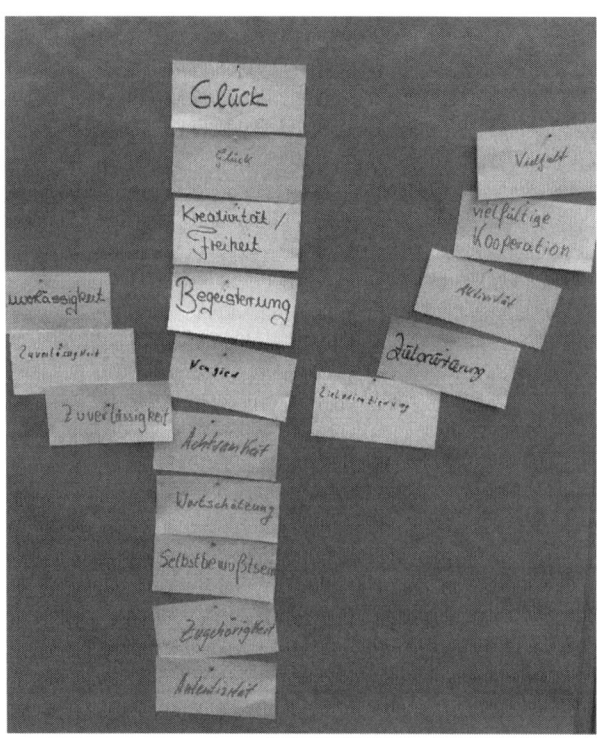

◖ **Abb. 2.1**   Werte einer Organisation. (Foto: Lüneburg)

Lebensmotive

Lebensmotive sind ein Ausdruck von Bedürfnissen. Jeder Mensch hat seine eigene individuelle Prägung, die seine Persönlichkeit beschreibt. Durch die besonders ausgeprägten Bedürfnisse bzw. Lebensmotive wird ihr Handeln angetrieben.

Es ist für Führungskräfte sehr hilfreich zu erkennen, wo sich ihre Mitarbeitenden von ihnen unterscheiden und was sie antreibt. Es ist jedoch noch wichtiger, dass Vorgesetzte erkennen, was sie selbst antreibt, welche Motive sie am meisten prägen, um erfolgreich ihre Tätigkeit auszuüben.

LUXXprofile

Auf Basis neuer wissenschaftlicher Erkenntnisse der motivorientierten Persönlichkeitsforschung wurde von der Universität Luxemburg das LUXXprofile entwickelt. Es besteht aus 16 Lebensmotiven, die den breit gefächerten Reichtum der menschlichen Persönlichkeit zeigen. Im Profil ist erkennbar, welche Motive für den jeweiligen Menschen wichtig sind und wie diese sein Verhalten steuern.

Beispiel

Das Motiv STRUKTUR beschreibt die Unterschiede, wie Menschen die eigene Umwelt in einfacher und klarer Weise strukturieren möchten. In der hohen Ausprägung handelt man gerne nach Plan und mit Aufmerksamkeit für Details. Die niedrige Ausprägung zeigt den Wunsch nach spontanen und flexiblen Abläufen. Im beruflichen Kontext wird ein Mensch mit einer hohen Ausprägung des Motivs durch Aufgaben und Vorgaben zu Leistung angeregt, die das Bedürfnis nach Planbarkeit respektieren. Ein Mensch mit niedriger Ausprägung genießt es zu improvisieren und findet ein Umfeld angenehm, das ihm erlaubt, diese Stärke auszuspielen.
Quelle: LUXXunited GmbH, ► https://www.luxxprofile.com/de/luxxprofile.

Somit stellen die persönlichen Motive die Plattform dar, auf der Leistung entsteht und auf der durch gezielte, auf das Motivprofil abgestimmte, Impulse Leistung gefördert werden kann. Zu den 16 Motiven gehören Neugier, Einfluss, Besitzen, Sozialkontakte, soziales Engagement, Sicherheit, Bewegung, Familie, soziale Anerkennung, Status, Autonomie, Prinzipien, Struktur, Revanche, Essensgenuss und Sinnlichkeit.

LUXXprofile
- ist ein Maß für menschliche Motivation
- bildet die intrinsische Motivstruktur ab
- erklärt den Menschen in seiner Individualität
- ermittelt die weitestgehend unveränderlichen Wesensmerkmale (Traits) eines Menschen
- ist wertfrei, es gibt kein gutes und kein schlechtes Profil – es gibt ein persönliches mit ca. 8.000.000.000 Möglichkeiten
- ermöglicht im Unterschied zu anderen Tests den Einblick in die Tiefe der menschlichen Persönlichkeit. Es geht um Wesensmerkmale und nicht um Verhalten. (Sylke Schliep, LUXXprofile Instuctor und Führungskräftetrainerin)

2

Das LUXXprofile unterstützt unter anderem bei Veränderungsprozessen, beispielsweise bei Menschen in der Lebensmitte, die entweder ihren Arbeitsplatz verloren haben, krank geworden sind oder kurz davor sind. Sie spüren, dass sich etwas ändern muss, bevor sie an ihren Arbeitsplatz zurückkehren oder wenn sie sich neu orientieren müssen. Häufig stellen sie im Coaching fest, dass sie jahrelang gegen ihre eigenen Bedürfnisse gearbeitet haben. Beispiele sind Tätigkeiten mit viel Öffentlichkeit, obwohl die Betroffenen lieber im Hintergrund bleiben oder der Wunsch nach mehr Fachaufgaben anstelle von Führung.

Auch jungen Menschen, die nicht wissen, was sie beruflich machen möchten oder die sich bereits für eine Ausbildung entschieden haben, jedoch dann merken, dass diese nicht richtig für sie ist, hilft das LUXXprofile, wie im nachstehenden Beispiel erkennbar:

Beispiel

Ein junger Mann hat das zweite Studium angefangen und ist wieder unzufrieden. Ihm fehlen noch Klausuren aus den ersten Semestern; die ersten seines Studiengangs haben bereits ihren Bachelor gemacht. Er lässt für sich ein LUXXprofile erstellen und erfährt im zugehörigen Coaching, dass er eine Umgebung braucht, in der er eng mit anderen zusammen lernen und arbeiten kann. Wichtig sind für ihn Menschen, die sich um ihn kümmern und ihn unterstützen. Als Konsequenz hat er die Hochschule verlassen und nach einem Praktikum in einem Betrieb, dessen Leiter und Kollegen ihm sympathisch sind und zu denen er Vertrauen hat, eine Ausbildung begonnen, die er seitdem erfolgreich absolviert.

Wenn Führungskräfte wissen, was sie selbst und ihre Mitarbeitenden brauchen, wie ihre Motive ausgeprägt sind, welche Motivausprägungen Wechselwirkungen mit anderen haben und welche Motivausprägungen andere wiederum kompensieren, können Aufgaben leichter zugewiesen und zu lange Meetings sowie Konflikte vermieden werden. Sie erkennen, was ihnen selbst und ihren Mitarbeitenden wichtig ist und was Konflikte auslösen könnte. Sie sehen Gemeinsamkeiten und Unterschiede und können entsprechend handeln.

2.5 Unterschiede zwischen Generationen

Der bereits erwähnte Wertewandel hat zu Untersuchungen zu Einstellungen, Wünschen und Plänen der jüngeren Generationen geführt, um u. a. Rückschlüsse auf Organisations- und Arbeitswelt ziehen zu können. In der Fachliteratur gibt es ebenso wie in den Medien seit längerer Zeit Diskussionen über die Generationen Y und Z; es besteht keine grundsätzliche Einigkeit darüber, ob und wenn ja, wie sehr sie sich von anderen Generationen unterscheiden und ob es angemessen ist, Rückschlüsse auf eine ganze Generation zu ziehen. Hinzu kommt, dass verschiedene Autoren unterschiedliche Jahrgänge als eine Generation betrachten. Für zukünftige und jetzige Führungskräfte ist es sinnvoll, sich mit den Generationen und ihren Unterschieden bei Werten, Einstellungen und Wünschen auseinanderzusetzen, um daraus Rückschlüsse für Führung und Organisation zu ziehen, sowie die soziale Orientierung und Lebensauffassung zu erkennen und nachzuvollziehen – insbesondere, wenn sie nicht der gleichen Generation angehören.

> **Unter Generation wird die „Gesamtheit der Menschen ungefähr gleicher Altersstufe (mit ähnlicher sozialer Orientierung und Lebensauffassung)" (▶** https://www.duden. de/rechtschreibung/Generation#Bedeutung2) **verstanden.**

Gleichzeitig ist die Feststellung wichtig, dass die Generationsforschung Stereotype entwickelt hat, das heißt, dass Werte und Attribute pauschalisiert werden, um sie einfacher erklären zu können. Selbstverständlich „ist" nicht jeder Mensch „so", es lassen sich jedoch wichtige Erkenntnisse ableiten, die für die Führung hilfreich sind.

Daher werden im Folgenden die Generationen, die für den heutigen Führungsalltag relevant sind, vorgestellt.

2.5.1 Traditionalisten

Diese Generation wird auch Veteranen oder „stille Generation" genannt und wurde zwischen 1924 und 1944 geboren. Da sie heute bereits im Ruhestand oder schon gestorben sind, sind sie für heutige Führungsfragen zwar nicht mehr relevant. Sie sind jedoch für das Verständnis der nachfolgenden Generationen wichtig, denn viele Kinder oder Enkel haben Werte und Einstellungen dieser Generation (unbewusst) übernommen. Sie wurden durch zwei Weltkriege, Inflation, möglicherweise Flucht und Wiederaufbau geprägt. Sie kennen Armut, Kälte und Hunger und sind meist in einem Umfeld von Befehl und Gehorsam aufgewachsen. Ihre Gesellschaft und ihre Unternehmen hatten klare Regeln für jede Gesellschaftsschicht, die zu befolgen waren. Sie stammen häufig aus kinderreichen Familien, in denen auf einzelne nicht eingegangen werden konnte, die Erziehung war oft militärisch geprägt.

2.5.2 Babyboomer

Die sogenannten Babyboomer, geboren zwischen 1945 und 1964, sind die größte Generation; sie wurden nach dem Zweiten Weltkrieg geboren, als Europa wieder aufgebaut wurde und es ihren Eltern und Großeltern zumindest ab der zweiten Hälfte der 1950er Jahre wirtschaftlich besser ging. Ziel der meisten Menschen war, materiellen Wohlstand zu schaffen und die Zeit des Krieges, ggf. der Flucht und der Diktatur zu vergessen – mit allen Konsequenzen für Fähigkeiten wie Empathie, Kommunikation sowie Einstellungen und Normen. Es zählte das Äußere, der Wohlstand, Kleidung und Benehmen sowie die soziale Bestätigung durch die Familie, Nachbarn und Arbeitskollegen. Die Erziehungsmethoden waren meist ähnlich in der Generation der Traditionalisten; die Ideale der Zeit des Nationalsozialismus wurden unreflektiert weiter verfolgt. Innerhalb der Generation gab es zwei Entwicklungen. Entweder hörten Frauen meist mit der Geburt des ersten Kindes auf zu arbeiten; per Gesetz durften sie nur mit Genehmigung des Ehemannes arbeiten oder ein Konto eröffnen. Diese Mädchen haben seltener studiert und selbst mit Abitur als Abschluss eher eine Ausbildung gewählt. Auf der anderen Seite entwickelte sich die Zahl der Frauen, die in ihrem Beruf arbeiten und studieren wollten, deutlich nach oben, wie an den Studierendenzahlen zu sehen war. Gemeinsam mit ihren männlichen Kommilitonen haben sie sich von ihren Eltern im Rahmen der sogenannten 1968er-Rvolution distanziert. Diese Generation hat den Kalten Krieg mit der atomaren Bedrohung miterlebt, das sowohl zum Rückzug ins Häusliche als auch zur Teilnahme an Demonstrationen führte.

Der ältere Teil dieser Generation ist bereits im Ruhestand. Die größte Zahl dieser Generation wird in ca. 8–12 Jahren in den Ruhestand gehen (Jahrgang 1964 ist der

2

geburtenstärkste Jahrgang in Deutschland). Um vorhandenes Wissen und Erfahrungen weiterhin nutzen zu können, ist es eine wichtige Führungsaufgabe, früh die Übergänge zu planen und das Wissen zu sichern. Teilweise werden Mitarbeitende bereits gebeten, auch im Ruhestand weiterzuarbeiten, was viele auch bereitwillig tun. Es scheint sich für manche der Übergang schwer zu gestalten, wenn sich Menschen ihr Leben lang über ihre Arbeit und/oder ihr Unternehmen identifiziert haben.

2.5.3 Generation X

Die Generation X entspricht den Geburtsjahrgängen ca. von 1965 bis 1980. Sie sind die Kinder der Traditionalisten oder der ersten Babyboomer und sind mit dem Kalten Krieg, sehr fleißigen und viel arbeitenden Eltern sowie vielen Chancen für Ausbildung und Beruf aufgewachsen. Dazu gehören die neu geschaffenen Universitäten, das Bafög, die Entwicklung der Technik wie der PC und der Wille der Eltern, dass ihre Kinder eine bessere Ausbildung als sie selbst haben sollten. Die Zahl der arbeitenden Mütter stieg an, ebenso der Wohlstand, sodass das eigene Haus, Reisen und Autos bei vielen zur Selbstverständlichkeit wurden. Dafür wurde von den Eltern Leistung in Schule und Ausbildung sowie die anschließende Karriere in einem angesehenen Unternehmen erwartet. Bei den Männern ging die Gesellschaft weiterhin davon aus, dass sie die Familie ernährten, während die Frauen auch mit guter Ausbildung zuhause blieben oder in Teilzeit arbeiteten. Gleichzeitig wurden erst nach und nach staatliche Betreuungsangebote aufgebaut, denn die Scheidungsraten stiegen erstmals in dieser Generation deutlich an. Daneben hat diese Generation Aids als Bedrohung erlebt, den Fall der Berliner Mauer und damit die Öffnung nach Osten mit allen Möglichkeiten und Problemen, die sich Unternehmen damit boten.

2.5.4 Generation Y

Die Generation Y wird auch „Digital Natives" genannt und wurde zwischen ca. 1980 und 1995 geboren. Die Bezeichnung der Generation resultiert aus ihrem selbstverständlichen Aufwachsen mit digitalen Technologien (Computer, Mobiltelefone, Internetzugängen). Die Generation ist auch die erste, die relativ frei erzogen wurde: Eltern ließen große Freiräume, förderten Kreativität und Eigenständigkeit. Dadurch sind den Digital Natives andere Werte wichtig als ihren Eltern und Großeltern, insbesondere in der Arbeitswelt.

Der Generation Y hat eine positive Grundeinstellung, verstärkt durch Optimismus und Vertrauen. Sie übernehmen soziale Verantwortung, arbeiten gern in Gruppen und interessieren sich für neue Technologien.

Wichtig ist der Generation Y, genug Zeit für Familie, Freunde und sich selbst zu haben. Daher gibt es in Großstädten bereits den Trend, Teilzeit zu arbeiten, um Hobbys und Freundschaften zu pflegen oder sich auszuruhen. Die entsprechende Reduzierung des Gehaltes ist nicht relevant, da die (Großstadt-)Generation keine hohen Ansprüche an Besitz oder an Wohnen hat. Ihr ist ihre Freizeit wichtiger. Dazu kommt der Trend der Sharing Economy und die Abkehr vom Statussymbol Auto.

In ländlichen Regionen verhält sich das häufig anders, hier ist Besitz durchaus noch neben Zeit für Freundschaften und Familie wichtig, insbesondere das eigene Haus sowie

Autos, um die Mobilität sicherzustellen. Es bleibt abzuwarten, was sich durch selbst-fahrende Busse entwickeln wird.

2.5.5 Generation Z

Zur derzeit jüngsten Generation gehören die nach 1995 Geborenen. Sie sind nicht nur mit digitalen Medien aufgewachsen, sondern haben früh gelernt, mit vielen Informationen umzugehen. Sie sind ständig digital aktiv und pflegen Kontakte ebenso wie persönliche. Häufig erleichtern digitale Verbindungen die Kontaktpflege, z. B. zu Freunden im Auslandssemester oder zu befreundeten Schulen. Über digitale Medien werden Referate erstellt und Unterrichtsvorbereitungen umgesetzt.

Aufgewachsen sind sie im Bewusstsein, dass die Welt voller Krisen ist: Flüchtlinge, Atomkraft, Angriffe auf die Demokratie, Kriege. Gleichzeitig wuchsen sie in Europa meist in Sicherheit und Geborgenheit auf, die ihnen sehr wichtig ist. In ihren Familien wurden sie in Entscheidungen einbezogen und motiviert und konnten sich meist zu selbstbewussten Menschen entwickeln. Sie wollen unabhängig sein, sich aber auch geborgen fühlen. Das ist auch ein Grund, warum ihnen sichere Jobs und Familie/Freunde wichtig sind: Sie haben bei ihren Eltern gesehen, dass viel arbeiten nicht unbedingt mit großer Karriere gleichzusetzen ist. Daher legen sie Wert auf Zeit mit Freunden und für sich selbst (wie auch die Generation Y). Sie engagieren sich im Beruf und gelegentlich im Ehrenamt, jedoch innerhalb der vereinbarten Arbeitszeit.

Für Unternehmen könnte es eine Herausforderung werden, wenn nach der Ruhestandswelle der Babyboomer Leitungspositionen zu besetzen sind. Die Generation Z, teilweise auch die in den 1990er Jahren geborenen Mitglieder der Generation Y, sehen keinen Sinn darin, mehr Verantwortung und Verpflichtungen zu übernehmen, wenn sie ebenso gut mit weniger Arbeit, aber interessanten Aufgaben ihr Leben führen können. Hier wird es um eine neuen Typ von Organisationen und Führungskräften gehen, wozu die Ausbildung für Führungskräfte beitragen könnte (siehe ▶ Kap. 7).

2.6 Einzigartigkeit von Menschen

Die Inhalte dieses Kapitels sollen nicht dazu dienen, aus Führungskräften Hobbypsychologen zu machen, sondern zeigen, dass die Einzigartigkeit eine Bereicherung für Teams ist, wie unterschiedlich Menschen sind, und wie die Unterschiedlichkeit zu erkennen ist. Mit diesem Wissen ist viel leichter, als Führungskraft sein Team zu leiten und zu entwickeln. Konflikte können oft vermieden werden, wenn Führungskräfte merken, dass ein Gespräch mit einer Mitarbeiterin oder dem Team erforderlich ist.

Nach Mohr erfordert Arbeit mit Menschen „eine Menschenkenntnis, die tragfähig für den betreffenden Kontext ist. Kenntnis meint hier nicht nur Wissen, sondern verinnerlichtes Wissen, das man in Erleben und Verhalten umsetzen kann." (Mohr 2008, S. 27).

Zu diesen Kenntnissen gehört das Verständnis von Organisationen, ihrem System und ihrer Energie (siehe ▶ Kap. 3) und das Wissen über Persönlichkeit und Unterschiedlichkeit: „Der Profi braucht ein Wissen darüber, wie und warum Menschen unterschiedlich sind. Es zeigt auch, welche Wirkung ich auf andere habe und wer zu mir passt." (Mohr 2008, S. 31).

2

Jeder Mensch ist einzigartig. Denn diese Einzigartigkeit ist der Wesenskern eines Menschen. Wenn Führungskräfte diese Sätze zum Aufbau ihrer inneren Haltung nehmen, können sie leichter führen – sich selbst und andere.

2.7 Aufgaben für Ihr Lerntagebuch

1. Welche der Grundgefühle kennen Sie aus eigenem Erleben? Schildern Sie für sich Situationen, in denen Sie das jeweilige Gefühl erlebt haben. Welche Konsequenz haben Sie daraus gezogen?

2. Wie wird in Ihrer Herkunftsfamilie mit Gefühlen umgegangen? Was haben Sie als Kind gelernt? Wie gehen Sie heute mit Gefühlen um?

3. Notieren Sie eine Gefühlslandkarte für Ihr jetziges oder früheres Unternehmen und sich am Beispiel zweier Gefühle. Was beobachten Sie bei sich? Welche Gedanken werden ausgelöst?

4. Wie sehen Sie den Zusammenhang zwischen Gedanken, Gefühlen und dem Körper? Diskutieren Sie mit anderen!

5. Wie viele Wörter oder Redewendungen wie „das schlägt mir auf den Magen" oder „Dampf ablassen" fallen Ihnen in drei Minuten ein, wenn Sie an Ihren derzeitigen Gefühlszustand denken? Beginnen Sie mit „Ich fühle mich…" oder „Ich bin…". Wie viele Wörter haben Sie gefunden? Bei 30 und mehr haben Sie einen sehr guten Gefühlswortschatz, bei 10–20 sind Sie im Durchschnitt; den meisten Menschen fällt es schwer, ihre Gefühle auszudrücken.

6. Stellen Sie sich drei Menschen aus Ihrem Unternehmen vor, möglichst aus unterschiedlichen Bereichen. Welche Einstellungen (mit allen drei Komponenten) haben diese Ihrer Beobachtung nach in Bezug auf das Leben, die Arbeit und das Unternehmen? Woraus schließen Sie das?

7. Kennen Sie Machthaber und Machtlose aus dem beruflichen Alltag? Beschreiben Sie in Stichworten typisches Verhalten in einer Sitzung. Erkennen Sie sich möglicherweise wieder? Wenn nicht: Was machen Sie anders?

8. Was motiviert Sie in Ihrem beruflichen Alltag? Was brauchen Sie, um zufrieden nach Hause zu gehen? Was erwarten Sie von Ihren Führungskräften hinsichtlich Motivation?

9. Welche Werte aus den im Kapitel genannten sind Ihnen wichtig? Sollen diese Werte auch eine Organisation haben, für die Sie tätig sein möchten?

10. Was treibt Sie an, Führungskraft zu sein oder zu werden? Denken Sie in Ruhe nach und tauschen Sie sich mit anderen aus.

11. Wie wichtig finden Sie das Wissen über Emotionen, Bedürfnisse und Einstellungen für Ihre Tätigkeit als Führungskraft? Wenn Sie es auf einer Skala von 1–10 gewichten sollten, wo wäre das Wissen dann? Tauschen Sie sich gern wieder mit anderen dazu aus.

Mein Lerntagebuch

❓ Fragen

1. Welche der Grundgefühle kennen Sie aus eigenem Erleben? Schildern Sie für sich Situationen, in denen Sie das jeweilige Gefühl erlebt haben. Welche Konsequenz haben Sie daraus gezogen?
2. Wie wird in Ihrer Herkunftsfamilie mit Gefühlen umgegangen? Was haben Sie als Kind gelernt? Wie gehen Sie heute mit Gefühlen um?
3. Notieren Sie eine Gefühlslandkarte für Ihr jetziges oder früheres Unternehmen und sich am Beispiel zweier Gefühle. Was beobachten Sie bei sich? Welche Gedanken werden ausgelöst?
4. Wie sehen Sie den Zusammenhang zwischen Gedanken, Gefühlen und dem Körper? Diskutieren Sie mit den anderen Teilnehmer/innen!

■ **Meine Gedanken/Fragen**

_____

_____

_____

_____

■ **Mögliche Erlebnisse dazu aus meinem Führungsalltag**

_____

_____

_____

_____

■ **Lösungsvorschläge**

_____

_____

_____

_____

■ **Fragen an die anderen Teilnehmer**

_____

_____

_____

_____

2

❷ Fragen

5. Stellen Sie sich drei Menschen aus Ihrem Unternehmen vor, möglichst aus unterschiedlichen Bereichen. Welche Einstellungen (mit allen drei Komponenten) haben diese Ihrer Beobachtung nach in Bezug auf das Leben, die Arbeit und das Unternehmen? Woraus schließen Sie das?

- **Meine Gedanken/Fragen**

_____

_____

_____

_____

- **Erlebnisse dazu aus meinem Führungsalltag**

_____

_____

_____

_____

- **Lösungsvorschläge**

_____

_____

_____

_____

- **Fragen an die anderen Teilnehmer**

_____

_____

_____

_____

❓ Fragen

6. Kennen Sie Machthaber und Machtlose aus dem beruflichen Alltag? Beschreiben Sie in Stichworten typisches Verhalten in einer Sitzung. Erkennen Sie sich möglichweise wieder? Wenn nicht: Was machen Sie anders?

- **Meine Gedanken/Fragen**

_____

_____

_____

_____

- **Erlebnisse dazu aus meinem Führungsalltag**

_____

_____

_____

_____

- **Lösungsvorschläge**

_____

_____

_____

_____

- **Fragen an die anderen Teilnehmer**

_____

_____

_____

_____

2

? Fragen

7. Was motiviert Sie in Ihrem beruflichen Alltag? Was brauchen Sie, um zufrieden nach Hause zu gehen? Was erwarten Sie von Ihren Führungskräften hinsichtlich Motivation?

- **Meine Gedanken/Fragen**

_____

_____

_____

_____

- **Erlebnisse dazu aus meinem Führungsalltag**

_____

_____

_____

_____

- **Lösungsvorschläge**

_____

_____

_____

_____

- **Fragen an die anderen Teilnehmer**

_____

_____

_____

_____

❓ Fragen

8. Welche Werte aus den im Kapitel genannten sind Ihnen wichtig? Sollen diese Werte auch eine Organisation haben, für die Sie tätig sein möchten?

- **Meine Gedanken/Fragen**

_____

_____

_____

_____

- **Erlebnisse dazu aus meinem Führungsalltag**

_____

_____

_____

_____

- **Lösungsvorschläge**

_____

_____

_____

_____

- **Fragen an die anderen Teilnehmer**

_____

_____

_____

_____

2

? **Fragen**

9. Was treibt Sie an, Führungskraft zu sein oder zu werden? Denken Sie in Ruhe nach und tauschen Sie sich mit den anderen Teilnehmer/innen aus.

- **Meine Gedanken/Fragen**

_____

_____

_____

_____

- **Erlebnisse dazu aus meinem Führungsalltag**

_____

_____

_____

_____

- **Lösungsvorschläge**

_____

_____

_____

_____

- **Fragen an die anderen Teilnehmer**

_____

_____

_____

_____

? **Fragen**

10. Wie wichtig finden Sie das Wissen über Emotionen, Bedürfnisse und Einstellungen für Ihre Tätigkeit als Führungskraft? Wenn Sie es auf einer Skala von 1–10 gewichten sollten, wo wäre das Wissen dann? Tauschen Sie sich gern wieder mit den anderen dazu aus.

- **Meine Gedanken/Fragen**

_____

_____

_____

_____

- **dazu aus meinem Führungsalltag**

_____

_____

_____

_____

- **Lösungsvorschläge**

_____

_____

_____

_____

- **Fragen an die anderen Teilnehmer**

_____

_____

_____

_____

2

Literatur

Bücher

Bitzer, B. (2016). *Alphatiere können nicht führen* (Arbeitshefte Führungspsychologie, Bd. 79). Hamburg: Windmühle.

Buckingham, M., & Coffman, C. (2001). *Erfolgreiche Führung gegen alle Regeln. Wie Sie wertvolle Mitarbeiter gewinnen, halten und fördern. Konsequenzen aus der weltweit größten Langzeitstudie des Gallup-Instituts*. Frankfurt a. M.: Campus.

Comelli, G., & von Rosenstiel, L. (2009). *Führung durch Motivation. Mitarbeiter für Unternehmensziele gewinnen* (4. Aufl.). München: Verlag Franz Vahlen.

Crisand, E. (1996). *Psychologie der Persönlichkeit* (Arbeitshefte Führungspsychologie, Bd. 1, 7. Neu bearbeitete und erweiterte Aufl.). Heidelberg: Sauer.

Crisand, E., & Rahn, H.-J. (2010). *Psychologische Grundlagen im Führungsprozess* (3., überarbeitete Aufl.). Hamburg: Windmühle.

Csikszentmihalyi, M. (2010). *Flow. Das Geheimnis des Glücks* (15. Aufl.). Stuttgart: Klett-Cotta.

Frank, G., in: Bitzer, B. (2016). *Alphatiere können nicht führen* (Arbeitshefte Führungspsychologie, Bd. 79). Hamburg: Windmühle.

Franken, S. (2016). *Führen in der Arbeitswelt der Zukunft. Instrumente, Techniken und Best-Practice-Beispiele*. Wiesbaden: Springer Fachmedien.

Fritsch, G. R. (2012). *Der Gefühls- und Bedürfnisnavigator. Gefühle und Bedürfnisse wahrnehmen* (2. durchgesehene Aufl.). Paderborn: Junfermann.

Hagehülsmann, U., & Hagehülsmann, H. (1998). *Der Mensch im Spannungsfeld seiner Organisation. Transaktionsanalyse in Managementtraining, Coaching, Team- und Personalentwicklung*. Paderborn: Junfermann.

Mohr, G. (2008). *Coaching und Selbstcoaching mit Transaktionsanalyse.*. Bergisch Gladbach: EHP-Verlag Andreas Kohlhage.

Pinnow, D.F. (2012). *Führen. Worauf es wirklich ankommt*. In Franken (2016) *Führen in der Arbeitswelt der Zukunft. Instrumente, Techniken und Best-Practice-Beispiele*. Wiesbaden: Springer Fachmedien.

Rosenberg, M. (2007a). *Gewaltfreie Kommunikation* (7. Aufl.). Paderborn 2007, in: Bitzer, B. (2016). *Alphatiere können nicht führen*. Arbeitshefte Führungspsychologie (Bd. 79). Hamburg: Windmühle.

Rosenberg, M. (2007b). *Das können wir klären! Wie man Konflikte friedlich und wirksam lösen kann*. Paderborn: Junfermann.

Rosenberg, M. (2007c). *Was deine Wut dir sagen will. Das verborgene Geschenk unseres Ärgers entdecken. Gewaltfreie Kommunikation. Die Ideen & ihre Anwendung* (2. Aufl.). Paderborn: Verlag Junfermann.

Sprenger, R. K. (2013). *An der Freiheit der anderen kommt keiner vorbei*. Frankfurt a. M.: Campus.

Online-Dokumente

Definition Generation. ► https://www.duden.de/rechtschreibung/Generation#Bedeutung2. Zugegriffen: 13. Febr. 2018.

LUXX United GmbH. ► https://www.luxxprofile.com/de/luxxprofile. Zugegriffen: 13. Febr. 2018.

Organisationen

© Springer Fachmedien Wiesbaden GmbH, ein Teil von Springer Nature 2019
A. Lüneburg, *Auf dem Weg zur Führungskraft*,
https://doi.org/10.1007/978-3-658-21986-4_3

Was sind Organisationen? Wofür sind sie da? Hätte man vor 100 oder teilweise noch vor 50 Jahren Menschen gefragt, so hätten sie von Pflichten gesprochen, die sie als Arbeitskraft zu erfüllen hätten, von ihren Rollen als Buchhalter, Sekretärin oder Produktionshelfer, als „kleines Rädchen im Betrieb". Sie hätten davon gesprochen, dass ihr Chef (Frauen gab es dort ja nicht) ihnen Arbeitsanweisungen gegeben hat, die zu erfüllen waren. Niemand hätte sich für ihr Wohlergehen, ihre Gefühle oder Motive interessiert, denn es gab „Systemzwänge" (Spieß und von Rosenstiel 2010, S. 3) der Organisation. Auch heute noch betrachten insbesondere Führungskräfte mit technischer Ausbildung die Organisation als „Maschine", haben also ein mechanistisches Bild der Organisation und sind sehr hierarchisch orientiert. Wenn ein „Rädchen", also ein Mitarbeiter, aus Sicht eines solchen Vorgesetzten nicht die erwartete Leistung erbringt, so wird er ausgetauscht, ohne dass Gespräche geführt oder das Verhalten hinterfragt wird.

Andere Menschen sehen eine Organisation als „Familie" (Erwartung der Fürsorglichkeit und Zugehörigkeit, beispielsweise in der Organisation Kirche) oder „Bühne" bzw. „Schlachtfeld", wo Rollen zu spielen und Kämpfe zu bestehen sind. Das sind Organisationen, die eine bestimmte Erwartungshaltung an das Verhalten ihrer Mitarbeitenden haben und/oder innerhalb derer um Positionen, Budgets oder Mitarbeitende gekämpft werden muss. Je nach Betrachtung der Organisation durch ihre Akteure werden Strukturen, Prozesse, Zusammenarbeit und der Umgang mit Menschen gestaltet (vgl. Spieß und von Rosenstiel 2010, S. 11–12).

Warum sollten zukünftige Führungskräfte unbedingt mehr über das System Organisation wissen? Jede Organisation ist ebenso besonders wie die Menschen, die in ihr arbeiten. Dieses Kapitel soll zeigen, wie die die Komplexität von Organisationen erfasst werden kann und welchen Einfluss das System und seine Energie auf seine Mitarbeitenden, auf die Unternehmenskultur und damit auf die Führungskultur haben können.

3.1 Ziele, Elemente und Phasen von Organisation

Organisation kann aus der betriebswirtschaftlichen Sicht ebenso wie aus der systemischen Sicht definiert werden:

» In der **BWL** wird unter dem Begriff **Organisation** das formale Regelwerk eines arbeitsteiligen Systems verstanden. D. h. von Organisation spricht man in diesem Zusammenhang, wenn mehrere Personen in einem arbeitsteiligen Prozess mit Kontinuität an einer gemeinsamen Aufgabe infolge eines gemeinsamen Zieles arbeiten. Die auf Einzelpersonen verteilten Arbeitshandlungen sind dabei aufeinander abzustimmen und auf das gemeinsame Ziel hin auszurichten.
▶ http://wirtschaftslexikon.gabler.de/Definition/organisation-sachgebietstext.html.

Organisationen sind zum einen Zweckgemeinschaften, um bestimmte Ziele auf dem besten Weg mit einem möglichst sinnvollen Tun zu erreichen; zum anderen sind sie soziale Systeme, die ohne Beziehungen mit anderen Systemen nicht existieren können. Es besteht somit die Notwendigkeit zur Kommunikation und Beziehungspflege innen und außen. Organisationen bestehen in einem Spannungsfeld zwischen Dauer und Wechsel, zwischen Zukunft und Vergänglichkeit (vgl. Königswieser und Hillebrand 2005, S. 30).

Aus systemischer Sicht sind Organisationen „lebendige Humansysteme, in denen es darum geht, die Aufgabenorientierung mit der Menschenorientierung zu verbinden" (Mohr 2008, S. 30). Mohr erklärt die Entstehung einer Organisation damit, dass „ein Einzelner oder eine Gruppe von Personen sich entschließt, ein größeres Ziel zu erreichen, das ein Einzelner nicht schaffen kann" (Mohr 2006, S. 16).

Die Zugehörigkeit zu einer Organisation basiert auf Verträgen, nicht auf Verwandtschaft wie in einer Familie. Verträge bestehen zwischen dem Unternehmen und

- Mitarbeitenden
- Führungskräften und Unternehmensleitung
- Kunden
- Lieferanten
- Investoren
- Interessengruppen (Gewerkschaften, Arbeitgeberverbände etc.).

Möglichweise bestehen indirekte Verträge mit der Öffentlichkeit, wenn beispielsweise das Unternehmen in positiver Weise in den Medien präsent sein möchte oder durch Marketingmaßnahmen. Mit den Wettbewerbern bestehen Verträge, falls in bestimmten Bereichen zusammengearbeitet werden soll, beispielsweise im Einkauf oder in der Produktion. Alle genannten Institutionen oder Personen gehören zum System der Organisation und nehmen bestimmte Rollen ein (vgl. Mohr 2006, S. 17–19; Spieß und von Rosenstiel 2010, S. 3–5).

Die Organisationspsychologie setzt sich mit „dem Erleben und Verhalten von Menschen in Organisationen" auseinander und ist eine „Kontextwissenschaft" (Spieß und von Rosenstiel 2010, S. 1). Sie beschäftigt sich mit Menschen und Gruppen als Teil einer Organisation. Die Angehörigen einer Organisation werden als „Produzenten" betrachtet (professionelle Rolle), um sie von Menschen als „Konsumenten" (private Rolle) abzugrenzen.

Die meisten Führungskräfte haben während ihrer Ausbildung die betriebswirtschaftlich-rationale Sichtweise auf Organisationen kennengelernt. Da jedoch weder Organisationen noch Menschen stetig zweckrational handeln, wird im Folgenden das organisationspsychologische und das systemische Wissen über Organisationen vertieft. Organisationspsychologisches Wissen unterstützt Führungskräfte dabei, ihr Wissen über menschliche Beziehungen in Organisationen zu erweitern, während systemisches Wissen über Organisationen die klassische betriebswirtschaftliche Organisationslehre nach Königswieser und Hillebrand „erschüttert, indem sie die Komplexität und Dynamik, die Ambivalent und Widersprüchlichkeit, das Prozesshafte und Konfliktträchtige als Wesensmerkmale von Organisationen hervorhebt." (Königswieser und Hillebrand 2005, S. 31).

3.1.1 Ziele einer Organisation

Ziel einer Organisation ist es, gemeinsam ein Produkt oder eine Dienstleistung herzustellen oder eine Aufgabe gemeinsam wahrzunehmen wie beispielsweise in Vereinen oder Kirchen. Insbesondere letztere können dazu beitragen, das Leben von Menschen mit Sinn und Inhalten zu füllen („Seelenheil", „reichhaltiger machen"; Mohr 2006, S. 18–19). Da Menschen viel Zeit in ihrer Organisation verbringen, hat die Organisation eine hohe Verantwortung, die über wirtschaftliche Erfolge hinausgeht.

Organisationen sollten somit soziale oder mitarbeiterorientierte Ziele wie hohe Mitarbeiterzufriedenheit oder soziales Engagement ebenso hoch bewerten wie existenzielle wirtschaftliche Ziele.

Meffert und Bruhn weisen darauf hin, dass eine hohe Mitarbeiterzufriedenheit eine hohe Kundenzufriedenheit sowie gesteigerte Umsätze und Gewinne nach sich ziehen (Meffert und Bruhn 2012, S. 132 ff).

Die positive Bedeutung von sozialem Engagement von Unternehmen (*„Total Societal Impact – A New Lens for Strategy"* 2017) für ihren wirtschaftlichen Erfolg hat die Boston Consulting Group in einer Untersuchung belegt: ▶ https://www.bcg.com/publications/2017/corporate-development-finance-total-societal-impact-new-lens-strategy.aspx.

3.1.2 Elemente einer Organisation

Nach Glasl gehören sieben Wesenselemente zu einer Organisation. Neben der Identität bzw. dem Zweck (siehe ▶ Abschn. 3.3) gehören die Unternehmenspolitik, die Struktur, die Menschen, die Organe, die Prozesse und die Mittel dazu, wie ❏ Abb. 3.1 zeigt. Glasl weist darauf hin, dass die sieben Elemente untereinander verknüpft sind und sich gegenseitig beeinflussen; in der Abbildung wurde wegen der besseren Übersicht auf zu viele Verbindungen verzichtet.

Das Interessante an den sieben Wesenselemente ist, dass sich verschiedene Organisations- und Führungstheorien in den letzten 100 Jahren jeweils mit einem oder mehreren Wesenselementen beschäftigt haben – die anderen wurden vernachlässigt. Die bekannte Theorie des Taylorismus (Frederic Taylor entwickelte eine rational gesteuerte Ablauforganisation, mit dem Synonym „Fließband") kümmerte sich ausschließlich um die Wesenselemente 5,6 und 7. Insbesondere die Auswirkungen durch diese monotonen

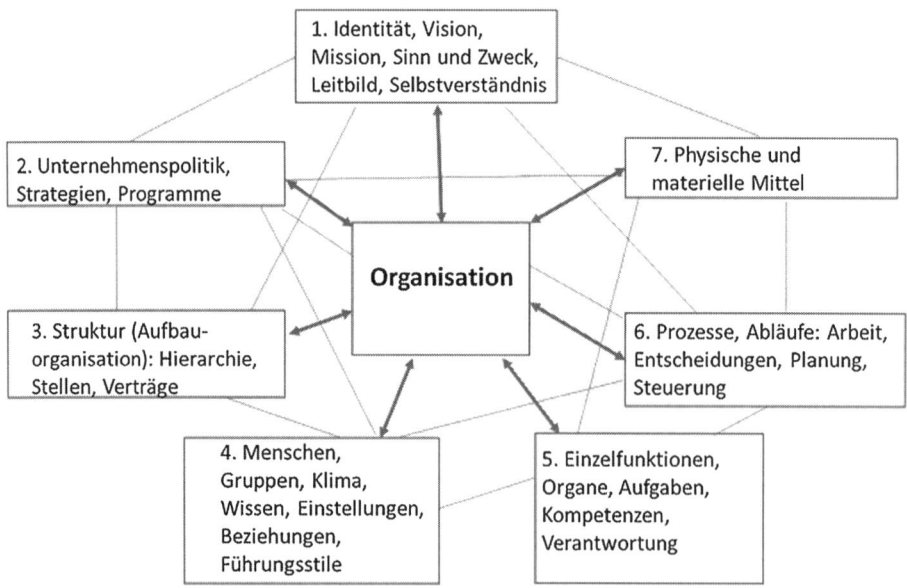

❏ **Abb. 3.1**   Eigene Darstellung in Anlehnung an Glasl in Glasl und Lievegoed 2004, S. 13 ff.

Tätigkeiten auf Menschen waren für Taylor nicht relevant. Erst spätere Wissenschaftler setzten sich mit Themen Aufbauorganisation, Funktionen, Prozesse und Führung auseinander (u. a. Max Weber), jedoch mit einem bürokratisch-administrativen Ansatz.

Erst ab den 1940er Jahren beginnt man, sich mit dem Faktor Mensch zu beschäftigen. Elton Mayo (USA) hat die Beziehung von Führungskräften zu den Mitarbeitenden untersucht und festgestellt, dass sich eine positive, zugewandte Haltung entscheidend auf die Produktivitätssteigerung auswirkt („Human Relations"). Kurt Lewin, der „Vater" der Organisationspsychologie, hat sich mit den Auswirkungen von Führungsstilen auseinandergesetzt und sie in Beziehung zu Motivation und Gruppendynamiken in Organisationen gesetzt. In der nächsten Stufe haben sich Wissenschaftler wie Maslow („Bedürfnispyramide") mit geistigen, psychischen und materiellen Bedürfnissen von Menschen beschäftigt. Durch diesen „Human Resources"-Ansatz wurde es möglich, die Ziele und Werte von Mitarbeitenden leichter mit den Zielen von Organisationen in Einklang zu bringen, um beispielsweise Leitsätze zu entwickeln. Seither wird weiter zu Motivationsfaktoren, Humanisierung der Arbeitswelt etc. geforscht (vgl. Glasl in Glasl und Lievegoed 2004, S. 13–16).

Glasl und Lievegoed haben sich mit der dynamischen Unternehmensentwicklung auseinandergesetzt und neben anderen begonnen, Organisationen als System zu sehen und zu beraten. Dieser Ansatz wird in ▶ Abschn. 3.7 weiter vertieft.

3.1.3 Die vier Phasen der Organisationsentwicklung

Organisationen gehen ebenso wie Menschen durch verschiedene Phasen der Entwicklung. So wie der Mensch Kindheit, Jugend, Erwachsen-Sein und Reifung durchläuft, so gehen Organisationen durch vier Phasen:
- Pionierphase
- Differenzierungsphase
- Integrationsphase und
- Assoziationsphase. (Glasl in Glasl und Lievegoed 2004, S. 49)

Für Führungskräfte ist es wichtig, diese Phasen zu kennen, damit sie zum einen erkennen, in welcher Phase sich eine Organisation befindet, in der sie Führungsaufgaben übernehmen. Zum anderen werden sie gegebenenfalls in einer neu gegründeten Organisation tätig sein oder selbst eine gründen – hier ist der Übergang von der Pionierphase in die nächsten Phasen ein wichtiger Entwicklungsschritt. Allgemein hat der Übergang in eine andere Phase, der durchaus für verschiedene Organisationsbereiche zu unterschiedlichen Zeiten erfolgen kann, Konsequenzen für Tätigkeiten, Bereiche und Mitarbeitende.

Als Beispiel für die vier Phasen soll die Gründung, der Aufbau und die Weiterentwicklung einer Gesellschaft, hier genannt „Segel GmbH", praktisch erläutert werden.

Pionierphase

In der Pionierphase verhält sich die Organisation wie eine große Familie. Der oder die Gründer sind Pionierpersönlichkeiten mit einer Vision für das neue Unternehmen. Die gesamte Organisation ist um sie aufgebaut, die Mitarbeitenden identifizieren sich sehr stark mit ihnen und handeln in ihrem Sinne. Häufig startet ein Unternehmen mit

3

wenigen Mitarbeitenden (bei der „Segel GmbH" waren es fünf), die dann alle Aufgaben erledigen, alle Ansprechpartner für Kunden sind und die ersten Kunden und Lieferanten sowie deren Bedürfnisse persönlich kennen und (über)erfüllen.

Die Führung ist charismatisch-autokratisch, wird jedoch von den Mitarbeitenden akzeptiert. Es herrscht ein großes Zusammengehörigkeitsgefühl, jeder und jede in der Organisation weiß, wie wichtig er oder sie ist und insbesondere welche Rolle den Gründern zukommt. Die Mitarbeitenden sind sehr motiviert und bereit, sich schnell in neue Themen einzuarbeiten.

Anfangs gibt es kaum Pläne, sondern es wird „getan, was zu tun ist": Die Sicht der Kunden ist das Maß der Dinge, Wünsche werden erfüllt – aber vielleicht die Rechnungsstellung hinausgeschoben. Durch die Improvisationsfähigkeiten ist die Organisation sehr schnell, flexibel und effizient.

Die Mitarbeitenden der „Segel GmbH" hatten große Freiräume und viel Eigenverantwortung, da die Geschäftsführung viel unterwegs war, um Unterstützer zu gewinnen. Diese Freiräume haben fast alle positiv für sich genutzt, sich sehr mit der Organisation identifiziert und ihrem Sinne gehandelt. Zwei Mitarbeitende kamen mit den Freiräumen und der Verantwortung nicht zurecht, da sie Menschen waren, die besser mit genauen Arbeitsanweisungen mit Zeitfenstern arbeiten konnten. Hier war dann eine Trennung unumgänglich.

Gefahr besteht, wenn es die Organisation nicht schafft, rechtzeitig in die nächste Phase einzutreten. Dann kann sie in eine Entwicklungskrise geraten: Die Folgen können Verfall des Charismas und des „Personenkults" hin zum „Chef-Chaos", Nachfolge- und Machtkämpfe, „Diktatur" durch die Gründer, mangelnde Transparenz sowohl unselbstständige und abhängige Mitarbeitende sein. In der Beispiel-Organisation gab es nach einer gewissen Zeit eine Mitarbeitende, die sich gern in der Geschäftsführerposition gesehen hätte und diese Absicht in der externen Umwelt erkennen ließ. Hier wurde jedoch schnell Klarheit geschaffen. Hinsichtlich der anderen Gefahren wurde rechtzeitig bemerkt, dass es Zeit war für die nächste Phase, insbesondere durch die Erweiterung des Teams durch weitere Mitarbeitende.

Differenzierungsphase

Nun ist es Zeit für Klarheit und Verbindlichkeit, die Organisation wird durchstrukturiert: Klare Stellenbeschreibungen, Aufbau von Gruppen und Abteilungen, standardisierte Abläufe, Formalisierung, Koordination, Spezialisierung etc. Dazu gehören der Aufbau einer geeigneten Buchhaltung und Personalabteilung, die Beauftragung von Mitarbeitenden mit speziellen Aufgaben, für die sie Fähigkeiten mitbringen, Ergänzung der Teams um Experten, die noch nicht vorhanden waren, Steuerung und klare Absprachen, um Transparenz zu schaffen.

Es ist ab jetzt notwendig, Markt-, Wettbewerbs- und Kundenanalysen durchzuführen, um dann zu prüfen, welche Produkte und welche Kunden bzw. Zielgruppen weiterhin bearbeitet werden sollen. Die Arbeit in der Organisation wird durch verschiedene Managementinstrumente professionalisiert: Planung, Ziel- und Strategieerarbeitung, Implementierung und Controlling wird institutionalisiert.

Die Führung erfolgt auf einer sachlichen, technischen Ebene, häufig durch neu hinzugekommene Führungskräfte, um Abläufe neutral zu steuern und um willkürliche Entscheidungen und Improvisation zu beseitigen.

Das Handeln aus Kundensicht wird ersetzt durch die Sicht von innen: „Wir entscheiden, was wir verkaufen – und zwar das, was gut für uns ist!".

Die Gefahr in dieser Phase kann durch einen zu hohen Organisationsgrad entstehen, sodass die Mitarbeitenden die Organisation als sehr bürokratisch und starr empfinden. Auch können je nach Größe einzelne Bereiche eigene Leitsätze und Arbeitsweisen entwickeln. Gerade Mitarbeitende, die seit der Pionierphase im Unternehmen sind, vermissen den „Spirit" der Gründungszeit und finden es befremdlich, plötzlich Dienstreiseanträge oder Stundenzettel schreiben zu müssen. Auch der Umgang mit Budgets wird als Belastung empfunden. An dieser Stelle kommt es häufig zu Kündigungen der Pioniermitarbeitenden, da sie die persönlichen Beziehungen oder die starke Kundenorientierung vermissen. Eine andere Entwicklung können Gruppenbildungen sein: Die „Alten" gegen die „Neuen" mit starken Abgrenzungstendenzen, die das Betriebsklima und das Image der Organisation negativ beeinflussen können.

Die „Segel GmbH" hat den Übergang in die Differenzierungsphase mit Unterstützung von Beratern gemeinsam mit den Teammitgliedern in diversen Runden geschafft. Den Mitarbeitenden wurde Sinn und Zweck der Maßnahmen erklärt und sie haben selbst einige erarbeitet. Trotz aller Gespräche waren manche nicht von der Weiterentwicklung überzeugt. Sie sind entweder gegangen oder haben sich arrangiert und konnten später ihren Standpunkt nochmals überprüfen, als die Organisation in die dritte Phase eingetreten ist.

Integrationsphase

Nachdem nun die Organisation ihr „Gerüst gebaut" hat, besinnt sie sich wieder auf ihre Vision, den Sinn und Zweck der Organisation. Die Führungskräfte entwickeln ihre Mission (Vision und Mission werden in ► Abschn. 3.3 erläutert), vereinbaren Ziele und richten die Organisation auf Kundenbedürfnisse aus. Gruppen und Abteilungen für Produktgruppen oder Marktsegmente werden gebildet; Prozesse neu und flexibel strukturiert. Die kleineren Bereiche arbeiten wieder autark; die zentralen Stabsstellen stehen als Dienstleister zur Verfügung.

Auch die Führungskräfte sind Dienstleister, besser noch Berater für die Mitarbeitenden. Sie achten auf die Entwicklung der Mitarbeitenden durch Schulungen und Seminare, um die Weiterentwicklung der Organisation sicherzustellen.

Diese Phase schafft einen Ausgleich zu den ersten beiden Phasen: Die Kundenorientierung ist wieder ebenso wichtig wie in der Pionierphase; die in der Differenzierungsphase geschaffenen Strukturen und Abläufe unterstützen zusammen mit den Führungskräften die wirtschaftliche Entwicklung der Organisation.

Eine Krise kann in der Integrationsphase entstehen, wenn die Führungskräfte zu sehr im Strategie-Modus verbleiben und die Organisation zu sehr um sich selbst kreist. Ein solches Verhalten führt zu Widerständen seitens der Kunden und Lieferanten.

In der „Segel GmbH" wurde der Übergang mit dem Leitungsteam geplant, teilweise begleitet von einem Berater, und die Organisation neu ausgerichtet. In dieser Phase bestand die Organisation neben der Hauptstelle bereits aus drei Außenstellen, die mit den zugehörigen Mitarbeitenden von vorherigen Institutionen an die Gesellschaft übergeben wurden. Daher war es wichtig, gemeinsam ein Leitbild zu entwickeln, überflüssige Regeln zu beseitigen und die Arbeit sinnvoll zu strukturieren. Durch die Bildung eines Personalpools war es notwendig, die Außenstellen einheitlich einzurichten, damit jederzeit Mitarbeitenden aus anderen Außenstellen einspringen konnten. Hier wurden

3

Einzelgespräche und Coachings notwendig, damit ein Wir-Gefühl entstand. Mitarbeitende haben in Seminaren neues Wissen erlernt und bekamen die Chance, sich auf neuen Positionen zu bewähren. Für manche Mitarbeitende war es jedoch sehr schwer, sich nach vielen Jahren in der alten Institution auf die neue große Organisation einzulassen. Manche haben es nach vielen Gesprächen geschafft, andere wollten den Weg nicht mitgehen.

Assoziationsphase

Nachdem sich die Organisation nun innerhalb ihrer Grenzen gefunden hat, öffnet sie ihre Außengrenzen und bezieht die Umwelt in ihr Handeln ein. Dazu gehören Lieferanten, Vertriebspartner, Kunden und andere Stakeholder wie Gesellschafter oder Politiker. Die Organisation tauscht sich mit den Stakeholdern aus, entwickelt gemeinsam Produkte oder sucht Lösungen. In dieser Phase erhalten Mitarbeitende eine höhere Eigenverantwortung für die stetigen Verbesserungen von Produkten und Dienstleistungen sowie für Weiterbildungen – es entsteht die „lernende Organisation" (siehe ▶ Abschn. 3.4). Wichtig ist an dieser Stelle, die Unternehmenskulturen der eigenen Organisation mit den Stakeholdern abzugleichen und anzupassen.

Eine Gefahr kann durch die Bildung von Machtblöcken entstehen: Organisationen können zusammen mit Stakeholdern Monopole entwickeln, die machtvoller sind als demokratische Organe.

In der „Segel GmbH" war es schon in der Pionierphase erforderlich, sich mit Stakeholdern auseinanderzusetzen. Das hat den Aufbau der Organisation erschwert, jedoch langfristig für Vertrauen in die Organisation gesorgt. Der Abgleich der Unternehmenskulturen war selten möglich, da sie sehr heterogen waren. Das Ziel der „lernenden Organisation" wurde jedoch verfolgt.

Anhand dieses Beispiels wird deutlich, dass die Phasen zwar gut nachvollziehbar sind, aber auch anders ablaufen können. Die „Segel GmbH" ist eher in der dritten Phase geblieben, aber auch für das „Bleiben" ist Weiterentwicklung erforderlich. Wenn eine Organisation in einer Phase in der Krise ist, so kann es Sinn machen, zurück in die vorherige Phase zu gehen – je nach Zielsetzung. Auch die Verbesserung der Situation in der aktuellen Phase kann geplant und umgesetzt werden. Möglicherweise gibt es durch die Digitalisierung in Zukunft eine fünfte Phase, die jetzt – außer Frederic Laloux (siehe ▶ Abschn. 3.2.1) – noch nicht bekannt ist.

Festzuhalten ist jedoch, dass jede Organisation eine Pionierphase braucht, auch wenn Konzerne neue Niederlassungen planen: eine charismatische „Mutter" oder ein „Vater" als Leitung sowie Mitarbeitende, die sich als „Familie" verstehen und in Freiräumen verantwortlich arbeiten, sind für den Erfolg und die Weiterentwicklung der neuen Organisation unabdingbar.

Auch die Differenzierungsphase ist notwendig und kann nicht übersprungen werden. Um in die Integrationsphase einzutreten, müssen Strukturen und Prozesse die „Familie" ersetzen. Erst durch klare Strukturen ist die (erneute) Entfaltung in Freiräumen für Mitarbeitende und Führungskräfte möglich. Sonst bleibt die Energie der Pionierphase erhalten: Unklarheit, keine Spezialisierung, keine Budgets und Abgrenzung zwischen der „Familie" und neu Hinzugekommenen. Hier liegt auch der Grund für die hohe Bedeutung des Lernens in der Organisation (siehe ▶ Abschn. 3.4) (vgl. Glasl in: Glasl und Lievegoed 2004, S. 49 ff.).

3.2 Organisationsformen heute und in Zukunft

Da sich dieses Buch an Führungskräfte richtet, die die Zukunft ihres Unternehmens entscheidend mitgestalten werden, werden zwei Organisationsmodelle, die zukunftsorientiert sind, vorgestellt: Die postmoderne Organisation, die sich aus der Evolution ableitet, und die fluide Organisation, die die Agilität in Unternehmen erhöhen kann.

3.2.1 Die postmoderne Organisation

Laloux (2015, S. 11 ff.) hat sich intensiv mit Organisationen früher und heute beschäftigt und stellt in seinem Buch „Reinventing Organizations" ein Organisationsmodell der Zukunft vor. Er leitet seine Modelle von der jeweiligen Entwicklung der Menschheit ab, die sich nach den Untersuchungen vieler Wissenschaftler in Sprüngen vollzieht.

Da seine Modelle auf der Arbeit verschiedener Wissenschaftler beruhen und gut nachvollziehbar sind, sollen die heute noch existierenden hier vorgestellt werden. Laloux gibt den einzelnen Modellen Farben und nennt sie Weltsicht oder Paradigma.

Das tribale impulsive Paradigma (Farbe: Rot)

Vor ca. 10.000 Jahren begannen Menschen, sich in Gesellschaften von tausenden von Mitgliedern zusammenzufinden. Dafür brauchten sie „Häuptlinge", die die soziale Ordnung und das Überleben innerhalb dieser Gesellschaft sicherten. Zuvor hatten Menschen in kleinen Gruppen zusammengelebt, die ohne Arbeitsteilung und „Häuptling" zusammenlebten. Da die neuen Gesellschaften noch keine Regeln hatten, waren Macht und Gewalt die wichtigste Sicherung gegen Gefahren von „draußen". Die Menschen waren impulsiv und egozentrisch; wer die Macht hatte, konnte seine Bedürfnisse einfordern, die anderen mussten sich unterordnen. Loyalität gegenüber dem „Machthaber" sowie Angst vor ihm hielten die Gesellschaften zusammen. Hier lag der Beginn der Sklaverei – Gefangennahme von unterlegenen Gegnern und deren Nutzung als Sklaven; Arbeitsteilung wurde möglich. Es herrschten einfache Polaritäten vor: für mich – gegen mich oder stark – schwach. Laloux vergleicht dieses Organisationsmodell mit einem Wolfsrudel – der Stärkere gewinnt – wird er schwach, so wird er vom nächsten Starken abgelöst. So entstanden Stammesfürstentümer (vgl. Laloux 2015, S. 15–17).

Diese Organisationsform hat somit erste Hierarchien („Top-down-Autorität") und Arbeitsteilung geschaffen. Es gibt sie heute noch: In kleinen Unternehmen, in der Eigentümer oder Geschäftsführer der Patriarch ist (oder die Matriarchin, jedoch selten), dessen Wille alles bestimmt. Eigenes Engagement vom Mitarbeitenden ist nicht erwünscht, denn „der Chef sorgt ja für alle, er weiß schon, was gut ist". Das hat in der Vergangenheit auch zu Insolvenzen geführt, da diese „Alphatiere" ihre Macht bis zum bitteren Ende ausüben und (notwendige) Innovationen nicht zulassen wollten. Andere Beispiele sind Drogengangs, die Mafia oder Gesellschaften in unterentwickelten Ländern, in denen sich Menschen nicht durch Bildung weiterentwickeln können. Die Macht muss ständig durch angstmachende, grausame Bestrafungen gegenüber Abtrünnigen bewiesen werden, um die Top-Down-Autorität und damit die Gesellschaft zu erhalten.

3

Beispiel

Max Grundig, ein Unternehmer der Wirtschaftswunderzeit, hatte mit Radio- und Fernseh-technik ein Unternehmen mit bis zu 20.000 Mitarbeitenden aufgebaut. Laut Berichten war er Patriarch, einziger Entscheider, willensstark und impulsiv. Er soll abends durch die Gebäude gegangen sein, um zu sehen, wer alles schon gegangen war und ob das Licht aus war – und löste durch sein Auftreten Ängste bei Mitarbeitenden aus. Grundig wollte die Gefahr nicht sehen, die seit den 1980er Jahren durch Konkurrenzprodukte aus Japan und weiterer asiatischen Staaten für das Unternehmen entstand. Führungskräfte und potenzielle Nachfolger, die die Unternehmensstrategie verändern wollten, mussten das Unternehmen wieder verlassen. Es endete mit einer Übernahme durch Philips, da Grundig massive finanzielle Probleme hatte und 2003 schließlich mit der Insolvenz.

Das traditionelle konformistische Paradigma (Farbe: Bernstein)

Diese Weltsicht entstand ca. 4000 v. Chr. in Mesopotamien in Form von Agrargesell-schaften, Staaten, Institutionen und Religionen. Sie zeichnet sich durch Regeln und Gesetze aus, die „gottgegeben" sind und streng eingehalten werden müssen – sonst werden Menschen aus der Gesellschaft verstoßen. Es gibt Vorgaben zum Verhalten, zur Kleidung, Erziehung etc. Auch heute leben viele Menschen in solchen konformistischen Gesellschaften: Strenggläubige, Konservative, Armeemitglieder oder auch Regierungs-behörden, öffentliche Schulen und Universitäten – auch bestimmte Arten von Familien funktionieren so. Dort wird die Haltung der „Burg" gepflegt: „Wir" gegen „die anderen". Wenn Fehler gemacht werden, so kann die Schuld bei „den anderen" gesucht werden, um innere Konflikte in der eigenen Gruppe zu vermeiden.

Dieses Organisationsmodell hat stabile und stetig sich wiederholende Prozesse geschaffen, die dazu beitragen, dass das Wissen in der Organisation liegt und nicht bei einzelnen Menschen. Ein weiteres Element ist der Hierarchieaufbau: Die konformisti-sche Gesellschaft hat Hierarchien mit Stellenbeschreibungen entwickelt; an der Spitze erfolgt das Denken für alle, weiter unten wird ausgeführt. In diesem Modell trägt jeder seine Rolle – und ist damit zufrieden –, passt sich den Gruppennormen an und sein Selbstwert ist somit stark von der Meinung der Gruppe abhängig. Wer sich anpasst, wird belohnt bzw. „erlöst", wer sich nicht anpasst, wird „verstoßen". Als Kompensation für die Anpassung und als Erhöhung der Identifikation mit der zugewiesenen Rolle wurden Uniformen, Roben, Titel und Rangordnungen entwickelt (vgl. Laloux 2015, S. 17–22).

Die konformistische Gesellschaft soll an dieser Stelle weiter betrachtet werden, da sie für die Themen dieses Buches, Führung und Selbstführung, wichtig ist. Durch die derzeitige Unruhe in der Welt wird dieses Organisationsmodell attraktiv (oder es bleibt attraktiv). Es scheint klare Strukturen, Ruhe und Zuverlässigkeit zu versprechen. Einzig- oder Andersartigkeit ist jedoch nicht gestattet, denn es gibt strenge Normen, die ein-gehalten werden müssen. Es ist auch nicht erwünscht, sich selbst zu reflektieren, über sich und sein Handeln nachzudenken – das, was im ▶ Kap. 5 dieses Buches vermittelt wird. Führungskräfte erhalten Anweisungen der höheren Führungskräfte, diese von der Leitung – und ihre Aufgabe ist es, sie zu erfüllen. Wie schon erwähnt, wird mit Schuld-zuweisungen gearbeitet – die einzelnen Abteilungen solcher Organisation arbeiten häu-fig gegeneinander und entwickeln Misstrauen – was zu Kontrollen führt.

Soziale Kompetenzen, ein hohes Selbstvertrauen bzw. Vertrauen in andere oder Mut zum Denken sind nicht gern gesehen, denn sie könnten die gesamte Organisa-tion infrage stellen. Daher ist es wichtig, dass Bewerber/innen sich selbst und ihre

Bedürfnisse gut kennen sowie sich intensiv mit einer Organisation und deren Modell beschäftigen, bevor sie dort tätig werden.

Beispiel

Eine junge Frau bewirbt sich nach dem Studium bei einer Behörde und erhält eine Stelle als Sachbearbeiterin in einer neu geschaffenen Abteilung. Sie ist sehr engagiert, bringt Ideen ein und wünscht sich mehr Kommunikation innerhalb der Abteilung sowie mit anderen Abteilungen. Der Abteilungsleiter und seine Stellvertreterin sind schon länger in der Behörde tätig, ebenso weitere Mitarbeitende. Sie weisen Ideen und Wünsche zurück als zu früh, nicht durchdacht, nicht angemessen; auch die anderen Abteilungen reagieren zurückhaltend. Sie erhält von anderen den Titel „Amtshexe", was sie zunächst mit Humor nimmt, bevor ihr die ernste Bedeutung klar wird: Sie wird als Störenfried und nicht als Ideengeberin und Kompetenzbereicherung für die neue Abteilung, mit der niemand Erfahrung hat, gesehen. Sie zieht Konsequenzen und sucht sich eine neue Tätigkeit.

Das moderne leistungsorientierte Paradigma (Farbe: Orange)

Diese Weltsicht hat sich in den letzten 200 Jahren seit der Aufklärung entwickelt und zu Demokratie, Innovationen, Wohlstand und höherer Lebenserwartung geführt. Hier wird nicht mehr davon ausgegangen, dass es „gut" und „böse" oder „richtig" und „falsch" gibt, sondern dass die Welt ein „komplexes Uhrwerk" (Laloux 2015, S. 23) ist. Organisationen werden als Maschinen betrachtet – diese Sichtweise berücksichtigt jedoch aus Glasls Sicht nur drei Wesenselemente von sieben einer Organisation (siehe ▶ Abschn. 3.1). Managementausbildungen und –umsetzung beziehen sich auf Prozesse, materielle Mittel, Organe und Kennzahlen – und nicht auf Menschen und ihre Fähigkeiten und Bedürfnisse. Mitarbeitende sollen an ihre Position bzw. das Organigramm angepasst werden und nicht umgekehrt, die Fachbegriffe muten maschinell an. Leistungsorientierte Organisationen können voller Energie sein (siehe ▶ Abschn. 3.6), jedoch auch seelenlos, starr oder „tot". Sie sollen jedoch weiterhin wachsen, Profite generieren und müssen daher immer neue Bedürfnisse schaffen. Menschen wird suggeriert, dass „Haben" besser ist als „Sein", dass Erfolg bedeutet, die Karriereleiter nach oben zu steigen und Statussymbole sollen diesen Erfolg dokumentieren. Auch Kinder werden mit dieser materialistischen Weltsicht groß und erwarten gleich beim Berufseinstieg hohe Gehälter. Die Zahl der (selbst)kritischen Menschen steigt jedoch – insbesondere derer, die im vierten oder fünften Lebensjahrzehnt anfangen zu zweifeln, ob das „Haben" der Sinn des eigenen Lebens sei oder ob es nicht doch etwas anderes gibt. Diese suchen dann oft einen Sparringspartner, beispielsweise einen Coach, um diese Fragen zu diskutieren und ihren weiteren Berufsweg (neu) zu planen. Da geht es häufig um das Selbstkonzept und die Selbstwahrnehmung (siehe ▶ Kap. 5), um das (Wieder)finden von Gefühlen, Bedürfnissen und eigenen Potenzialen.

Leistungsorientierte Organisationen sind erfolgreich, weil sie drei Entwicklungen zugelassen haben, die es in den tribalen oder impulsiven Organisationen nicht gibt:

Innovativ und schnell sein   Neues entwickeln und auf den Markt bringen, in Projektteams arbeiten, neue Ideen zulassen, bestehende Produkte weiterentwickeln und optimieren, den Markt beobachten und wieder neu entwickeln – das führt zum Erfolg der Organisation. Das gilt auch für Institutionen wie beispielsweise (innovative) Sportvereine, die neue Sportarten einführen, die gerade im Trend sind.

3

Verlässlich sein   Um schneller und innovativer zu sein, ist das „Management nach Zielen" (Management by objectives) entwickelt worden. So gibt es Zielvorgaben und finanzielle Anreize (z. B. Prämien) vom leitenden Management, die die Mitarbeitenden zu erfüllen haben. Wie sie das jedoch tun, bleibt (meistens) ihnen überlassen. Sie können somit frei und innovativ arbeiten, ihre Fähigkeiten nutzen und werden durch die finanziellen Anreize extrinsisch motiviert. Allerdings herrscht bei manchen Führungskräften durchaus die Sorge vor, dass ihre Mitarbeitenden doch nicht frei arbeiten sollten, da sie „es nicht schaffen/können" und kontrolliert werden müssen (denn sonst ist auch die eigene Prämie betroffen). Daher die obige Einschränkung.

Leistungsprinzip umsetzen   Jeder kann es schaffen, an die Spitze zu kommen – das ist in Kurzform der Kerngehalt dieses Organisationsmodells. Menschen müssen nicht mehr aus bestimmten Gesellschaftsschichten kommen, wie in der konformistischen Gesellschaft, um Karriere zu machen. Sie übernehmen Verantwortung für sich, wechseln alle paar Jahre ihre Stelle bzw. ihre Organisation und werden durch Personalentwicklungsmaßnahmen unterstützt. Dafür ist es üblich, „professionell aufzutreten": Eine Rolle spielen, rational sein, alles unter Kontrolle haben. Gefühle, vor allem solche wie Zweifel oder Angst, oder Bedürfnisse dürfen nicht gezeigt werden, denn andere könnten annehmen, man sei nicht fähig, eine höhere Tätigkeit zu übernehmen oder sei nicht belastbar. So setzt jede/r seine Maske des Erfolgs und der Durchsetzungsstärke auf (Laloux 2015, S. 23–29).

Beispiel

Ein junger Mann arbeitete nach Hauptschulabschluss und kaufmännischer Ausbildung an verschiedenen Positionen in einer Organisation, bevor er als Assistent zum Geschäftsführer geholt wurde. Dieser förderte den jungen Mann, damit auch er später eine Geschäftsführung übernehmen konnte. Der aus seiner Sicht wichtigste Ratschlag an den jungen Mann lautete „Lassen Sie sich nie hinter das Gesicht blicken! Niemand muss wissen, dass Sie nicht studiert haben, wenn Sie nur deutlich machen, dass Sie rational und schnell entscheiden können, durchsetzungsstark sind und natürlich erfolgreich. Arbeiten Sie hart, lassen Sie auch andere hart arbeiten. Zeigen Sie niemals Emotionen und sprechen Sie ausschließlich über berufliche Angelegenheiten. Beobachten Sie mich bei meiner Arbeit, dann werden Sie das in einigen Jahren auch können." Der junge Mann war nach einigen Jahren selbst Geschäftsführer geworden und hatte den Ratschlag zur Führung angenommen. Auch im Privaten war er stets in der Rolle des Geschäftsführers.
Nach einigen Jahren geriet er in eine körperliche Erschöpfung und suchte sich Unterstützung im Coaching, denn die Ursache lag für ihn in den jahrelangen 60- bis 80-Stunden-Wochen. Durch das Coaching kam die wahre Ursache ans Licht: All die Jahre des Masken-Tragens und Sich-Verstellens hatten dazu geführt, dass sein Körper rebelliert hatte. Er begann Schritt für Schritt, sich als Persönlichkeit im Unternehmen und im Privatleben zu zeigen. Manche Mitarbeitende reagierten irritiert, insbesondere Führungskräfte, und waren unsicher, wie sie sich verhalten sollten. Nach klärenden Gesprächen und Coachings verbesserte sich langsam der Umgang untereinander und damit auch das Betriebsklima.

Das postmoderne pluralistische Paradigma (Farbe: Grün)

Wenn wieder die sieben Wesenselemente von Glasl (siehe ▶ Abschn. 3.1.2) betrachtet werden, so legt die postmoderne pluralistische Organisation ihre Schwerpunkte auf die Punkte 1 (Identität) und 4 (Menschen, Gruppen, Klima). Menschen mit dieser Weltsicht sind die Gefühle von Menschen wichtig, Gleichberechtigung, Respekt für alle und harmonische Bindungen. Daher sehen sie eine Organisation nicht als Maschine wie bei der leistungsorientierten Weltsicht, sondern als Familie. Alle kümmern sich umeinander und sorgen dafür, dass es allen gut geht. Dieses Organisationsmodell wird häufig in sozialen und gemeinnützigen Organisationen (aber auch in wirtschaftlichen) gewählt, wo alle mitbestimmen dürfen und sollen. Das kann zu einer Verlangsamung von Entscheidungen oder Entwicklungen und damit zu finanziellen Problemen führen (auch gemeinnützige Organisationen müssen zumindest auf eine „schwarze Null" am Jahresende kommen) oder zu internen, verborgenen Machtkämpfen, um Entscheidungen herbeizuführen. Gleichzeitig werden Hierarchien und Macht eher negativ gesehen; Führungskräfte sollen der Organisation und den Menschen dienen.

Postmoderne Organisationen haben wie die anderen Modelle drei neue Aspekte für Organisationen ermöglicht:

1. **Empowerment**

   Die klassische Hierarchie-Pyramide wird umgedreht: Die Mitarbeitenden mit all ihren Kompetenzen und Potenzialen sind oben, direkt am Kunden, und die Führungskräfte sind unten, unterstützen die Mitarbeitenden (bzw. dienen ihnen), damit sie bestmöglich ihre Ziele erreichen können. Manche Führungskräfte sind Berater ihrer Mitarbeitenden, um sie zu inspirieren. Mitarbeitende werden ermächtigt, Entscheidungen zu treffen. Das hat häufig Vorteile, da die Mitarbeitenden am besten wissen, was in ihrem Bereich zu tun ist oder was ein Kunde notwendig braucht, damit er zufrieden ist und an die Organisation gebunden bleibt. Auf der anderen Seite sollten Führungskräfte wissen, was Mitarbeitende dort tun und auf welcher Basis sie ihre Entscheidungen treffen.

2. **Werteorientierte Kultur**

   Aufgrund dieser Kultur können Führungskräfte ihren Mitarbeitenden bei Entscheidungen vertrauen, denn sie haben gemeinsame Werte, nach denen sich alle richten können. Diese Werte inspirieren alle und unterstützen sie in ihrer Arbeit. In ▶ Abschn. 4.2 wird es um Werte gehen – jedoch nicht um Pseudo-Werte, die sich häufig leistungsorientierte Organisationen „verordnen", jedoch weder gelebt werden noch über den finanziellen Zielen stehen. Die Werte, die hier gemeint sind, sorgen für eine lebendige Unternehmenskultur, die über den Strategien steht, in der Mitarbeitende geschätzt und ermutigt werden, mit ihren Ideen die Organisation weiterzuentwickeln. Sie sind kein „Rädchen", sondern unverzichtbar mit ihren Potenzialen. Organisationsleitungen, die u. a. eine solche Kultur umsetzen, werden als Leader bezeichnet (siehe ▶ Abschn. 4.3).

3. **Integration verschiedener Interessengruppen**

   Postmoderne Organisationen leben die „Corporate Social Responsibility" (CSR), also die soziale (meist auch ökologische) und gesellschaftliche Verantwortung, die Organisationen aus ihrer Sicht gegenüber der Menschheit haben. Insbesondere gegenüber Mitarbeitenden, Kunden und Lieferanten haben sie Verpflichtungen, die in einen Ausgleich mit den wirtschaftlichen Interessen der Organisation zu bringen sind. Leistungsorientierte Organisationen fühlen sich meist nur gegenüber

3

Investoren und Aktionären gegenüber verpflichtet, ökonomisch erfolgreich zu sein. Auch sie sind verpflichtet, ihre CSR zu dokumentieren – jedoch bleibt es bei dieser Pflicht, während es bei postmodernen Organisationen ihr Handeln lenkt. Dazu gehören u. a. Verhinderung von Kinderarbeit bei den Lieferanten in Entwicklungsländern, Verringerung vom Ressourcenverbrauch wie Wasser, Verminderung des Kohlendioxid-Ausstoßes etc. Zu Beginn verursacht das Erreichen dieser Ziele höhere Kosten, langfristig jedoch rechnet sich die Umsetzung der CSR-Ziele (siehe Studie der Boston Consulting Group 2017, ▶ Abschn. 3.1/vgl. Laloux 2015, S. 30–35)

Beispiel
Der Geschäftsführer eines technischen Unternehmens kann sich nur durch hohe Qualität, schnellen und guten Service sowie kompetente und freundliche Mitarbeitende gegenüber den Großen der Branche durchsetzen. Daher hat er dafür gesorgt, dass alle Mitarbeitenden jederzeit in der Lage sind, angemessene Entscheidungen zu fällen und kundenorientiert zu arbeiten (Empowerment). Wichtige Werte des Unternehmens sind Vertrauen, dass die Mitarbeitenden richtig entscheiden, Wertschätzung für ihr Wissen und ihr Engagement sowie eine hohe Kundenorientierung. Durch das Leben der Werte hat er erreicht, dass ein großer Teil der Mitarbeitenden bereits 20 Jahre und länger im Unternehmen sind – trotz geringerer Gehälter im Vergleich mit größeren Unternehmen der Branche. Ihm sind alle Interessengruppen wichtig; u. a. hat er sich bei der anstehenden Betriebsverlegung aus Kapazitätsgründen entschieden, im gleichen Ort zu bleiben, obwohl die Grundstücke dort deutlich teurer waren als in weiter entfernten Gemeinden, um den Mitarbeitenden keinen langen und teuren Anfahrtsweg zuzumuten oder sie zu verlieren.

Koexistenz von Organisationsmodellen

Alle oder nahezu alle vorgestellten Organisationsformen existieren nebeneinander, je nach Ausrichtung eines Unternehmens oder einer Organisation. Die tribale impulsive Organisation ist lt. Laloux (2015, S. 36) jedoch nur noch selten in entwickelten Ländern zu finden; alle anderen existieren je nach Ausrichtung einer Organisation. So gehören Militär, viele Regierungsbehörden oder das öffentliche Schul- und Hochschulsystem zur traditionellen konformistischen Organisationsform und die meisten heutigen Unternehmen vom Dax-Konzern bis zum Kleinunternehmen zur modernen leistungsorientierten Organisationsform. Dagegen sind postmoderne pluralistische Organisationen in der Entstehungsphase. Es gibt sie bereits häufig unter gemeinnützigen Unternehmen, aber auch Wirtschaftsunternehmen entwickeln sich zu dieser Organisationsform (Laloux 2015, S. 36–37).

Es wird spannend sein zu beobachten, wie diese Entwicklung weitergeht. Werden sich bestehende moderne leistungsorientierte Organisationen zu postmodernen weiterentwickeln, wenn jüngere Mitarbeitende und Führungskräfte das Arbeiten in werteorientierten Organisationen vorziehen? Oder wird es eine weitere, jetzt noch nicht existente Unternehmensform geben?

Gleichzeitig ist zu berücksichtigen, dass große Organisationen durchaus unterschiedlich agieren können: Die Produktion könnte noch als traditionelle Organisation geführt werden, während Marketing und Vertrieb als moderne Organisation geführt wird. Wichtig ist es, Strukturen, Prozesse und Handlungen in Organisationen zu beobachten, um

Rückschlüsse auf die Art der Organisation ziehen zu können. Der wichtigste Punkt sind jedoch die obersten Führungskräfte: Sie entscheiden auf Basis ihrer eigenen Wahrnehmung und Weltsicht über die Organisationsform. Daraus folgt, dass Organisationen sich nur so weit entwickeln können, wie es die Sichtweise der obersten Führung ermöglicht. Daher funktionieren beispielsweise Aktivitäten hinsichtlich Leitbild, Visionen und Missionen nicht, wenn die Führung es nur erarbeiten lässt, um „auch ein Leitbild zu haben". Leitbilder sind ein Kennzeichen postmoderner Unternehmen, da sie werteorientiert sind. Moderne Unternehmen sind erfolgsorientiert, traditionelle hierarchieorientiert (vgl. Laloux 2015, S. 38–42). Trotzdem wird es im nächsten Abschnitt um Werte, Visionen und Missionen gehen.

> Hinweis: Laloux geht in seinem Buch „Reinventing Organizations" sehr viel weiter und beschäftigt sich mit der evolutionären Weiterentwicklung der Menschen und damit der Organisationen. Er sieht als nächsten Schritt die Entwicklung von evolutionären Organisationen, die jedoch die individuelle Weiterentwicklung der Führungskräfte bedingt. Stetig Aktuelles von Mitmachern aus der ganzen Welt findet man hier: ▶ www.reinventingorganizations.com.

3.2.2 Die fluide Organisation

Derzeit gibt es viele Veranstaltungen, Weiterbildungen und Literatur zum Thema „Agile Strukturen in Unternehmen entwickeln". Der Grund liegt in der immer höheren Dynamik und Flexibilität, die von Unternehmen und damit von den dort arbeitenden Menschen verlangt wird, was in strengen Hierarchien ohne viel Freiraum nicht möglich ist. Unternehmen, die wettbewerbsfähig bleiben wollen, müssen sich umstellen auf die Gewährung höherer Eigenverantwortung aller Mitarbeitenden, auf weniger Hierarchiestufen und auf eine größere Unabhängigkeit im Denken, Planen und Umsetzen. Das bedeutet, dass nicht nur Organisationsstrukturen verändert werden müssen, sondern auch die Unternehmenskultur.

In fluiden Organisationen werden bestehende feste Stellen(beschreibungen) zugunsten von verantwortlichen Rollen aufgelöst. Mitarbeitende übernehmen Verantwortung für die Teile von definierten Prozessen, die ihren Kompetenzen entsprechen. Damit sind sie Netzwerker, denn sie arbeiten auf kurzem Wege sowohl mit anderen Bereichen des Unternehmens als auch mit externen Stakeholdern wie Kunden oder Lieferanten, um umfangreiche Entscheidungswege und Abstimmungen zu vermeiden. Gleichzeitig geht es um Wissensaustausch: Die Mitarbeitenden sollen zwar unabhängig arbeiten können, jedoch keine Einzelkämpfer sein, die ihr Wissen für sich behalten. Es ist ein intensiver Austausch erforderlich, um die Prozesse im Unternehmen erfolgreich fließen zu lassen. Ziele werden durch die Wahrnehmung der Verantwortung durch jeden einzelnen Mitarbeiter und die daraus entstehenden schnelleren Prozesse erreicht (vgl. Franken 2016, S. 151 ff).

Dieses Organisationsmodell stellt neue Anforderungen an Führungskräfte. Sie müssen in der Lage sein, Potenziale und Kompetenzen von Mitarbeitenden zu erkennen und ggf. Personalentwicklungsmaßnahmen veranlassen. Gemeinsam mit dem jeweiligen Mitarbeiter legen sie den Verantwortungsbereich fest; dieser Bereich muss sich nahtlos an die anderen Verantwortungsbereiche anfügen, um ein ganzheitlich funktionierendes

3

System sicherzustellen. Führungskräfte in fluiden Organisationen müssen ein positives Menschenbild als innere Haltung mitbringen; sie sollen inspirieren und aktiv begleiten können – und lernen, die Mitarbeitenden entscheiden und „machen" zu lassen. Delegieren heißt hier, nicht nur Aufgaben abzugeben, sondern die Verantwortung. Das ist einer der entscheidenden Unterschiede zur traditionellen Führung.

Durch die neuen Anforderungen an Führungskräfte ist ein gemeinsames Führungsverständnis in der Organisation ebenso erforderlich wie eine Professionalisierung der Führung, wozu eine echte Führungskräfte-Ausbildung beitragen kann (siehe ▶ Kap. 7).

3.3 Werte von Organisationen

Jede Organisation und jeder Mensch hat Werte. Sie entstehen aus Einstellungen und Erfahrungen und beeinflussen Handeln und Urteile. Menschen be-werten ständig Dinge und andere Menschen, auch wenn das Beobachten ausreichen würde. Manchmal ent-werten sie auch, z. B. Arbeitgeber, Produkte oder Mitmenschen.

Werte von Organisationen werden von Mitarbeitenden und Führungskräften je nach eigener Einstellung unterschiedlich wahrgenommen; manchmal sind sie bekannt in Form eines offiziellen Leitbildes, manchmal kommen sie nur durch Ziele oder das Verhalten der Unternehmensleitung zum Ausdruck. Viele leistungsorientierte Organisationen haben Werte wie Gewinnmaximierung/Kostenminimierung, Null-Fehler-Toleranz oder Kampf bzw. Krieg mit Mitbewerbern oder untereinander. Anderen Organisationen sind Werte wie Respekt, Vertrauen und Sicherheit wichtig.

Werte sind vorhanden, auch wenn sie nicht ausdrücklich entwickelt werden; sie werden meist über die Gründer und später über die Unternehmensleitung in die Organisation getragen. Es ist wichtig, dass sich Organisationen über ihre Werte im Klaren sind und diese bei Unklarheit in einem Prozess verdeutlichen. Dazu kann beispielsweise hinterfragt werden, wie der Umgang im Team ist oder der zwischen Führungskräften und Mitarbeitenden. Auch die Kommunikation mit Lieferanten und Kunden ist eine Überprüfung wert.

Unternehmenswerte, die in Zukunft wichtig werden, weil Mitarbeitende sie zur Entscheidungsgrundlage machen, in einem Unternehmen zu arbeiten, sind Arbeiten mit Sinn, Vertrauen, Verantwortung übernehmen (dürfen), authentische Führung, (Rede-) Freiheit, positive Fehlerkultur, Transparenz, Sicherheit und Wertschätzung.

Diese Werte dürfen nicht „einfach" in einer Arbeitsgruppe entwickelt werden, wenn sie gelebt werden sollen, sondern vorhandene Wertvorstellungen, Verhaltensweisen und Einstellungen sollten ermittelt werden. Je nach Größe der Organisation sollen dann aus allen Bereichen Mitarbeitende eingeladen werden, an der konkreten Erarbeitung mitzuarbeiten und daraus verbindende Werte und ihre Konsequenzen zu formulieren. Bei der Umsetzung ist es unabdingbar, dass die Unternehmensleitung als Vorbild agiert.

Es ist unproblematisch, wenn Mitarbeitende verschiedene Werte haben – Menschen sind unterschiedlich und einzigartig. Die Werte fließen in die Kreativität und Innovationsfähigkeit der Organisation ein und sind unabhängig von den Werten der Organisation. Bei der Erarbeitung der Organisationswerte können die unterschiedlichen Menschenwerte sogar bereichernd sein und dem stärkeren Zusammenhalt dienen.

Die Werte können in einem Prozess mit der Vision und der Mission erarbeitet werden; dann wird alles in ein Leitbild einfließen, mit dem sich alle Mitarbeitende der Organisation identifizieren können.

Als begleitendes Beispiel für Visionen und Missionen soll der unabhängige Studienreiseveranstalter Studiosus dienen.

3.3.1 Vision

Die Vision bildet sozusagen das Fundament einer Organisation, Sie beantwortet Fragen wie „Wohin wollen wir?", „Was wollen wir erreichen?" oder „Wo sehen wir uns in der Zukunft, z. B. in drei oder fünf Jahren?".

Oftmals haben die Gründer einer Organisation eine Vision für ihr Unternehmen; sie ist die innere Haltung eines Unternehmers.

Es ist jedoch erforderlich, Visionen von Zeit zu Zeit zu hinterfragen, z. B. bei Leitungswechsel oder Unternehmensverkauf. Hier ist häufig eine Veränderung zu spüren, wenn die neue Leitung andere Werte mitbringt als die bisherige Unternehmensführung. Dann könnte die Vision plötzlich nicht mehr passen und wird als hohle Phrase wahrgenommen.

Auch lange bestehende Organisationen brauchen eine Auffrischung, vor allem, wenn sich Ziele, Aufgaben oder die Organisationsform geändert hat. Hier ist als Beispiel die Digitalisierung und ihre Folgen zu nennen, die in ▶ Abschn. 3.2.2 anhand der fluiden Organisation dargestellt wurde.

Wenn eine Vision (weiter)entwickelt wird, besteht Klarheit über die Zukunft der Organisation, können sich Mitarbeitende mit der Organisation identifizieren und es entsteht ein „roter Faden", anhand dessen Ziele und Strategien entwickelt werden. Im besten Fall entsteht ein Gemeinschaftsgefühl und trägt zur Motivation der Mitarbeitenden bei. Sie sind dann stolz darauf, für diese Organisation arbeiten zu dürfen.

Beispiel für die Vision von Studiosus

Sie wollen „als unabhängiges Wirtschaftsunternehmen zum Kennen- und Verstehenlernen anderer Länder, Menschen und Kulturen sowie zur Völkerverständigung beitragen" und mit ihren Reisen „Vorbehalte, Vorurteile und Ablehnung gegenüber allem Fremden abbauen, auch im eigenen Land als Botschafter gegen Fremdenfeindlichkeit und Diskriminierung" (vgl. ▶ https://www.studiosus.com/Ueber-Studiosus/Unternehmensprofil/Die-Unternehmensvision

3.3.2 Mission

Als nächster Schritt wird die Mission erarbeitet bzw. in Worte gefasst. Hier finden sich Antworten auf Fragen wie „Was ist unsere Kernkompetenz und womit generieren wir unseren Umsatz?" oder „Was zeichnet uns aus? Was können wir besser als unsere Wettbewerber?". Es muss mit einem Satz erklärbar sein, wozu das Unternehmen da ist und was es bieten kann: Das ist das sogenannte Mission Statement, das das Tun bzw. den Weg einer Organisation in der Gegenwart darstellt – im Kontrast zum Vision Statement, das das Bild der Zukunft malt, welches Ziel eine Organisation erreichen möchte.

3

Auch bei der Mission ist eine Anpassung erforderlich, wenn sich entscheidende Änderungen ergeben, beispielsweise durch Unternehmenserweiterungen oder -verkäufe, neue Geschäftsfelder oder eben neue Organisationsformen.

Beispiel für die Mission von Studiosus

Studiosus ist Marktführer in Europa für Studienreisen und zeichnet sich durch die hohe Qualität der Programme und der Reiseleiter sowie durch stetige Innovationen aus. Sie setzen in den Bereichen Sicherheit und soziale, ökologische und ökonomische Nachhaltigkeit Maßstäbe. Dokumentiert wird das durch diverse Qualitätssiegel, u. a. das CSR, Corporate Social Responsibility und das Eintreten für Menschenrechte ▶ https://www.studiosus.com/Ueber-Studiosus/Unternehmensprofil/Die-Unternehmensvision

3.3.3 Leitbild

Die Vision, die Mission und die Werte der Organisation lassen zusammen das Leitbild entstehen. Das Leitbild ist im besten Fall die Verschriftlichung der tatsächlichen Unternehmenskultur oder -philosophie, sonst bleibt es eine leere Hülle. Leitbilder entstehen nicht erst, wenn es eine Arbeitsgruppe gibt, sondern bereits in der Gründerzeit einer Organisation. Glasl stellt die Entwicklung von Leitbildern oder -sätzen in den vier Entwicklungsphasen von Unternehmen dar:

- In der Pionierphase entstehen Leitsätze intuitiv, sie sind die persönlichen Leitprinzipien der Gründer (Pioniere); das Unternehmen ist eine große Familie und es gibt ggf. einen Personenkult um den oder die Gründer/in mit patriarchalischen oder matriarchalischen Führungs- und Rollenmustern, wie es beispielsweise von Apple und seinem Gründer Steve Jobs bekannt ist.
- In der Differenzierungsphase werden Leitsätze von Experten oder Beauftragten entwickelt und den Mitarbeitenden „verordnet". Sie basieren auf betriebswirtschaftlichen Grundsätzen und sollen für Ordnung sorgen. Anstelle der Personifizierung in der Pionierphase werden neue Produkte oder andere materielle Symbole in den Vordergrund gestellt.
- In der Integrationsphase werden bestehende Leitsätze zusammen mit den Führungskräften überarbeitet und den Mitarbeitenden vermittelt. Die Organisation wird durch die reflektierte und gestaltete Kultur ein lebendiger Organismus und es entstehen neben den materiellen Symbolen auch immaterielle und personale Symbole.
- In der Assoziationsphase werden die Leitsätze proaktiv mit Stakeholdern, vor allem Partnerorganisationen, und innerhalb der Organisation neu abgestimmt und ausgerichtet. Es wird bewusst der Kontakt mit Partnern gepflegt, bis hin zu gemeinsamen Personalentwicklungsaktivitäten (vgl. Glasl in: Glasl und Lievegoed 2004, S. 148–149).

Glasl hat mit der Beschreibung der letzten Phase schon 1993 beschrieben, was heute im Rahmen von Digitalisierung, Agilität, fluider Unternehmen etc. entstehen muss: Leitsätze oder ein Leitbild, das die Unternehmenskultur in (zukünftigen) Zeiten von hoher Eigenverantwortung der Mitarbeitenden und wenig Hierarchie stärkt. Einige Unternehmen haben bereits eine solche Unternehmenskultur aufgebaut, wie man Berichten entnehmen kann. Die folgende Aufzählung soll Führungskräften und ihren Organisationen als Inspiration dienen, ihre eigene Unternehmenskultur zu entwickeln:

- Wertschätzung der Unterschiedlichkeit von Menschen: Eigenschaften, werte, Kulturen etc.
- Anerkennung der Gleichwertigkeit aller Mitarbeitenden im Unternehmen
- Werte leben wie Vertrauen, Respekt, Verantwortung
- Wertschätzende Kommunikation zur Vermeidung von Konflikten
- Informationen über alle Vorgänge im Unternehmen und die Zukunftsplanung
- Teilhabe an der Weiterentwicklung des Unternehmens
- Lern- und Fehlerkultur: Stetiges Lernen ist gewollt und wird unterstützt, konstruktiver Umgang mit Fehlern und der Fehleranalyse
- Selbstkompetenz aller Mitarbeitenden und Führungskräfte weiterentwickeln
- Freiräume für Entwicklung, Innovation und Kreativität bieten
- Lebensbalance leben: Ausgleich zwischen Arbeit, Familie und Freizeit, zwischen digitalen Medien und persönlicher Kommunikation, zu Selbstfürsorge ermutigen, für Ruhephasen sorgen.

3.4 Lernende Organisationen

Als „lernende Organisation" wird zunächst die Bereitschaft und Verpflichtung der Mitglieder der Organisation verstanden, neues Wissen zu erwerben, sich weiterzubilden und weiterzuentwickeln. Um jedoch innovativ zu sein, schnell handeln oder entwickeln zu können und Fehler zu beseitigen – ohne dass Fehler als Versagen betrachtet werden – setzt die lernende Organisation auf die Zielerreichung durch organisationales **und** individuelles Lernen. Die Mitarbeitenden werden motiviert, Neues zu lernen und weiterzugeben (vgl. Spieß und von Rosenstiel 2010, S. 90).

Damit wird deutlich: Auch Organisationen können lernen – und das wird in einer Wissensgesellschaft immer wichtiger. Menschen bringen bestimmte Fähigkeiten und Kompetenzen mit in ihre Organisation; dort wenden sie ihr Wissen an, entwickeln es weiter und/oder lernen Neues – heute nicht mehr freiwillig, sondern um fachlich auf dem aktuellen Stand zu sein. Darüber hinaus vermitteln sie ihr Wissen an Kolleginnen und Kollegen, sodass das Wissen zum einen vervielfacht und gemeinsam weiterentwickelt wird und zum anderen in der Organisation verbleibt, selbst wenn die Mitarbeitenden die Organisation verlassen. Durch den Abgleich von Wissen können Mängel deutlich werden, die dann durch Schulungen von Mitarbeitenden behoben werden können.

Sollte die Wissensvermittlung unterbleiben, so entsteht bei einer Kündigung ein großes Defizit in der Organisation, die zu hohen Kunden- bzw. Auftragsverlusten führen und damit die Organisation stark schädigen kann. Daher bauen immer mehr Organisationen Wissensdatenbanken auf bzw. etablieren „Wissensmanagement" als wichtigen Teil im System; es entsteht eine Lernkultur mit dem Ziel des „lebenslangen Lernen". Hier muss die Organisation Vorbilder schaffen und eine gute Personalentwicklung aufbauen, um zum einen Mitarbeitende stetig weiterzubilden und sicherzustellen, dass Wissen in der Organisation bleibt. Zum zweiten können durch die Maßnahmen Mitarbeitende gestärkt werden und ihre Ängste vor dem stetigen Wandel reduziert werden. Die Unternehmenskultur muss zur Lernkultur werden, in der Lernen und die Wissensweitergabe positiv besetzt ist und als Chance gesehen wird.

3

Sinnvoll ist es, Seminare und Weiterbildungen – in Präsenz und online – anzubieten, die auf die eigenen Organisationsprozesse und -aufgaben ausgerichtet sind. So können Mitarbeitende das Gelernte unmittelbar in ihrer Arbeit anwenden. Zusätzlich sollten Mitarbeitende so weitergebildet werden, dass sie das Gelernte auch generalisieren und bei anderen Aufgaben anwenden können. Wenn die Organisation zum individuellen Lernen motiviert und Anreize setzt, kann aus individuellem Wissen Organisationswissen werden und so zur Weiterentwicklung und zum Erfolg der Organisation beitragen. Es ist auch denkbar, dass Mitarbeitende selbst Seminare entwickeln und ihre eigenen Kollegen schulen.

Beispiel

Eine Personalleiterin eines kleinen Unternehmens entwickelte kurze Schulungssequenzen für Auszubildende über fachliche, organisatorische, personale und persönliche Themen. Jede Schulung dauerte eine Stunde und fand alle vierzehn Tage morgens vor Arbeitsbeginn statt. Manche Themen hat sie selbst abgedeckt, andere haben Fachkollegen übernommen. Die Sequenzen fanden so einen Anklang, dass die anderen Mitarbeitenden darum baten, auch teilnehmen zu dürfen – trotz oft langjähriger Unternehmenszugehörigkeit. Der Teilnahme wurde zugestimmt und führte zu einem engeren Zusammenhalt und neu (aufgefrischtem) Wissen über andere Fachbereiche.

Abschließend soll ein weiterer Aspekt von lernenden Organisationen durch folgendes Zitat aufgezeigt werden:

» Eine gesunde Organisation ist eine lernende Organisation, d. h. Fehler dürfen gemacht werden, und sie werden zum Lernen genutzt. Lernen wird verstanden als „rollierender" Prozess in der Abfolge von Analyse-Handeln-Erfolgskontrolle-erneutes Handeln usw. (Comelli und von Rosenstiel 2009, S. 286).

Eine gute Fehlerkultur ist ein wichtiger Wert einer Organisation; ist diese Fehlerkultur nicht gegeben, so finden keine Innovation, keine Ideenentwicklung und keine unternehmenseigene Wissensweiterentwicklung statt. Es gibt Unternehmen, in denen ist die Karriere in Gefahr, wenn es Fehler gegeben hat; in anderen ist es üblich die Schuld an Vorfällen bei anderen Abteilungen oder in der externen Umwelt zu suchen. Wenn es jedoch „erlaubt" ist, Fehler zu machen, Dinge auszuprobieren, dann sind Mitarbeitende und Führungskräfte motiviert und tragen durch Neuentwicklungen zur positiven wirtschaftlichen Entwicklung ihres Unternehmens bei.

3.5 Organisationen als lebendige Systeme

Laloux glaubt, dass immer mehr Menschen sich auf die nächste evolutionäre Stufe begeben wollen: Sie wollen das Leben ganzheitlich betrachten, ihre eigenen Maßstäbe setzen und nicht den Vorgaben anderer (der Familie, der Gesellschaft) folgen. Sie sehen das Leben als Entdeckungsreise, die der Entdeckung ihrer Stärken und Potenziale dient. Sie begreifen komplexe Zusammenhänge, entdecken ihr Selbst und können sich selbst führen (siehe ▶ Kap. 5), während sie gleichzeitig wissen, dass sie Teil eines Netzwerkes sind. Sie wollen der Menschheit von Nutzen sein und ihre Berufung leben (vgl. Laloux 2015, S. 43–50).

Diese Menschen suchen nach Organisationen, die eine „klare und noble Sinnaus-richtung haben" (Laloux 2015, S. 51), also lebendige Systeme sind, die sich selbst orga-nisieren können. Hier steht statt Angst vor Vorgesetzten und Kollegen, Missgunst und Neid (Konkurrenz, Kampf um Beförderung, Anerkennung und Gehälter, Zurückhalten von Wissen und Informationen etc.) das Vertrauen im Vordergrund. Das spart Zeit: Weniger Kontrollen und Vorgaben, weniger endlose Sitzungen mühsames Heranholen von Informationen – stattdessen Transparenz, Klarheit, flexible Rollen und Eigenver-antwortung.

Die evolutionären Organisationen, die bereits existieren, zeichnen sich durch drei Elemente aus:

- Selbstführung: Die Teams führen sich selbst, es gibt keine Hierarchie. Unterstützung können ggf. Berater bieten, die jedoch keine Entscheidungsgewalt haben. Die Teams koordinieren alles selbst und übernehmen auch die Unterstützungsfunktionen wie Qualitätsmanagement, Einkauf, Controlling etc.
- Ganzheit: Mitarbeitende dürfen ihr gesamtes Wesen in die Organisation einbringen: Nicht nur die berufliche „Maske" mit Elementen wie Männlichkeit, Härte, Ent-schlossenheit oder Stärke, sondern auch Emotionen und Intuition. Damit bringen Mitarbeitende und Führungskräfte ihr gesamtes Selbst in die Organisation ein.
- Evolutionärer Sinn: Die Organisation ist lebendig, da sie mit den Mitarbeitenden ihre Ziele und ihren Nutzen selbst festlegt und immer wieder anpasst. Es sind weder Vorgaben noch Kontrollen notwendig, denn alle Mitarbeitenden haben das Ziel, die Organisation erfolgreich zu machen.

Bewerbungsgespräche werden beispielsweise mit den zukünftigen Kollegen geführt, um sicher zu stellen, dass Bewerber mit den Zielen und dem Sinn der Organisation überein-stimmt. Wenn neue Kollegen dann ihre Arbeit aufnehmen, lernen sie in den ersten Wochen alle Abteilungen kennen. Alle Mitarbeitenden lernen, wie gute Kommunika-tion funktioniert, insbesondere mit neuen Kollegen, und installieren so eine angenehme Unternehmenskultur. Der Arbeitsplatz ist vorbereitet und es steht für die ersten drei Monate ein Mentor zur Seite.

Alle Mitarbeitenden haben eine persönliche Verantwortung für ihre eigene Weiter-bildung. Darüber hinaus gibt es in regelmäßigen Abständen Weiterbildungen, die die Unternehmenskultur stützen, an denen alle teilnehmen. Auch können Mitarbeitende selbst Weiterbildungen für ihre Kollegen anbieten (vgl. Laloux 2015, S. 54–55).

In traditionellen oder leistungsorientierten Organisationen ist Macht der Dreh- und Angelpunkt, um den gekämpft wird. Wenige haben viel Macht; die Machtlosen wollen mehr gewinnen, beispielsweise über die Gewerkschaften. Dabei kommen alle negativen Eigenschaften von Menschen zum Ausdruck: Angst, Gier, Misstrauen, Wut, Frustration und Resignation. Als Folge entsteht bei der Mehrheit der Machtlosen ein Motivations-mangel, der zu innerer Kündigung führt und gleichzeitig eine Verschwendung von Potenzialen darstellt.

Auch in lebendigen Organisationen sind nicht alle Menschen evolutionär und brauchen es auch nicht zu sein. Jedoch zeigen bestehende lebendige Organisationen, dass Menschen bei entsprechenden Vorbildern in der Organisationsleitung anders zusammenarbeiten können als in herkömmlichen Organisationen und dass dann ihre positiven Seiten zum Vorschein kommen, die sich auf die Energie einer Organisation und damit auf ihr wirtschaftliches Ergebnis auswirkt.

3

3.6 Organisationale Energie

Auch Organisationen bestehen aus Energie, ebenso wie Menschen. Es gibt langsame, regelrecht träge Organisationen, in denen Prozesse langwierig sind und oft durch viele Vorgaben verlangsamt werden. Neue Ideen werden abgeblockt oder versickern in Hierarchien. Bei Organisationen mit niedrigem Energieniveau sind Veränderungen schwer umsetzbar; manchmal verschwinden sie vom Markt, weil sie die Erfordernisse von Kunden und Partnern nicht mehr erfüllen können. Hoch energetische Organisationen bringen schneller Innovationen hervor, gehen offener mit Veränderungen um und können neue Prozesse kurzfristig aufsetzen. Eine wichtige Aufgabe von Führungskräften ist es, den Aufbau und Erhalt dieser organisationalen Energien unterstützen.

Es gibt nach Bruch/Vogel vier Zustände organisationaler Energien. Diese Zustände lassen sich durch ihre Intensität (z. B. Aktivitätsniveau oder Kommunikationsintensität) und durch ihre Qualität (z. B. inwieweit emotionale oder verhaltensbezogene Potenziale auf Unternehmensziele ausgerichtet sind) beschreiben:

1. **Resignative Trägheit: Niedriges Aktivitätsniveau, negative Qualität**
   - Gleichgültigkeit, innerer Rückzug
   - Distanzierung gegenüber Unternehmenszielen
   - Enttäuschung, Frustration, reduziertes Aktivitätsniveau.

- **Beispielhafte Aussagen von Arbeitsgruppen**

  » Die Personen in meiner Arbeitsgruppe glauben, dass es keine Zukunft für unsere Arbeit gibt.

  » Die Personen in meiner Arbeitsgruppe machen, was von ihnen gefordert wird, aber nicht mehr.

2. **Angenehme Energie: Niedriges Aktivitätsniveau, positive Qualität**
   - Zufriedenheit mit dem Status quo,
   - geringe Handlungsintensität,
   - eher reduzierte Aufmerksamkeit,
   - geringe emotionale Spannung

- **Beispielhafte Aussagen von Arbeitsgruppen**

  » Den Personen in meiner Arbeitsgruppe gefällt, was sie tun.

  » Die Personen in meiner Arbeitsgruppe folgen ausschließlich Normen und Regeln.

3. **Korrosive Energie: Hohes Aktivitätsniveau, negative Qualität**
   - hohe Aktivität, Wachheit,
   - emotionale Anspannung
   - wird für interne Kämpfe, Mikropolitik und Verhinderung von Change genutzt.

- **Beispielhafte Aussagen von Arbeitsgruppen**

  » Die Personen in meiner Arbeitsgruppe verhindern aktiv Veränderungen und Innovationen.

» Meine Arbeitsgruppe engagiert sich oft für Aktivitäten, die andere im Unternehmen schwächen sollen.

4. **Produktive Energie: Hohes Aktivitätsniveau, positive Qualität**
   - Intensive positive Emotionen,
   - hohe Aufmerksamkeit, hohes Aktivitätsniveau,
   - die mobilisierten Potenziale der Mitarbeitenden sind auf die gemeinsamen übergeordneten Ziele gerichtet.

- **Beispielhafte Aussagen von Arbeitsgruppen**

» Die Personen in meiner Arbeitsgruppe handeln entschieden, um Probleme zu lösen.

» Die Personen in meiner Arbeitsgruppe gehen an ihre Grenzen, um den Unternehmenserfolg zu sichern.

(vgl. Bruch/Vogel in: Bruch et al. 2012, S. 184).

Um die vier Zustände organisationaler Energie zu verbessern, ist ein gemeinsames Vorgehen aller Führungskräfte erforderlich, denn Energien in Organisationen sind sehr hartnäckig. Daher sollen zunächst typische Energiefallen gezeigt werden:

- **die Trägheitsfalle:** Eine Organisation ist schon lange in ihrer Branche erfolgreich und hat damit eingefahrene Verhaltensmuster entwickelt ("Das haben wir schon immer so gemacht"). Bei notwendigen Veränderungen halten Mitarbeitende und Führungskräfte an ihren Mustern fest. Ein Beispiel ist die Autoindustrie und der gesellschaftliche Wandel zur Sharing Economy und zur E-Mobility
- **die Korrosionsfalle:** Hohe produktive Energie kehrt sich um in negative, destruktive Energie, wenn Engagement durch Beschränkungen gebremst wird. Die Energie richtet sich dann in Form von Ärger, Wut und Aggression gegen die Organisation selbst, gegen gemeinsame Ziel oder andere Bereiche. Ähnliche Auswirkungen emotionaler Art können durch fehlende Unterstützung oder mangelnde Integrität von Führungskräften entstehen und den Zusammenhalt in der Organisation nachhaltig zerstören. Beispiel kann ein Unternehmen sein, das nach einem Top-Management-Wechsel neue Prozesswege mit vielen Kontrollfunktionen einhalten soll. Mitarbeitende und untere Führungskräfte sehen so ihre Freiräume eingeschränkt und suchen sich andere Wege, um ihre Emotionen abzubauen.
- **Beschleunigungsfalle:** Wenn in Organisationen über lange Zeit mit hohem Arbeitseinsatz, hoher Geschwindigkeit und Intensität gearbeitet wird, so erreichen die Mitarbeitenden und Führungskräfte trotz anfänglich guter Energie ihre Grenzen und sind erschöpft. Falls dann noch mehr Druck ausgeübt wird, kann die gesamte Organisation als gefährdet angesehen werden. Beispiel: Nach der Wirtschaftskrise 2008 hat für viele Unternehmen der Schifffahrtsbranche der Überlebenskampf begonnen, der zu hoher Arbeitsüberlastung führte (vgl. Bruch/Vogel in: Bruch et al. 2012, S. 185–186).

Bruch und Vogel schlagen folgende Leadership-Strategien vor, um organisationale Energie (wieder) zu erhöhen: Bedrohung oder der „Malen einer goldenen Zukunft":

3

3.6.1 Strategie „Killing the Dragon"

Ist die Intensität der organisationalen Energie niedrig, so könnte der Energielevel erhöht werden, indem die Mitarbeitenden von einer externen, sehr dringlichen Bedrohung erfahren. Die Führungskräfte lenken die Aufmerksamkeit auf diese Bedrohung. Durch problemorientierte Führung können Mitarbeitende für die Teilnahme am "Kampf" gewonnen werden, indem sie gebeten werden, bei der Lösungssuche zu helfen. Der Fokus liegt somit auf der Gemeinsamkeit, durch die ein Sieg über die Bedrohung möglich ist. Führungskräfte sollten dafür den Zusammenhalt sowie das Vertrauen der Mitarbeitenden in die eigenen Kompetenzen stärken. Als Beispiel kann das Auftauchen eines Wettbewerbers in unmittelbarer Nähe oder im gleichen Geschäftsfeld des Unternehmens sein, der "geschlagen" werden muss.

3.6.2 Strategie „Winning the Princess"

Sind Intensitäts- und Qualitätslevel niedrig, herrscht also eine resignative Stimmung in einer Organisation, so können Führungskräfte ein positives Bild der Zukunft malen, um ihre Mitarbeitenden zu inspirieren und zu motivieren. Werden z. B. neue Organisationsziele festgelegt oder eine neue Produktlinie entwickelt, die zukunftsorientiert ist, so entsteht ein kreatives Klima. Führungskräfte müssen dieses Bild der Zukunft durch klare Kommunikation und Taten, z. B. Investitionen, konkretisieren. Ein Beispiel können Unternehmen sein, die sogenannte Innovation Labs geschaffen haben, z. B. Bosch oder die Deutsche Bahn.

Wenn Energien auf einem hohen Niveau vorhanden sind, jedoch nicht auf die Unternehmensziele fokussiert sind, sondern auf interne Kämpfe, dann kann folgende Strategie gewählt werden:

3.6.3 Strategie „Korrosive Energie abbauen"

Sind in einer Organisation Kämpfe um Macht bzw. gegen andere Abteilungen üblich, so entstehen negative Emotionen zum Schaden des Unternehmens. Führungskräfte können im ersten Schritt zur Deeskalation beitragen, indem sie die gemeinsamen Organisationsziele in den Vordergrund stellen anstelle der eigenen Ziele. Im zweiten Schritt können in der gesamten Organisation positive Emotionen gefördert werden wie Vertrauen oder Zuversicht, um in einen positiven Modus zurückzukommen. Im dritten Schritt wird die Organisationsenergie erhöht, um nicht in Trägheit zu verharren. Das kann durch die gemeinsame Erarbeitung von Visionen und Zielen erreicht werden.

Nun folgt die vierte Leadership-Strategie, durch die Energiefallen vermieden und hohe, konstruktive Energie im Unternehmen erhalten bleiben soll:

3.6.4 Strategie „Erhalt und Förderung von Energie"

Um organisationale Energie dauerhaft positiv zu erhalten, muss sie gezielt gesteuert werden. Phasen von starker Arbeitsbelastung müssen sich mit Phasen zur Regenerierung abwechseln. Werden Meilensteine gesetzt, die an alle Mitarbeitenden kommuniziert werden, so hält das den Energiestand hoch, ohne zur Belastung zu werden und damit die Kreativität und Inspiration einzuschränken.

Die positive organisationale Energie kann dauerhaft erhalten bleiben, wenn Strategien, Strukturen und Unternehmenskultur so gestaltet sind, dass sie anregend sind, Wachheit erhalten, positive Emotionen zugunsten des Unternehmens wecken und destruktives Engagement verhindern. Dazu ist ein Frühwarnsystem erforderlich sowie eine Unternehmenskultur, die Eigenverantwortung, Initiative, Zusammenarbeit und Vertrauen fördert (vgl. Bruch/Vogel in: Bruch et al. 2012, S. 185–189).

Es ist wichtig für jede zukünftige Führungskraft, sich über die Energien in ihrer Organisation oder Abteilung im Klaren zu sein, um mit aktuellen Situationen ebenso umgehen zu können wie mit neuen Herausforderungen. Erst wenn sie erkennt, wie der Energiezustand in ihrem Verantwortungsbereich ist, kann sie ihn durch entsprechende Strategien verändern. Es ist klug, neben der Zielfokussierung die Organisationsenergie zu erhöhen bzw. hochzuhalten, um die Potenziale der Mitarbeitenden voll zu nutzen. Dadurch ist die Reaktion auf Veränderungen effektiver und sichert so das Überleben der Organisation. Auch wenn grundsätzlich der Energiezustand durch die Organisationsleitung gesichert werden sollte, können auch Führungskräfte der unteren Ebenen für ihre Mitarbeitenden und ihre erfolgreiche Arbeit sorgen.

3.7 Systemische Betrachtung von Organisationen

Um zu erläutern, wie man eine Organisation systemisch betrachten kann, sollen zunächst Systeme vorgestellt werden:

Systeme

Um das systemische Denken besser zu verdeutlichen, soll zunächst die Geschichte der „Systeme" vorgestellt werden. Denn nach Jahrhunderten des mechanistischen und linearen Denkens wurde bemerkt, dass die heutige Welt zu komplex ist, um sie mit formaler Logik, also Ursache und Wirkung zu erklären. Widersprüche müssen ebenso mit einbezogen werden wie die Wirklichkeitskonstruktion: Es gibt viele „Wahrheiten", nicht eine – jeder Mensch schafft sich seine eigene Welt. Daher gibt es im systemischen Weltbild kein richtig-falsch oder schuldig-unschuldig.

Menschen befinden sich in Systemen, z. B. im System ihres Unternehmens, in dem sie angestellt sind, im System ihrer Familie oder in dem ihres Freundeskreises. Jede Handlung, die ein Mensch in seinem System vollzieht, erzeugt eine Reaktion – wie bei einem Mobilé geraten alle Elemente in Bewegung, auch wenn man nur eines berührt. Das heißt, wenn ein Mensch einen Impuls in sein System gibt, erfolgt ein Feedback, das wiederum einen Impuls für weitere Feedbacks auslöst. Damit entstehen komplexe Wechselwirkungen zwischen allen Menschen des Systems.

Es wird davon ausgegangen, dass Menschen sich selbst steuern und organisieren können, jeder hat die Verantwortung für sich selbst. Im mechanistischen Weltbild zählen Fakten und die Vernunft; im systemischen werden Emotionen, Bedürfnisse, Intuitionsfähigkeiten einbezogen.

3

> Lebensprozesse verlaufen in Kreisen, nicht linear – Menschen sind in Netzwerken
> unterwegs und nicht „auf einer Linie", mit nur einer Person oder einer Ursache befasst.
> In der Führung bedeutet das, dass Führungskräfte nicht (mehr) ihre Rolle als Macher,
> Befehlshaber, Steuermann ausfüllen, sondern sich als Impulsgeber, Unterstützer,
> Befähiger oder Entwicklungshelfer für ihre Mitarbeitenden betrachten.
> Ihre Methoden sind Fragen stellen, zuhören, in den Dialog gehen, reflektieren und
> lernen lernen anstelle von Anweisungen geben, instruieren und lernen durch Versuch
> und Irrtum (vgl. Königswieser und Hillebrand 2005, S. 28).

Systeme und ihre Subsysteme haben eine Eigendynamik, die so stark ist, dass Organisationen nicht einfach neu konstruiert werden können. Die Geschichte und der Zweck einer Organisation ist gegeben und kann nicht ohne Umdenken umgebaut werden Das gilt beispielsweise für klassische Managementinstrumente, die in Organisationen eingesetzt werden, jedoch häufig nicht oder nur eine Zeit lang funktionieren.

» Die einzelnen Elemente der Subsysteme stehen nicht im Gegensatz zueinander,
   sondern bilden ein fruchtbares Spannungsverhältnis, aus dem heraus überhaupt
   Energie erwächst (Glasl in Glasl und Lievegoed 2004, S. 22).

Wenn Organisationsleitungen und Berater sich jedoch bewusst sind, dass Organisationen nicht „absolut machbar" (Glasl in Glasl und Lievegoed 2004, S. 22), aber entwickelbar sind, dann können sie mit Wissen um die evolutionäre Entwicklung von Menschen, Organisation und Führung sowie um Organisationsenergien das System Organisation über behutsame Einflussnahme (Interventionen) weiterentwickeln.

Aus systemischer Sicht entsteht durch die Gründung einer Organisation ein System von Beziehungen, ein Netzwerk, in dem Menschen mit ihren Zielen, Einstellungen. Gefühlen und Herkunftsgeschichten aufeinandertreffen. Zum Zeitpunkt der Gründung müssen viele Aufgaben gleichzeitig und schnell erledigt werden, daher können sich die Menschen nicht zu all diesen Aspekten austauschen, sondern entscheiden unbewusst, welche Aspekte offengelegt werden und welche verborgen bleiben. Das lässt sich auch gut mit einem Eisberg vergleichen: Offen kommunizierte Muster befinden sich über der Wasseroberfläche, alles Verborgene darunter – wie bei einem Eisberg der größere Teil. Somit entstehen bereits zum Zeitpunkt der Gründung die Organisationsstruktur und die zugehörigen Muster und Dynamiken. Wenn neue Mitarbeitende zu einem späteren Zeitpunkt in die Organisation kommen, nehmen sie diese Muster wahr und erleben sie als gesetzt. Es gibt eine bestimmte „geistige Kraft" (Mohr 2006, S. 17) in der Organisation, die sich nicht verändert, auch wenn das Management oder die Leitbilder wechseln.

Die sogenannte „geistige Kraft" kann sich beispielsweise durch einen bestimmten Zustand der Organisationsenergie darstellen, aber auch durch Machtkämpfe, Art und Schnelligkeit von Prozessen, Umgang mit Kunden und Lieferanten etc. Diese Muster und Dynamiken können nur geändert werden, wenn die Organisation bereit ist, an die Tiefenstruktur zu gehen und sie sich Schicht für Schicht anzusehen. Wenn die Organisationsenergie sinkt oder bereits weit unten ist, ist die „geistige Kraft" nicht mehr vorhanden – der Sinn, der „Spirit" fehlt. Mitarbeitende solcher Unternehmen erscheinen niedergeschlagen, äußern sich negativ über ihre Organisation, haben keine Freude an der Arbeit oder bekämpfen sich untereinander (vgl. Mohr 2006, S. 16–17).

Um das System Organisation und seine Komplexität besser zu verstehen, soll es aus vier Perspektiven betrachtet werden, die Mohr so darstellt:

- die Systemstruktur
- die Systemprozesse
- die Systembalancen
- die Systempulsation (Mohr 2006, S. 20).

Die **Systemstruktur** stellt dar, worauf die **Aufmerksamkeit** der Organisation gerichtet ist. Was füllt Menschen in einem Unternehmen aus? Womit befassen sie sich? Hat dieses etwas mit den Organisationszielen zu tun? Eine Systemstruktur kann so konstruiert und gelebt werden, dass sie sich sehr von der offiziellen Struktur unterscheidet. Das geschieht beispielsweise bei extern entwickelten Leitbildern, die dann von den Mitarbeitenden nicht mitgetragen werden, denn die Aufmerksamkeit richtet sich möglicherweise weiterhin auf die mangelnde Transparenz in der Organisation, auch wenn im Leitbild vom offenen Umgang miteinander die Rede ist. Oder die Aufmerksamkeit der Mitarbeitenden richtet sich allein auf Gehaltserhöhungen und Beförderungen und nicht auf zu verkaufende Produkte, Umsätze und Gewinne. Hier ist es unabdingbar, an der Tiefenstruktur zu arbeiten.

Zur Struktur gehören auch die **Rollen,** die Mitarbeitende und Führungskräfte mit einer bestimmten Qualität in der Organisation ausfüllen. Wenn Führungskräfte misstrauisch agieren, hilft das „Beschwören" von vertrauensvoller Zusammenarbeit nicht weiter. Auch können Menschen Rollen nur so weit leben, wie es ihnen die Organisation gestattet. Sollte also eine Führungskraft ihren Mitarbeitenden viel Freiraum geben wollen, was jedoch die Organisationsstruktur nicht zulässt, so wird das Ziel der Führungskraft nicht umsetzbar sein. So lauten interessante Fragen so: Welche Rollen gibt es derzeit und welche Merkmale haben sie? Auch die **Beziehungen** in der Organisation sind zu betrachten: Wie stark prägt eine Rolle eine Persönlichkeit und wie wirkt das auf die Beziehungen in der Organisation?

Nach Mohr gibt es drei wichtige **Systemprozesse,** die für eine funktionierende Organisation unabdingbar sind: Kommunikation, Problemlösung und Erfolg (Mohr 2006, S. 21). Beziehungen und Veränderungen in Organisationen erfordern gute **Kommunikation** unter allen Mitarbeitenden und Führungskräften. Wie kann die Art, untereinander zu kommunizieren, beschrieben werden? Wertschätzend, abwertend, sachlich oder Small Talk? Kommunikation und Gesprächsführung gehört in jedes Führungskräfteseminar – und doch liegt es oft an den Kommunikationsprozessen in der Praxis, warum Ziele nicht oder nur schwer erreicht werden. Die **Problemlösung** ist eine zentrale Organisationsaufgabe, denn eine Organisation soll Lösungen für den Markt bzw. ihre Kunden entwickeln. Hier haben Organisationen verschiedene Muster, z. B. wie Entscheidungen getroffen werden oder wie mit Konflikte (nicht) gelöst werden. Hier kann die Frage gestellt werden, was derzeit als „Probleme" bezeichnet wird und wie man damit umgeht. Der dritte Systemprozess ist die **Erfolgsdynamik** – ohne Erfolge können Organisationen auf Dauer nicht existieren. Der Umgang mit Erfolg ist entscheidend für organisationale Energie und Motivation in der Organisation: Wie schafft es eine Organisation, erfolgreich zu sein? Oder wie vermeidet sie es regelrecht?

Aus der Perspektive der **Systembalancen** betrachtet man das innere Balancemuster von Organisationen. Organisationen streben nach Ordnung, Sicherheit und Überleben und versuchen so, immer wieder in ein **Gleichgewicht** zu kommen, beispielsweise durch eine Ruhephase nach Veränderungen. Wenn es diese Ruhephasen nicht mehr gibt, wie es in den letzten Jahren oft von Mitarbeitenden wahrgenommen wird, wird das Gleichgewicht durch die Verklärung der Vergangenheit wiederhergestellt („früher war alles besser"). Daher ist es interessant zu beobachten, wer in einer Organisation welches

3

Gleichgewicht gern erhalten möchte. Auch die Beobachtung von „sich wiederholenden Mustern auf unterschiedlichen Ebenen der Organisation **(Rekursivität)**" (Mohr: 22) lassen Leitungen und Berater Rückschlüsse auf die gesamte Organisation und ihre Balance ziehen.

Bei der **Systempulsation** geht es um die Veränderungen äußerer und innerer Grenzen eines Systems. **Äußere Grenzlinien** waren früher klarer, als noch viele Leistungen mit Standardverträgen in der Organisation erbracht wurden. Durch flexible Arbeitszeiten und -verträge, Projektarbeit oder Outsourcing entstehen auch flexible äußere Grenzen, die sich ständig ändern. Hier ist zu fragen, wie sich derzeit die äußere Grenzlinie entwickelt und welche Maßnahmen wichtig sind, um offen mit den Veränderungen umzugehen. Nach **innen** bilden einzelne Bereiche, Abteilungen oder Projektgruppen Subsysteme, zwischen denen dynamische Beziehungen bestehen. Bei Veränderungen entstehen neue Subsysteme, die wieder neu zueinander in Beziehung treten müssen. Beobachter unterscheiden hier die wichtigen Subsysteme und beobachten ihre Auswirkungen (vgl. Mohr 2006, S. 19–25).

„Jedes Unternehmen hat eine Eigendynamik, eine eigengesteuerte, unabhängige Entwicklung (System Emergence)" (Mohr 2006, S. 27). Als Führungskraft kann man selten allein seine Vorstellung von einer neuen Organisationsform, beispielsweise von einer leistungsorientierten zur postmodernen, umsetzen. Ausnahme war Michail Gorbatschow, der trotz seiner Karriere innerhalb der Kommunistischen Partei der Sowjetunion in der Lage war, das System durch „Glasnost" (Offenheit) und „Perestroika" (Umstrukturierung) zu verändern. Alle anderen brauchen Unterstützung durch Leitungskollegen bzw. die oberste Organisationsleitung, um Organisationen langsam zu verändern. Es gibt jedoch auch die fachliche Management-Meinung, dass man Organisationen analysieren, planen und strategisch verändern kann (System Design). Das wird an Hochschulen gelehrt und durch Manager/innen bzw. Unternehmensberatungen versucht, umzusetzen.

Mohr hält es für sinnvoll, beide Perspektiven zu vereinen, um zu ermitteln, wie eine Organisation in ihrer Dynamik veränderbar ist. Es reicht nicht aus, sich auf wirtschaftliche Kennzahlen und Organigramme zu konzentrieren, wenn eine Organisation wirklich verändert werden soll, wie wir bereits in diesem Kapitel gesehen haben. Mohr zeigt ebenso wie Laloux, Bruch/Vogel oder Königswieser/Hillebrand auf, wie stark Energien und Spannung in Organisationen wirken und wie wichtig es ist, diese zu erkennen. Die Energie oder die Dynamiken in einer Organisation haben Auswirkungen auf das Verhalten von Mitarbeitenden und Führungskräften; sie nehmen die entsprechende Rolle ein, die ihnen zugedacht ist, und handeln anders als beispielsweise in ihren privaten Rollen als Mutter oder Vereinsvorsitzender. Dynamiken, Rollen, Beziehungen zu erkennen und gemeinsam mit anderen leitenden Mitarbeitenden zu verändern, ist eine herausfordernde Führungsaufgabe (vgl. Mohr 2006, S. 26–28; Königswieser und Hillebrand 2005, S. 31 ff; Bruch et al. 2012, S. 182 ff; Laloux 2015, S. 53 ff.).

Abschließend in diesem Kapitel werden Empfehlungen der Autorin für motivierende, lebendige, Organisationen vorgestellt, in denen Mitarbeitende und Führungskräfte gern arbeiten und sich für die Ziele ihrer Organisation engagieren. Sie basieren auf den Empfehlungen von Comelli and von Rosenstiel (2009, S. 285 ff.), spiegeln jedoch ihre eigene Erfahrung wider:

- neugierig sein, auf Veränderungen achten, z. B. gesellschaftliche und technologische Trends, und rechtzeitig auf Veränderungen reagieren und nicht abwehren
- möglichst dezentral arbeiten und den Mitarbeitenden in den Tochterunternehmen oder Niederlassungen Freiraum geben und vertrauen
- Mitarbeitende und Führungskräfte sollen sowohl mit anderen internen Abteilungen/ Bereichen als auch mit externen Partnern kommunizieren und sich austauschen

- so wenig Bürokratie und Kontrolle wie möglich
- Wissen austauschen und weitergeben
- Mitarbeitende fördern und pflegen sowie Potenziale finden und Stärken stärken – nicht mehr Schwächen versuchen zu eliminieren
- Statt große Seminare zu besuchen, deren Inhalte oft nicht behalten werden, Einzelcoachings oder Coachings für Projektgruppen oder Abteilungen anbieten
- Führungskräfte nach sozialen und strategischen Kompetenzen aussuchen, nicht (nur) nach fachlichen – und ausbilden (siehe ▶ Kap. 7)
- Nachvollziehbare Gehaltsstrukturen und Mitarbeiterförderung
- Materielle und immaterielle Anreizsysteme müssen zur Organisation und zu den Lebensmotiven der Mitarbeitenden passen sowie die Zusammenarbeit zwischen Abteilungen/Projektgruppen stärken; auch Dienstleister/innen der Organisation wie Hausmeister oder Reinigungskräfte sollen teilhaben
- Ehrlichkeit und Beteiligung aller bei neuen Projekten und Veränderungen, um alle mitzunehmen – Kritik aushalten und annehmen
- Orientierung und Identifikation bieten: Mitarbeitende brauchen echte, vorgelebte Visionen, Missionen, Werte und Ziele – und keine Broschüren
- Werte der Organisation und die der Mitarbeitenden sollten zum Wohl der Organisation weitgehend übereinstimmen
- Konsequent sein: Von Mitarbeitenden, die nicht in das Werteprofil der Organisation passen, sollte sich die Organisation trennen.

> **Hinweis: Das systemische Denken wird in ▶ Abschn. 4.5 zusammen mit dem systemischen Coaching vorgestellt und vertieft.**

3.8 Aufgaben für Ihr Lerntagebuch

1. Nach der Lektüre dieses Kapitels: Warum sollten Führungskräfte wissen, wie Organisationen funktionieren und wie sie (nicht) zu ändern sind?
2. Kennen Sie lernende Organisationen? Suchen Sie Beispiele und begründen Sie, warum sie zu den lernenden Organisationen gehören. Was macht sie besonders? Gehört Ihre Organisation auch dazu?
3. Sammeln Sie Beispiele von Unternehmen, die sich in je einer der vier Phasen in der Organisationsentwicklung befinden. Recherchieren Sie im Internet oder nehmen Sie Ihnen bekannte Unternehmen. Woran haben Sie erkannt, in welche Phase sich jedes Unternehmen befindet? Wie sieht es in Ihrem Unternehmen aus?
4. Wie ist der Level der „organisationalen Energie" in Ihrem Unternehmen? Zeichnen Sie Ihren Energielevel nach dem Muster von Bruch. Welche Strategie wäre hilfreich, falls bei Ihnen die Energie nicht positiv ist? Beschreiben Sie Ihr Vorgehen, wenn Sie Führungskraft wären.
5. Wie finden Sie die Ideen von Laloux? Sind sie für Sie nachvollziehbar? Welches ist Ihre bevorzugte Organisationsform?
6. Können Sie sich vorstellen, in lebendigen oder evolutionären Organisationen zu arbeiten? Tun Sie es vielleicht schon oder kennen Sie welche? Begründen Sie Ihre Meinung und tauschen Sie sich mit den anderen Teilnehmer/innen aus.
7. Skizzieren Sie Ihre „Traum-Organisation"! Wie sollte sie aufgebaut sein, welche Vision, Mission, Werte wären wichtig? Wie würden Sie sich die Zusammenarbeit wünschen? Welche Rolle würde Sie dort einnehmen? Tauschen Sie sich wieder mit den anderen aus!

Mein Lerntagebuch

3

❓ Fragen

1. Warum sollten Führungskräfte wissen, wie Organisationen funktionieren und wie sie (nicht) zu ändern sind?

- **Meine Gedanken/Fragen**

_____

_____

_____

_____

- **Mögliche Erlebnisse dazu aus meinem Führungsalltag**

_____

_____

_____

_____

- **Lösungsvorschläge**

_____

_____

_____

_____

- **Fragen an die anderen Teilnehmer**

_____

_____

_____

_____

❓ Fragen

2. Kennen Sie lernende Organisationen? Suchen Sie Beispiele und begründen Sie, warum sie zu den lernenden Organisationen gehören. Was macht sie besonders? Gehört Ihre Organisation auch dazu?

- **Meine Gedanken/Fragen**

_____

_____

_____

_____

- **Erlebnisse dazu aus meinem Führungsalltag**

_____

_____

_____

_____

- **Lösungsvorschläge**

_____

_____

_____

_____

- **Fragen an die anderen Teilnehmer**

_____

_____

_____

_____

3

❓ Fragen

3. Sammeln Sie Beispiele von Unternehmen, die sich in je einer der vier Phasen in der Organisationsentwicklung befinden. Recherchieren Sie im Internet oder nehmen Sie Ihnen bekannte Unternehmen. Woran haben Sie erkannt, in welche Phase sich jedes Unternehmen befindet? Wie sieht es in Ihrem Unternehmen aus?

▪ **Meine Gedanken/Fragen**

_____

_____

_____

_____

▪ **Erlebnisse dazu aus meinem Führungsalltag**

_____

_____

_____

_____

▪ **Lösungsvorschläge**

_____

_____

_____

_____

▪ **Fragen an die anderen Teilnehmer**

_____

_____

_____

_____

❓ Fragen

4. Wie ist der Level der „organisationalen Energie" in Ihrem Unternehmen? Zeichnen Sie Ihren Energielevel nach dem Muster von Bruch. Welche Strategie wäre hilfreich, falls bei Ihnen die Energie nicht positiv ist? Beschreiben Sie Ihr Vorgehen, wenn Sie Führungskraft wären.

- **Meine Gedanken/Fragen**

_____

_____

_____

_____

- **Erlebnisse dazu aus meinem Führungsalltag**

_____

_____

_____

_____

- **Lösungsvorschläge**

_____

_____

_____

_____

- **Fragen an die anderen Teilnehmer**

_____

_____

_____

_____

3

? Fragen

5. Wie finden Sie die Ideen von Laloux? Sind sie für Sie nachvollziehbar? Welches ist Ihre bevorzugte Organisationsform?

- **Meine Gedanken/Fragen**

_____

_____

_____

_____

- **Erlebnisse dazu aus meinem Führungsalltag**

_____

_____

_____

_____

- **Lösungsvorschläge**

_____

_____

_____

_____

- **Fragen an die anderen Teilnehmer**

_____

_____

_____

_____

❷ Fragen

6. Können Sie sich vorstellen, in lebendigen oder evolutionären Organisationen zu arbeiten? Tun Sie es vielleicht schon oder kennen Sie welche? Begründen Sie Ihre Meinung und tauschen Sie sich mit den anderen Teilnehmer/innen aus.

■ **Meine Gedanken/Fragen**

_____

_____

_____

_____

■ **Erlebnisse dazu aus meinem Führungsalltag**

_____

_____

_____

_____

■ **Lösungsvorschläge**

_____

_____

_____

_____

■ **Fragen an die anderen Teilnehmer**

_____

_____

_____

_____

3

❓ Fragen

7. Skizzieren Sie Ihre „Traum-Organisation"! Wie sollte sie aufgebaut sein, welche Vision, Mission, Werte wären wichtig? Wie würden Sie sich die Zusammenarbeit wünschen? Welche Rolle würde Sie dort einnehmen? Tauschen Sie sich wieder mit den anderen aus!

- **Meine Gedanken/Fragen**

_____

_____

_____

_____

- **Erlebnisse dazu aus meinem Führungsalltag**

_____

_____

_____

_____

- **Lösungsvorschläge**

_____

_____

_____

_____

- **Fragen an die anderen Teilnehmer**

_____

_____

_____

_____

Literatur

Bücher

Bruch, H., Krummaker, S., & Vogel, B. (Hrsg.). (2012). *Leadership – Best Practices und Trends* (2. Aufl.). Wiesbaden: Springer Gabler.

Comelli, G., & von Rosenstiel, L. (2009). *Führung durch Motivation. Mitarbeiter für Unternehmensziele gewinnen* (4. Aufl.). München: Verlag Franz Vahlen.

Glasl, F. & Lievegoed, B. (2004). *Dynamische Unternehmensentwicklung. Grundlagen für nachhaltiges Change Management* (3., überarbeitete und erweiterte Aufl.). Stuttgart: Haupt Verlag Bern & Verlag Freies Geistesleben.

Königswieser, R., & Hillebrand, M. (2005). *Einführung in die systemische Organisationsberatung* (2. Überarbeitete Aufl.). Heidelberg: Carl Auer Systeme.

Laloux, F. (2015). *Reinventing Organizations. Ein Leitfaden zur Gestaltung sinnstiftender Formen der Zusammenarbeit.* München: Verlag Franz Vahlen.

Meffert, H., & Bruhn, M. (2012). *Dienstleistungsmarketing. Grundlagen – Konzepte – Methoden* (7. Überarbeitet u. erweiterte Aufl.). Wiesbaden: Springer Gabler.

Mohr, G. (2006). *Systemische Organisationsanalyse. Dynamiken und Grundlagen der Organisationsentwicklung.* Bergisch Gladbach: EHP-Verlag Andreas Kohlhage.

Mohr, G. (2008). *Coaching und Selbstcoaching mit Transaktionsanalyse.* Bergisch Gladbach: EHP-Verlag Andreas Kohlhage.

Spieß, E., & von Rosenstiel, L. (2010). *Organisationspsychologie. Basiswissen, Konzepte und Anwendungsfelder.* München: Oldenbourg Wissenschaftsverlag.

Online-Dokumente

Boston Consulting Group. Total Societal Impact: A New Lens for Strategy. ► https://www.bcg.com/publications/2017/corporate-development-finance-total-societal-impact-new-lens-strategy.aspx. Zugegriffen: 25. Febr. 2018.

Laloux, F. Reinventing Organizations. ► www.reinventingorganizations.com. Zugegriffen: 25. Febr. 2018.

Studiosus GmbH. ► https://www.studiosus.com/Ueber-Studiosus/Unternehmensprofil/Die-Unternehmensvision. Zugegriffen: 26. Febr. 2018.

Wirtschaftslexikon Gabler. ► http://wirtschaftslexikon.gabler.de/Definition/organisation-sachgebietstext.html. zugegriffen: 25. Febr. 2018.

Führung und Leadership

© Springer Fachmedien Wiesbaden GmbH, ein Teil von Springer Nature 2019
A. Lüneburg, *Auf dem Weg zur Führungskraft*,
https://doi.org/10.1007/978-3-658-21986-4_4

4

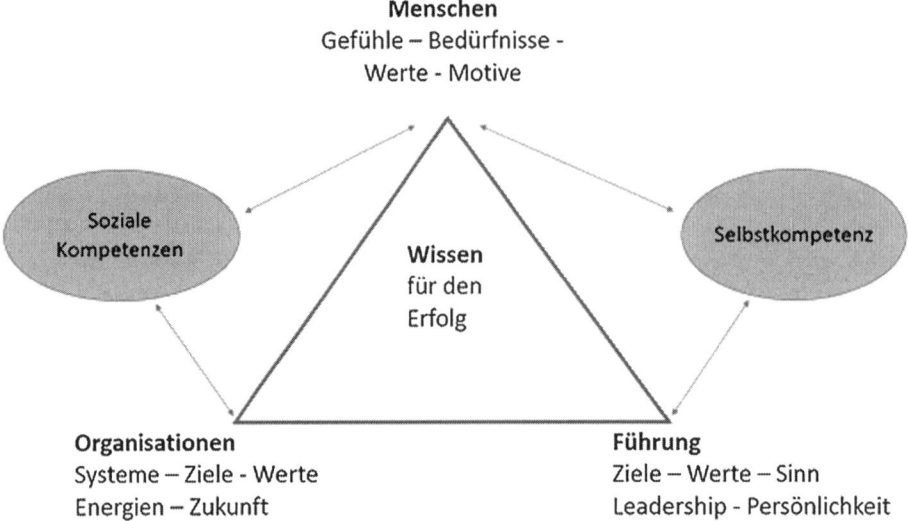

Abb. 4.1   Das Wissens-Dreieck des Erfolges. (Eigene Darstellung)

Zum Profil und damit zum Erfolg als Führungskraft gehört neben umfangreichem Wissen über Menschen und Organisationen Wissen über Führung. Gibt es gute Führung und wenn ja, wie soll sie sein, welche Kompetenzen sind wichtig, was ist der Unterschied zu Leadership und was ist der Sinn von Führung? Darum wird es in diesem Kapitel gehen.

Jedoch sollte man Führung nicht losgelöst von den anderen beiden Themen Menschen und Organisation sehen. Alle drei bilden ein Wissensdreieck (○ Abb. 4.1) und gemeinsam das Fundament für den Erfolg als Führungskraft. Das Wissen aller drei Themenbereiche sollte gleich hoch sein, wie bei einem Hocker, der auf drei gleich langen Beinen sicher steht. Selbstkompetenz, soziale und emotionale Kompetenzen, um die es in den ► Kap. 5 und 6 geht, erweitern dieses Wissen im nächsten Schritt um Wissen über sich selbst und um Wege, mit anderen in Beziehung zu treten. Gleichzeitig werden sich Führungskräfte lebenslang mit diesen Kompetenzen beschäftigen, um aus ihrer Sicht gut führen zu können und tragen mit ihrem Wissen zur Weiterentwicklung von Organisationen und Führungskulturen in ihren Unternehmen bei – und damit zum Unternehmenserfolg.

4.1 Führung

Es gibt sehr viel Literatur zu den Themen Führung, Führungsstile, die Rolle als Führungskraft oder Leader und Leadership. Themen wie „Führen in der VUCA-Welt (Volatility, Uncertainty, Complexity, Ambiguity)", „den Chef führen", „Mut zum Führen", „Generation Y führen" oder „Führen in der Arbeitswelt 4.0" beherrschen Bibliotheken, Online-Plattformen und Diskussionsforen. Das zeigt den Bedarf: Immer komplexere Projekte und Aufgaben, höhere Unsicherheit bei Führungskräften und Mitarbeitenden, höhere Aufgabenverdichtung bei den einen und zu wenig Arbeit bei den anderen.

Klassische Führungsinstrumente und -methoden scheinen an ihre Grenzen zu stoßen – und trotzdem werden sie noch in Seminaren vermittelt.

Gleichzeitig scheinen Menschen Führungsaufgaben zu bekommen, die **nicht** führen. Sie überlassen ihren Mitarbeitenden Entscheidungen, legen keine Ziele fest oder nur auf dem Papier. Sie arbeiten unstrukturiert und geben „spontan" Aufträge in ihr Team, die sofort umgesetzt werden müssen. Sie wissen oft nicht, wie ihr Team arbeitet und welche Menschen dort welche Aufgaben machen. Wenn sie Einzelgänger sind, glauben sie oft, dass sie selbst den Job besser machen können, und sprechen gegenüber Externen eher in „Ich"-Form als vom „Wir". Manchmal führt dann ein Teammitglied – nicht aus eigenem Antrieb, sondern weil die anderen ihn oder sie dazu auffordern oder einfach mit ihren zu klärenden Aufgaben zu ihm oder ihr kommen. Es kann in solchen Situationen auch zu Konflikten kommen, wenn es keine klare Linie gibt und niemand entscheidet.

Neben den Nicht-Führenden ist die erhöhte Zahl von erschöpften Fach- und Führungskräften zu beachten sowie die weiter steigende Zahl von Unternehmen, die in Projekten arbeiten – und ebenfalls Leitungen brauchen. Auch die Nachwuchskräfte, die anders führen und geführt werden wollen – oder auch gar nicht – sind eine Herausforderung, der sich Unternehmen stellen müssen.

4.1.1 Begriffsverständnis und Zweck

Was heißt eigentlich führen oder leiten? Es wird auf grundsätzliche Definitionen verzichtet, stattdessen Aspekte von Führung durch Inspirationen beleuchtet, die für die praktische Umsetzung der täglichen Aufgaben als Führungskraft wichtig sind und dazu beitragen sollen, ein eigenes Sinnverständnis von Führung zu bilden.

» Führung ist die natürliche, ungezwungene Fähigkeit, Mitarbeiter zu inspirieren. Führung ist Arbeit. (frei nach Peter Drucker, amerikanischer Management-Vordenker, 1909–2005)

» Führung heißt, Mitarbeitende handlungsorientiert zu halten. Mit 50% ihrer Zeit sollen Führungskräfte wahrnehmen, ob es so ist; mit den zweiten 50% sollen sie Veränderungsprozesse steuern. (Birgit Jürgens, frei nach Bernhard Lievegoed, niederländischer Pionier der Organisationsentwicklung, 1905–1992)

Führung und Leitung bedeutet
- Ziele festzulegen (in Abhängigkeit von der Position) und zu erreichen
- erfolgreich zu sein (für sich, für das Projekt, für die Produkte, den Bereich, das Unternehmen etc.)
- Verantwortung für Projekte, Ergebnisse, Mitarbeitende und sich selbst zu tragen
- einen stetigen Prozess am Laufen zu halten
- Mitarbeitenden zu vertrauen und davon auszugehen, dass sie ihre Arbeit gern tun
- Mitarbeitende und sich selbst zu motivieren, damit alle die bestmögliche Leistung erreichen
- Die Potenziale von Mitarbeitenden und sich selbst zu erkennen und deren Nutzung in der passenden Tätigkeit zu ermöglichen

- Stärken zu stärken
- Fürsorge für Mitarbeitende und sich zu übernehmen
- sich Gedanken über die Zukunft zu machen und vorauszudenken
- Ruhephasen in den Führungsalltag einzubauen, um zu reflektieren und zu nachzudenken.

4

Maschinen kann man steuern – Menschen und Organisationssysteme jedoch nicht, wie in ▶ Kap. 3 zu sehen war. Jeder Mensch kann sich nur selbst steuern, sich selbst führen, denn lebende Systeme agieren in ihrem eigenen Sinn. Daher ist das Bild von Führungskräften, das in der Öffentlichkeit und den Medien und damit in den Köpfen vieler Menschen präsent ist, irreführend: Der „Steuermann", der „Dirigent" oder der „General" (selten weibliche Begriffe, manchmal die „Matriarchin" oder „Unternehmensmutter"), suggerieren souveräne Führung und das bedingungslose Folgen ihrer Mitarbeitenden, die auf Führungsvorstellungen aus vergangenen Jahrhunderten beruhen.

4.1.2 Führungsziele und Führungsaufgaben

Führungsziele

Wozu dient Führung? Ob nun hierarchisch geführt wird oder ob Teams sich selbst führen – Zweck der Führung ist der Erhalt des Unternehmens, also das wirtschaftliche Überleben, sowie seine Weiterentwicklung und die Schaffung von Werten.

Um Erfolg zu messen und um Orientierung zu bieten, ist die Festlegung von Zielen sinnvoll. Diese Ziele sollten gemeinsam mit den Mitarbeitenden festgelegt werden und die Erreichung der Ziele haben gemäß der „Smart"-Regel folgende Voraussetzungen (❏ Tab. 4.1):

Jedes Ziel, das angestrebt wird, sollte diese fünf Anforderungen erfüllen – sonst ist es kein echtes Ziel. Im folgenden Beispiel geht es um die Erhöhung von Übernachtungs- und Gästezahlen in einer touristischen Region.

Die Region setzt sich im Sommer des Jahres X das Ziel, die Übernachtungszahlen um 10 % und die Gästezahlen um 20 % (spezifisch) im folgenden Jahr (terminierbar) zu erhöhen. Die Zahlen sind durch Statistiken messbar. Das Ziel soll durch Aktivitäten in Marketing und Vertrieb der Destinationsmanagementgesellschaft erreicht werden, sie sind für die Mitarbeitenden beider Bereiche attraktiv und herausfordernd, da der Bereich Marketing mehr in ihre Website und die Suchmaschinenoptimierung sowie in

❏ Tab. 4.1	SMART-Regel. (Eigene Darstellung)
S	**Spezifisch,** d. h. klar und eindeutig formuliert und schriftlich fixiert für eine bestimmte Person oder Gruppe und ihre Aufgaben bzw. Verantwortungsbereich
M	**Messbar,** d. h. quantitative (Anzahl, Umsatz, Kennzahlen etc.) und qualitative (Bildungsstand, Hierarchie oder Verantwortungsbereiche etc.) Zielfestlegungen
A	**Attraktiv,** d. h. anspruchsvoll, herausfordernd und relevant für Mitarbeitende
R	**Realistisch,** d. h. das Ziel muss für die Mitarbeitenden erreichbar sein mit den vorhandenen Möglichkeiten und möglichst einvernehmlich und fair zwischen Mitarbeitenden und Führungskraft festgelegt sein
T	**Terminierbar,** d. h. ein konkreter Zeitpunkt ist fixiert, Teilziele sind festgelegt

das eigene Wissen darüber investieren kann und der Bereich Vertrieb/Tourist-informationen in eine verbesserte Buchungssoftware und in den Telefonverkauf, um zu Buchungsabschlüssen zu kommen. Das Ziel ist relevant, da sinkende Zahlen ihre Arbeitsplätze gefährden würden. Es ist realistisch, da die Zahlen in der Region in den letzten Jahren ohne Extra-Aktivitäten jährlich um 2–3 % gestiegen sind. Diese Ziele sind ausschließlich als Team mit unterstützender Leitung erreichbar, denn keine Mitarbeiterin allein kann Gäste gewinnen und Websites stärken und verbessern.

Unternehmensziele

An dieser Stelle soll nur kurz auf Zielarten, Zielsysteme und Zielbeziehungen hingewiesen werden, da es zu diesen Themen umfangreiche Managementliteratur gibt.

Unternehmen unterscheiden zwischen strategischen, taktischen und operativen Zielen. Strategische Ziele werden aus Vision, Mission und Leitbild des Unternehmens abgeleitet und von der obersten Unternehmensebene für 5–10 Jahre festgelegt (siehe ▶ Abschn. 3.3). Taktische Ziele wiederum leiten sich aus den strategischen ab und konkretisieren diese durch wirtschaftlichen Kennzahlen. Operative Ziele leiten sich aus den taktischen Zielen ab und werden meist für ein Jahr festgelegt.

Unternehmensziele werden häufig in drei Gruppen eingeteilt: Finanzielle, strategische und soziale Ziele. Zu den finanziellen Zielen gehören u. a. Gewinn-, Renditen- oder Kostenziele; zu strategischen Zielen Produkte, Positionierung und Differenzierung der Produkte oder technische Weiterentwicklung und zu sozialen Zielen werden Betriebsklima, Aus- und Weiterbildung und Fürsorge für Mitarbeitende gezählt.

Führungskräfte der oberen Ebenen müssen gemeinsam – möglicherweise mit Projektleitern – definieren, welche Ziele die höchste Priorität haben, welche Beziehungen zwischen den einzelnen Zielen bestehen und wo sie möglicherweise konkurrieren. Wenn jedoch Projektleiter miteinander um Mitarbeitende konkurrieren und nicht klar ist, welches Projekt aus Sicht der Unternehmensleitung welche Priorität hat, kann der erfolgreiche Abschluss aller Projekte in Gefahr geraten – und gleichzeitig entstehen Loyalitäts- und Kapazitätsprobleme bei den Mitarbeitenden.

Persönliche Ziele

Neben den Unternehmenszielen haben Führungskräfte persönliche Ziele, die sie in ihrem Beruf und/oder in ihrer Organisation erreichen wollen. Dazu gehören z. B.

- Verantwortung für ein (neues) Projekt übernehmen
- Karriere machen
- unabhängig sein
- mich im Unternehmen bekannt machen
- mehr entscheiden dürfen
- mein Fachwissen erweitern.

Wenn die SMART-Regel den oben genannten Zielen zugrunde gelegt wird, erfüllen sie die Kriterien nicht. Besser wäre daher, seine Ziele anders zu formulieren:

- Ich spreche in den nächsten vier Wochen mit meiner Vorgesetzten über meinen Wunsch, ein eigenes Projekt zu übernehmen (Verantwortung)
- Ich möchte alle zwei Jahre neue Aufgaben/Verantwortungsbereiche übernehmen mit entsprechender Gehaltserhöhung und spreche in den nächsten drei Monaten darüber mit meiner direkten Vorgesetzten und mit unserem Abteilungsleiter (Karriereplanung)

4

- Durch meine stetige Weiterentwicklung mithilfe von Seminaren habe ich hohe fachliche und soziale Kompetenzen, sodass mein Unternehmen mich ungern gehen ließe bzw. ich auch für andere Unternehmen attraktiv bin (Unabhängigkeit und Entscheidungsbefugnis)
- In den nächsten sechs Monaten gehe ich mit Kolleg/innen aus verschiedenen Abteilungen essen, zur After-Work-Party und frage in der Personalabteilung nach In-House-Fortbildungen, an denen ich teilnehmen könnte. Ich erweitere meine Kompetenz für Projektmanagement und biete mich bei wichtigen Projekten als Projektmitarbeiter an (Selbstmarketing)
- Ich mache mir einen Plan, wie und wo ich mein Fachwissen erweitern könnte und bespreche im nächsten Monat die Planung mit meiner Vorgesetzten, damit sie mich für interne und externe Weiterbildungen empfiehlt und meine Planung mitträgt (Fachwissen erweitern).

Auf die Konkretisierung von Zielen, versehen mit echten Plänen, sollten Führungskräfte sowohl für sich selbst wie für ihre Mitarbeitenden achten. Dieses kann in Mitarbeitergesprächen erfolgen. Führungskräfte können bei der Zielerreichung unterstützen und beraten, vor allem hinsichtlich des Zeit- und Energieaufwandes zur Zielerreichung und mit den eigenen fachlichen und sozialen Kompetenzen. Hier sollte auf Vertrauensbasis besprochen werden, welche Ziele der Mitarbeiter erreichen will und welche Wege sinnvoll sind. Da die Wunschziele von Mitarbeitenden häufig mit Organisationszielen kompatibel sind, vor allem Karriere- und Weiterbildungsziele, lohnt sich das Engagement sowohl für die Führungskraft als auch für die Organisation.

Je nach Organisationskultur können manche Ziele leicht erreicht werden, beispielsweise bei weitreichenden Entscheidungsfreiräumen für Mitarbeitende. Daher sind die erstgenannten Ziele auch Wünsche, die durchaus so stehen bleiben dürfen und für die Auswahl des Wunschunternehmens unbedingt berücksichtigt werden sollten.

Berufliche und private Ziele

Wenn zukünftige Führungskräfte Karriere machen möchten, so ist es sehr empfehlenswert, dieses Ziel mit Partner/innen, ggf. auch Freunden abzusprechen. Führungskräfte arbeiten meist deutlich mehr als Mitarbeitende ohne Führungsaufgaben, kommen spät nach Hause und arbeiten oft zusätzlich am Wochenende oder haben berufliche Verpflichtungen. Auch Urlaube werden häufig durch Ansprüche des Unternehmens beeinflusst. Derzeit gibt es zwar Entwicklungen in manchen Unternehmen, Führungskräfte und Mitarbeitende vor Erschöpfung zu schützen, indem sie abends und am Wochenende keinen Zugriff auf den Unternehmensserver haben oder es eine Vereinbarung gibt, maximal neun Stunden täglich zu arbeiten – der Normalfall ist jedoch (noch) das hohe Engagement, das von Führungskräften erwartet wird und das sie leisten müssen, um ihre Aufgaben und die Erwartungen an sie zu erfüllen.

> **❯ Anmerkung**
> Ein Ziel der in diesem Buch vorgeschlagenen Führungskräfteausbildung ist die Erhöhung sozialer und persönlicher Kompetenzen, um so u. a. Zahl und Dauer von Sitzungen massiv zu reduzieren, sodass Führungskräfte mit deutlich weniger Arbeitszeit ihre Aufgaben erledigen können.

Solange jedoch Führungskräfte in den meisten Unternehmen neben dem hohen Arbeits-
aufkommen eine Präsenzpflicht haben, ist es insbesondere für Paare, bei denen beide
Karriere machen wollen, sinnvoll, über die Lebens- und Berufsplanung zu sprechen.
Dazu können folgende Fragen hilfreich sein:

- Wer von uns beiden möchte im Beruf was in den nächsten 10–15 Jahren erreichen?
- Möchten wir eine Familie und Kinder haben? Oder uns auf unsere Karrieren kon-
  zentrieren?
- Sind unsere Karrierewünsche umsetzbar?
- Was wird für die Umsetzung gebraucht? Wechsel von Unternehmen und Wohnorten
  oder Fortbildungen? Oder kann alles im jetzigen Unternehmen umgesetzt werden?
- Welche Konsequenzen hat die Konzentration auf die Karriere für jeden von uns? In
  einer Stadt leben können oder getrennt? Wo leben wir dann als Familie?
- Wer muss was zur Zielerreichung beitragen? Müssen wir etwas aufgeben? Wer wäre
  wozu bereit? (Elternzeit für einen oder beide, Fortbildungen in der Elternzeit oder
  nicht, Rückkehr an die Arbeitsplätze, Betreuungsmöglichkeiten, familiäre Unterstützung etc.)
- Bis wohin würden wir gehen? Beide in Vollzeit und mehr mit externer Kinder-
  betreuung? Beide weniger Stunden und kombinierte Betreuung? Oder einer arbeitet
  viel, einer setzt aus – wenn ja, wie lange?
- Wo ist der Schwerpunkt unseres Lebens?
- Wie können Lösungen für Probleme entwickelt werden? Nach welchen Kriterien entscheiden wir bei Problemen? Holen wir uns professionelle Unterstützung?

Es ist unabdingbar, zu Beginn einer Partnerschaft bzw. vor Karrierestart sich diese
Fragen ehrlich zu beantworten. Bei Paaren mit hohem Engagement und Karriere-
orientierung kommen Entscheidungssituationen ins Leben, wenn beispielsweise ein
Partner ein Angebot in einer anderen Stadt oder in einem anderen Land bekommt. Was
bedeutet das für den anderen? Was bedeutet es für die Partnerschaft? Hält sie eine Fernbeziehung aus? Oder wäre der andere bereit, sich eine neue Tätigkeit zu suchen? Wie
werden mögliche Nachteile für den Partner kompensiert?

Vor ähnlichen Fragen stehen Paare mit Kindern: Wie wird die Betreuung geregelt?
Wer ist bei Krankheitsfällen da? Wie häufig sollen die Kinder von anderen betreut
werden? Wie zeitlich und örtlich flexibel können beide Partner arbeiten? Wo soll der
Familienstandort sein? Hier kommen nicht nur Ziele, sondern auch Werte zum Tragen,
die beide Partner untereinander abgleichen müssen. Und auch diese Fragen haben mit
den Organisationen zu tun, wo die Partner tätig sind: Wie familienfreundlich sind die
Organisationen, welche Anwesenheits- und Meetingkultur haben sie etc. Ähnliche Fragen sind bei Pflegefällen in der Familie zu klären.

Beispiel

Ein Paar hat zu Beginn seiner Berufslaufbahn seine Wunschpositionen in zwei verschiedenen Städten bekommen. Sie haben sich in Gesprächen aufgrund der für die eine
Tätigkeit erforderlichen Nähe für das Wohnen dieser Stadt entschieden; der andere
Partner pendelte. Als es einige Jahre später um eine neue Position eines Partners ging,
wechselten sie die Stadt, wo der Sitz des neuen Unternehmens lag, da sie inzwischen

4

auch beschlossen hatten, eine Familie zu gründen. In Gesprächen wurde klar, sie wollten beide trotz Kindern weiterarbeiten und sich weiterentwickeln. So informierten sie sich über verschiedene Betreuungsmöglichkeiten und auch die Partnerin fand wieder eine angemessene Tätigkeit. Wiederum einige Jahre später gab es das Angebot für die Partnerin, eine neue Herausforderung anzunehmen. Sie entschieden nach intensivem Gespräch, mit der Familie erneut umzuziehen, da sie sich eine Fernbeziehung nicht vorstellen konnten; der Partner pendelte eine Zeit lang über eine größere Distanz und fand ebenfalls eine neue anspruchsvolle Tätigkeit, die ihn erfüllte.

In diesem Beispiel funktionierte die Absprache sehr gut, da beide Partner von ähnlichen Lebensmotiven angetrieben wurden und konstruktiv miteinander sprechen konnten. Falls zwei Partner sehr unterschiedlich hinsichtlich ihrer Bedürfnisse und Lebensziele denken und ihnen das Miteinandersprechen schwerfällt, so ist die Unterstützung durch einen Coach oder eine Mentorin hilfreich. Beide Partner können ihre Wünsche und Ziele in einem geschützten Rahmen durch professionelle Fragen gut formulieren, ohne dass einer von beiden nicht zu Wort kommt und sich verletzt oder übergangen fühlt. Auch wird das Findungsgespräch auf Sachebene geführt; Emotionen sind zugelassen, werden jedoch vom Coach aufgefangen und eingeordnet.

Führungsaufgaben

Die Führungsaufgaben werden aus verschiedenen Perspektiven ansehen, um einen Überblick zu gewinnen und für sich selbst eine Entscheidung treffen zu können, wie jeder seine Führungsaufgaben selbst definieren und priorisieren möchte, soweit es vom Unternehmen zugelassen ist.

Klassische Führungsaufgaben sind Ziele setzen, Projekte und Vorhaben planen, Aufgaben und Verantwortung delegieren und Ergebnisse kontrollieren. Dazu gehören je nach Unternehmen die Entwicklung neuer Ideen, Produkte oder Dienstleistungen.

Die genannten Aufgaben sind klassische Managementaufgaben, die jeweils weiter spezifiziert werden können, was an dieser Stelle unterbleiben soll. Es sollen vielmehr weitere Aufgaben betrachtet werden, die zu den sozialen Kompetenzen gezählt werden. Diese sind unabdingbar für erfolgreiche Führung und werden daher im ▶ Kap. 6 weiter vertieft.

Gute Kommunikation

Um die gemeinsamen Ziel zu erreichen und den unterschiedlichen Menschen, aus denen sich meist Teams zusammensetzen, gerecht zu werden, sollten Führungskräfte darüber hinaus gut kommunizieren können.

Zu guter Kommunikation gehört, mit jedem Mitarbeitenden auf angemessene Weise zu sprechen, zu loben und konstruktiv zu kritisieren, um möglichst Konflikte zu vermeiden – in manchen Fällen müssen Führungskräfte darauf hingewiesen werden, überhaupt mit ihren Mitarbeitenden zu sprechen. Es ist wichtig, dass nicht nur das jährliche „verordnete" Mitarbeitergespräch stattfindet, sondern dass Führungskräfte auch im laufenden Jahr erkennen, wann ein Gespräch wichtig ist und sich die Zeit nehmen, dieses zu führen (Angebot der „offenen Tür").

Zur guten Kommunikation gehört darüber hinaus eine klare Aussage der Führungskraft, was sie von Mitarbeitenden erwartet und was diese von ihr erwarten können. Damit weiß jeder Mitarbeiter, was er wo bis wann mit wem und welchem Ziel tun soll.

Gut, auf Mitarbeitende abgestimmt zu kommunizieren hört sich einfach an, es ist jedoch meist eine Lernaufgabe für (neue) Führungskräfte, diese soziale Kompetenz zu entwickeln – ebenso wie richtiges Motivieren. Es ist wichtig für eine erfolgreiche Arbeit, dass Führungskräfte in der Lage sind, ihre sehr verschiedenen Mitarbeitenden in Problemlösungen und neue Entwicklungen einzubeziehen, um all ihr Wissen und ihre Potenziale nutzen zu können. Durch eine kooperative Zusammenarbeit anstelle von Einzelaktivitäten entsteht ein echtes Teamgefühl, das von Führungskräften gefördert werden muss – d. h. auch die Teamleitung muss sich als Teammitglied verstehen und darf die Teamleistungen nach außen nicht als „meine Leistung" verkaufen. Zu dem gemeinsamen Arbeiten gehört das Wissen aller, was jedes Teammitglied kann. Damit ist es möglich, für jeden im Team das passende Ziel zu finden. Werte wie Vertrauen, Offenheit und Respekt, die sich in der Kommunikation und im Tun aller – auch der Führungskraft – wiederfinden müssen, sind unabdingbar.

Konfliktlösung

Im Konfliktfall sind gut kommunizierende Führungskräfte in der Lage, diese zu erkennen und angemessen zu handeln, da sie wissen, dass sonst die Arbeit nicht mehr in der bisherigen Qualität und Zeit erledigt werden kann und Teams dadurch zerstört werden können.

Konfliktfähige Führungskräfte gehen also einem Konflikt nicht aus dem Weg oder ignorieren ihn, sondern entscheiden beispielsweise, welches Ziel oder Projekt Priorität hat. Bei Konflikten unter Mitarbeitenden, die auf Lebensmotiven oder Einstellungen basieren, ist die Entscheidung schwieriger; hier ist eine Führungskraft gut beraten, die Mitarbeitenden so gut wie möglich zu kennen, emotional auf Distanz zu bleiben, sich also nicht in den Konflikt hineinziehen zu lassen. Eine Idee könnte sein, auf Basis der eigenen Selbstkompetenz Entscheidungskriterien für sich zu entwickeln.

Potenziale entdecken und richtig einsetzen

Eine stetige Führungsaufgabe ist es, extern oder intern Mitarbeitende zu finden, die eine echte Begabung haben oder ihnen dabei zu helfen, ihre verborgenen Potenziale zu finden. Wissen und Fertigkeiten sind vermittelbar, echte Begabung jedoch nicht. Die Ausprägung der Lebensmotive (siehe ▶ Abschn. 2.4.2) ist hier entscheidend. Menschen, die gern im Hintergrund bleiben, werden auch nach dem zehnten Rhetorik- und Präsentationskurs nicht gern auf die Bühne gehen und nie besser sein als jemand, der gern „oben" steht. Dafür haben sie andere Begabungen, die insbesondere bei ruhigen und zurückhaltenden Menschen möglicherweise mühsamer herauszufinden sind. Jede Führungskraft, der es gelingt, alle Potenziale ihrer Teammitglieder optimal einzusetzen und die Verschiedenartigkeit von jedem anzuerkennen und miteinander zu verbinden, wird ihre Ziele und Aufgaben gut erreichen.

Bei der Auswahl von Mitarbeitenden ist es wichtig, dass sie fachlich und menschlich passen sowie handlungsorientiert sind – und sich von den vorhandenen Mitarbeitenden möglichst unterscheiden. Für eine gute Auswahl ist es wichtig, dass Führungskräfte sich selbst kennen (siehe ▶ Abschn. 5.3), um bewusst Menschen mit anderen Einstellungen und Fähigkeiten einzustellen. Sie sollten herausfinden, was ihre Mitarbeitenden motiviert bzw. antreibt, wo ihre Potenziale liegen und ihnen dann entsprechende Aufgaben anbieten. Sich Zeit nehmen für Mitarbeitende, mehr reden anstatt Mails schreiben, ihnen vertrauen, sie angemessen bezahlen und letztendlich dafür sorgen, dass jeder auf

4

der für ihn richtigen Position ist. Wenn Mitarbeitende eine Stufe zu hoch gestiegen sind, können sie die an sie gestellten Anforderungen nicht mehr erfüllen, beispielsweise wenn jemand Führungskraft wird, um ein höheres Gehalt zu beziehen, weil für Spezialisten keine Gehaltssteigerung mehr möglich ist.

Sinnvoll ist es, alle Positionen als gleich wichtig zu werten. Wenn Unternehmen und Führungskräfte in der Lage sind, nicht nur Spezialisten, die teilweise unersetzlich für ein Unternehmen sein können, sondern auch Backoffice-Mitarbeitende bis zu den Reinigungskräften angemessen zu bezahlen und ihren internen Status zu erhöhen, werden mehr Mitarbeitende in ihren Positionen bleiben, denn dort finden sie häufig eher die Erfüllung ihrer Bedürfnisse.

Führung zur Selbstführung durch Stärken stärken

Es ist nicht zielführend, über Schwächen und Defizite zu sprechen oder zu glauben, dass alle alles erreichen können. Es ist sogar Ressourcenverschwendung und sorgt für eine negative Arbeitsatmosphäre, wenn es nur um Schwächen und nicht um Stärken geht. Klug ist es, wenn Führungskräfte mit Mitarbeitenden über ihre Stärken sprechen und Potenziale herausfinden, um dann einen geeigneten Arbeitsplatz gemeinsam mit dem Mitarbeitenden zu finden. Eine gute Möglichkeit ist, Mitarbeitende nach eigenen Wünschen zu fragen: „Wo in unserem Unternehmen könnten Sie sich vorstellen zu arbeiten?". Hier kommen oft interessante Ideen, die verfolgt werden sollten, auch wenn möglicherweise noch eine Fertigkeit fehlt. Aus den Potenzialen schlagen Führungskräfte jedoch eher Kapital als etwas zu versuchen, was Menschen nicht gegeben ist. Wichtig für die Teamentwicklung ist, dass jeder weiß, was er oder sie am besten kann (und diese Kenntnisse auch über die Kollegen hat) – und nicht, dass alle alles können. Führung zur Selbstführung heißt, Mitarbeitende auf ihrem Weg zu unterstützen, sie zu ermutigen, ihre Potenziale zu nutzen und ihren Weg zu gehen. Daher noch einmal die Erkenntnis, die aus der Einleitung bekannt ist:

> » Die Menschen sind weniger veränderbar, als wir glauben. Verschwende nicht deine Zeit mit dem Versuch, etwas hinzuzufügen, das die Natur nicht vorgesehen hat. Versuche herauszuholen, was in ihnen steckt. Das ist schwer genug. (Buckingham und Coffman 2001, S. 50)

Über die Zukunft nachdenken

Kluge Führungskräfte machen sich Gedanken über die Zukunft des Unternehmens und denken voraus.

Welche gesellschaftlichen Trends kommen auf uns zu? Womit beschäftigen sich unsere Wettbewerber? Gibt es neue Unternehmen in unseren Geschäftsfeldern? Mit welchen Produkten wollen wir zukünftig erfolgreich sein? Es gibt viele Beispiele von Unternehmen, die in ihren erfolgreichen Zeiten nicht gemerkt haben, dass sich ihre Zielgruppen neue Produkte wünschten und so zu Wettbewerbern gewechselt sind. Irgendwann sind diese Unternehmen dann vom Markt verschwunden wie beispielsweise Grundig oder Motorola. Wenn Organisationen in der zweiten Phase (siehe ▶ Abschn. 3.1.3) „hängen" bleiben, dann bleiben sie bei ihren bekannten Portfolio („Ist ja immer gut gelaufen") und verändern nichts. Gleichzeitig kann sich bei Nachwuchskräften Widerstand entwickeln, wenn diese nicht kreativ sein dürfen, sodass sie möglicherweise das

Unternehmen wieder verlassen. Damit schließt das Unternehmen Innovationen aus, denn diese entstehen häufig durch Ideen von neuen Mitarbeitenden, die Defizite oder Möglichkeiten klarer sehen. Jedes Unternehmen muss seine eigenen Erfolgsfaktoren finden – denn Organisationen haben ihre eigene Energie und ihre eigene Struktur.

Aus der systemischen Organisationssicht hat Führung zwei zentrale Aufgaben: Verbinden und entscheiden.

Führungskräfte sollen Verbindungen innerhalb der Organisation und mit anderen Systemen entwickeln und pflegen. Enge und gute Beziehungen zu externen Partnern wie Lieferanten, Kunden, Gesellschaftern oder Banken sind unabdingbar für den wirtschaftlichen Erfolg des Unternehmens. Die Herausforderung für Führungskräfte besteht häufig darin, unterschiedliche Erwartungen der einzelnen Partner sowie der Mitarbeitenden auszugleichen und möglichst alle zufriedenzustellen.

Aufgrund der hohen Komplexität von Themen, Projekten und Aufgaben sind Entscheidungen überlebenswichtig. Wird nicht entschieden, so ist ein Unternehmen auf Dauer nicht handlungsfähig, da keine Ordnung mehr besteht. Entscheidungen sorgen für Stabilität, Sicherheit und Klarheit und sind ein wichtiges Merkmal von erfolgreichen Führungskräften. Entscheidungen zu treffen bedeutet Risiken einzugehen.

Führen ist somit ein stetiges Austarieren zwischen Verbindlichkeit durch Nähe, Freundlichkeit, Verständnis und Empathie und Entscheidungsfähigkeit durch Wissen, Distanz, Ruhe und Abgeschiedenheit (vgl. Seliger 2016, S. 33–35).

4.1.3 Führungsverhalten und Führungsauswirkungen

Im dritten Kapitel wurde die Entwicklung von Organisationen dargestellt; ähnliche Entwicklungen hat das Thema Führung hinter sich.

Stellten Menschen sich früher vor, dass Menschen als Führungspersönlichkeiten „geboren" wurden, charismatisch und männlich waren, so begann man in den 1960er Jahren, Führung als lernbar zu betrachten. Führungskräfte bekamen einen „Werkzeugkoffer" mit Führungsinstrumenten wie „Konflikte lösen", „Präsentieren lernen" oder „Mitarbeitergespräche führen". Dabei wurde jedoch außer Acht gelassen, dass Menschen unterschiedlich sind und daher unterschiedlich geführt werden wollen und müssen (▶ Kap. 2). Das „situative Führen" sollte diesen Mangel beheben, allerdings wurden damit nur die schlimmsten Führungsfehler der Vergangenheit vermieden.

Die personalisierte Sichtweise versteht Führungskräfte als starke Persönlichkeiten, die positive Eigenschaften haben wie Verantwortungsbewusstsein oder emotionale Intelligenz und visionär sind. Diese Führungskräfte haben eigene Vorbilder, aus denen sie ihre Art des Führens definieren, und denken von innen nach außen. Wenn sie vor Problemen stehen oder Fehler gemacht haben, beschäftigen sie sich mit sich selbst und versuchen die Ursache in sich selbst zu finden. Hier ist jedoch die Wirkung der Organisation, des Systems, innerhalb dessen Rahmen geführt wird, zu beachten, wie im Folgenden zu sehen ist.

Aus der systemischen Sicht spielt die Organisation eine große Rolle, sie beeinflusst das Handeln einer Führungskraft oder eines Mitarbeitenden von außen. In jeder Organisation gibt es feste Strukturen, Regeln und Verhaltensweisen, die die Menschen nur bedingt oder gar nicht beeinflussen können. Das gesamte System strahlt den Zwang zur

4

Anpassung aus. Somit kann eine Führungskraft, die mit dem Willen zur Gestaltung und Innovation in eine solche Organisation gekommen ist, allein nichts ausrichten. Entweder passt sie sich an oder sie wird die Organisation wieder verlassen. In ▸ Kap. 3 haben Sie Beispiele für solche Organisationen sowie eine Ausnahme kennengelernt.

Beispiel für Auswirkungen von Verhalten

In einer Tochter-Organisation gab es mehrere Geschäftsführerwechsel. Jeder von ihnen begann mit viel Engagement, neue Ideen für die Organisation zu entwickeln und Veränderungen zu planen. Alle stießen auf innere Widerstände, die nicht klar erkennbar waren, sondern damit endeten, dass der jeweilige Geschäftsführer die Mitarbeitenden als passiv, nicht verantwortungsbereit und unfähig empfand und entsprechend behandelte. Die Mitarbeitenden wiederum spiegelten seine Einstellung zu ihnen entsprechend: Sie lehnten jede Verantwortung und Veränderung ab und verhielten sich, als hätten sie keinerlei Fach- und Sozialkompetenzen. Sie ließen niemanden in ihr System, auch keine neuen Kollegen. Diese Energie war so stark, dass die jeweiligen Geschäftsführer entweder freiwillig gingen oder durch die hohe negative Energie, die außen spürbar war, von ihren Aufgaben freigestellt wurden.

Ursache war das feste System, das die Haupt-Organisation vorgab und die nicht bereit war, trotz der negativen Folgen Veränderungen vorzunehmen.

Manche junge Menschen (Generationen Y und Z) denken darüber nach, ob sie überhaupt Führungsverantwortung übernehmen wollen, da sie Eltern und Chefs/Chefinnen beobachten und feststellen, welchen Preis sie für ihre Karriere bezahlen. Teilen von ihnen ist das Privatleben so wichtig, dass sie in den Metropolen schon heute Teilzeit arbeiten anstatt Vollzeit, obwohl sie durchaus leistungsorientiert und ehrgeizig sind. Ihnen ist Privatleben und Familie genauso wichtig wie die Berufstätigkeit. Wenn sich viele aus diesen Generationen dagegen entscheiden und die Unternehmen neben Fachkräftemangel auch Führungskräftemangel zu beklagen haben, wird ein Umdenken und eine Umstrukturierung stattfinden müssen.

An dieser Stelle soll daher kurz ein Blick auf die Wünsche der Generation Y geworfen werden, wie sie selbst geführt werden möchten bzw. welche Wünsche sie an Arbeitgeber haben:

- Lieber eine Spezialisten- oder Projekttätigkeit anstelle von Personalführung
- Arbeit und Projekte mit Sinn
- Zeitlich und örtlich flexibel arbeiten, keine Präsenzpflicht, sondern Arbeitsschluss nach der vereinbarten Arbeitszeit
- Weiterbildungen und regelmäßig neue Arbeitsangebote sind attraktiv
- Die Vorgesetzten sollen Mentoren sein, sie möchten jederzeit gesprächsbereite Führungskräfte haben, die ihnen Feedback geben
- Sie möchten auf Augenhöhe mitentscheiden und mitgestalten.

Führung kann in Anbetracht dieser Wünsche nur mit einer neuen Führungskultur gelingen, in der Beteiligung, Unabhängigkeit und gute Beziehungen Basis für die Zusammenarbeit sind. Dafür müssen Führungskräfte neue Rollen einnehmen, beispielsweise wie die eines Mentors, eines „Möglichmachers" oder eines Partners und nicht mehr in Hierarchien, sondern in Netzwerken agieren.

Im nächsten Abschnitt wird jedoch deutlich, dass sich Menschen bereits vor 20 Jahren Beteiligung und Interesse an ihnen als Mensch sowie klare Kommunikation gewünscht haben.

4.2 Sinnverständnis von Führung

Wie bereits im letzten Abschnitt beschrieben, gibt es generationale Unterschiede im Sinnverständnis von Führung. Da die Entwicklung eines eigenen Sinnverständnisses völlig unabhängig von Generationen – für das eigene Profil bzw. die eigene innere Haltung als Führungskraft wichtig ist, sollen hier verschiedene Führungskompetenzen, Werte und Führungskonzepte vorgestellt werden.

4.2.1 Führen in lebendigen Organisationen

Das Modell des Eisbergs nach Stanley N. Herman in ◨ Abb. 4.2 illustriert gut, was in Organisationen sichtbar ist und was sich unter der Wasseroberfläche verbirgt. Bekanntlich ist der unsichtbare Teil des Eisbergs unter der Wasseroberfläche wesentlich größer als der sichtbare – und so ist es auch in manchen Organisationen:

Sichtbar sind Aspekte wie Unternehmensziele, Techniken, Strukturen auf Basis von Organigrammen, Finanzen, Budgets, Fähigkeiten und Fertigkeiten. Auch das offizielle Erscheinungsbild des Unternehmens, was unter Corporate Design, Image und Communication bekannt ist, gehört dazu. Hier werden Sachfragen geklärt und die Auswirkungen des Verhaltens von Führungskräften und Mitarbeitenden sind zu merken. Unsichtbar sind Einstellungen, Werte, Emotionen, „ungeschriebene" Regeln und Normen, verborgene Ziele und Gruppenstrukturen sowie unsichtbare Führungskräfte. In manchen Unternehmen gibt es ein komplettes unsichtbares Unternehmen, das wie eine Schattenwelt herrscht: Beispielsweise führt nicht wirklich der Eigentümer, sondern

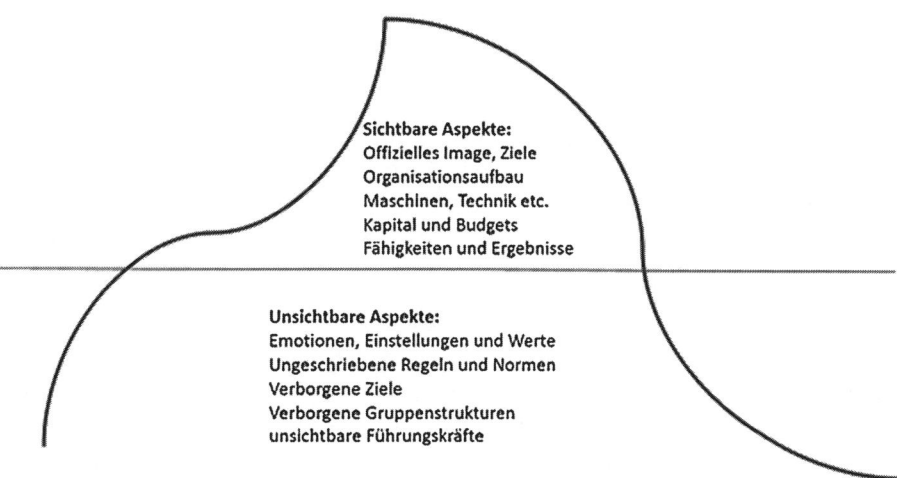

Sichtbare Aspekte:
Offizielles Image, Ziele
Organisationsaufbau
Maschinen, Technik etc.
Kapital und Budgets
Fähigkeiten und Ergebnisse

Unsichtbare Aspekte:
Emotionen, Einstellungen und Werte
Ungeschriebene Regeln und Normen
Verborgene Ziele
Verborgene Gruppenstrukturen
unsichtbare Führungskräfte

◨ **Abb. 4.2**   Der organisatorische Eisberg nach Herman. (Eigene Darstellung in Anlehnung an Comelli und von Rosenstiel 2009, S. 248)

4

seine Ehefrau, die keine offizielle Position hat, aber im Hintergrund wirkt. Ebenso kann es verborgene Gruppenstrukturen geben wie im letzten Beispiel: „Alte" Mitarbeitende lassen „neue" nicht ins System, es wird kein Wissen weitergegeben, auch gegenseitige Unterstützung findet nicht statt.

Wenn Einstellungen und Werte der Mitarbeitenden nicht mit denen des Unternehmens übereinstimmen, kann die Außenwirkung beeinträchtigt werden. Auch emotionale Bedürfnisse der Mitarbeitenden sind oft verborgen, wie beispielsweise die Bedürfnisse nach Sicherheit bei Gerüchten über eine Betriebsschließung.

Echte Veränderungen im Verhalten oder Einstellungen von Mitarbeitenden sind möglich, wenn es von der Unternehmensleitung gewollt ist. Hier ist es sinnvoll, unterstützt von externen Organisationsberatern, das System der Organisation weiterzuentwickeln, um das „Schattenunternehmen" zu beseitigen. Eine weitere Möglichkeit ist Kennenlernen der Persönlichkeit der Mitarbeitenden, um mit ihren Emotionen und Glaubenssätzen besser umgehen und abgestimmt auf jeden Mitarbeitenden führen zu können.

Transaktionales und transformationales Führen

In den meisten Fällen ist es Ziel von Führungskräften, eine Verhaltensänderung von Mitarbeitenden herbeizuführen. Das kann durch Anreize (Gehaltserhöhung, Prämien, Provisionen etc.) oder Sanktionen (Ermahnungen, Abmahnungen, Androhung von Versetzung oder Kündigung) erfolgen. Führungskräfte gehen dann davon aus, dass Menschen nach eigenem maximalen Nutzen streben und kein Interesse an der Arbeit und an der Zusammenarbeit mit anderen haben. Sie lassen sich somit nur durch äußere Anreize motivieren, ihr Handeln zu verändern: Ein Geben und Nehmen von Leistung gegen Gehalt und/oder Prämien, in manchen Unternehmen „Schmerzensgeld" genannt (was viel über die Organisation aussagt). Da davon ausgegangen wird, dass Mitarbeitende nur aktiv werden, wenn es äußere Anreize gibt, werden Zielvereinbarungen als Führungsinstrument eingesetzt. Mitarbeitende bekommen feste Ziele, die sie innerhalb einer bestimmten Zeit erreichen müssen. Ebenso werden mit Führungskräften von der jeweils höheren Ebene Zielvereinbarungen getroffen. Im jährlichen Mitarbeitergespräch werden zum einen die Leistungen des vergangenen Jahres bewertet und daraus folgend über Prämien, Beförderungen oder andere personelle Maßnahmen entschieden. Diese Art von Führung wird **transaktionale Führung** genannt und als Weg-Ziel-Ansatz beschrieben.

Auch wenn in vielen Unternehmen diese Form der Führung angewendet wird, so wird deutlich, dass mit dem Konzept der transaktionalen Führung sich (wenn überhaupt) nur das Verhalten ändern lässt. Auch lassen sich manche Leistungen wie Ideenentwicklung, Kreativität oder Spezialwissen nicht messen. In vielen Unternehmen ist es üblich, dass Vertriebsmitarbeitende hohe Provisionen erhalten, während Entwickler oder Servicemitarbeitende eher kleine Prämien erhalten, obwohl diese für Innovationen und Kundenzufriedenheit sorgen. So besteht die Gefahr, dass Mitarbeitende ihre Potenziale ausschließlich für die Zielerreichung nutzen und für Innovationen, die für jedes Unternehmen (überlebens)wichtig sind, keine Energie und keine Zeit aufgewendet wird. Wird doch Wert auf Innovationen gelegt, so wäre ein kreativer Mitarbeiter, der durch Entwicklung neuer Produkte seine vorgegebenen Ziele nicht erreicht, gegenüber denen benachteiligt, die ihre Ziele verfolgen und damit ihre Prämie erhalten. Durch transaktionale Führung wird darüber hinaus der Wettbewerb unter den Mitarbeitenden (und Führungskräften!) gefördert.

Ist es jedoch das Ziel, die Einstellungen der Mitarbeitenden zu verändern und Innovationen zu fördern, so ist eine **transformationale Führung** sinnvoller. Führungskräfte entwickeln für sich eine Vision ihrer speziellen Art des Führens, die Sinn stiften soll.

Um also eine intrinsische Motivation sowie Begeisterung, Vertrauen und ein Zusammengehörigkeitsgefühl bei den Mitarbeitenden zu erreichen, sollte sich eine Führungskraft mit der inneren Haltung, den Einstellungen und Werten der Mitarbeitenden auseinandersetzen und sie als die Individuen behandeln, die sie sind. Wenn sie ihre Mitarbeitenden gut kennen und wertschätzen, dann fördern sie sie individuell und suchen gemeinsam mit ihnen einen passenden Aufgabenbereich. Die Mitarbeitenden erhalten genau die Freiräume zum Ideen-Entwickeln und Ausprobieren neuer Wege, die sie brauchen (manche größere, manche kleinere) und dürfen Fehler machen. Delegieren bedeutet, dass die Mitarbeitenden auch die Verantwortung übertragen bekommen und nicht nur die Aufgaben. Kontrolle findet nur dann statt, wenn sie Sinn macht, beispielsweise um einen Rahmen zu bilden oder um Mitarbeitenden Anerkennung für die geleistete Arbeit zu zeigen. Die Führungskraft inspiriert, lebt Kreativität und Freude auf neuen Wegen vor; sie stiftet Sinn im Tun und im Da-Sein. Darüber hinaus kennt sie sich selbst sehr gut, ist authentisch, glaubwürdig und ein Vorbild. Sie hat so viel Vertrauen, auch Fehler zuzulassen, und sieht Mitarbeitende mit mehr Fachwissen als sie selbst als Bereicherung und nicht als Bedrohung. Sie zeigt den Mitarbeitenden, dass sie Aufgaben selbst lösen können und lassen es auch selbst machen. Damit stehen Mitarbeitende der Zukunft und Veränderungen positiv gegenüber und Ängste werden minimiert.

In der Praxis werden durchaus beide Führungskonzepte verbunden oder nebeneinander umgesetzt. Es gibt Bereiche, wo Zielvereinbarungen Sinn machen, beispielsweise verbunden mit einer Produktentwicklung oder einem Produktverkauf. Auch in Branchen mit eher niedrigen Gehaltsstufen können Prämienzahlungen, basierend auf Zielvereinbarungen, zielführend sein.

Wichtig ist jedoch, dass Führungskräfte ihre Mitarbeitenden stetig informieren, einbeziehen und ihre Entscheidungen nachvollziehbar machen, wenn sie motivierte, engagierte Mitarbeitende haben wollen (vgl. Krüger in: Bruch et al. 2012, S. 101–103).

In lebendigen, nicht-starren Organisationen kann auch **emergent** geführt werden:

Hier übernehmen Mitarbeitende ungeplant und spontan Führungsaufgaben. Teams können sich damit selbst führen; Führungskräfte können sich überflüssig machen bzw. halten ihren Mitarbeitenden „den Rücken frei" und stehen ihnen als Dienstleister zur Seite (hier sei an die Worte von Lievegoed zu den Aufgaben von Führungskräften erinnert). Emergente Führung entsteht durch Kommunikation in der Gruppe und ist abhängig von den einzelnen Persönlichkeiten. Im Prozess kann dann eine kreative empathische Zusammenarbeit entstehen. Voraussetzungen sind eine qualitativ und quantitativ gute Kommunikation, die Möglichkeit, dass alle Teammitglieder teilnehmen können, Vertrauen in alle Teammitglieder und in den Prozess sowie die bewusste Förderung des Zusammengehörigkeitsgefühls. Für diese Voraussetzungen sollte die Führungskraft sorgen. Das sogenannte „Swarming", dem Arbeiten mit Schwarmintelligenz, das in Unternehmen mit einer hohen Mitbestimmungs- und Mitverantwortungskultur möglich ist, ist eine weitere Form von Führung (vgl. Franken 2016, S. 138–139).

In Unternehmen, in denen Führungskräfte gewählt werden, erfolgt die Vergabe von Verantwortung an diejenigen, die die anderen für kompetent und geeignet halten, wie nachfolgendes Beispiel zeigt:

Beispiel für demokratische Organisationsstruktur
Umantis AG, zugehörig zur Haufe-Gruppe
Bei Umantis werden die Führungskräfte einmal jährlich gewählt. Auch der derzeitige Geschäftsführer tritt jedes Jahr zu den Wahlen neu an. Die Mitarbeitenden entscheiden bei Strategien und Budgets ebenso mit wie bei Kündigungen und Gehältern – steigend und fallend. Wer Führungskraft werden will, kann sich selbst vorschlagen oder sich von anderen vorschlagen lassen. Sie beschreiben im Vorwege der Wahl ihre Tätigkeit und alle Mitarbeitenden können dazu Fragen stellen oder Vorschläge einreichen. Es ist auch möglich, Positionen, die ein Mitarbeiter gern schaffen möchte, abzulehnen. Gewählt ist, wer zwei Drittel der Stimmen des gesamten Teams auf sich vereinigt – und ebenso mindestens zwei Drittel der Stimmen des Teams, das er oder sie führen soll.

4.2.2 Führungskompetenzen und Werte

Führungskompetenzen werden je nach Literatur in Sach- bzw. Fachkompetenzen, Methodenkompetenzen, soziale Kompetenzen und Selbst- bzw. persönliche Kompetenzen eingeteilt, wobei zu letzterem noch emotionale Kompetenzen gezählt werden könnten.

Fachkompetenzen

Die Anforderungen umfassen das Fachwissen selbst, den Überblick über das, was sich in dem Fachbereich entwickelt, Verständnis von Zusammenhängen, Innovations- und Veränderungsfähigkeiten. Fachkompetente Menschen können „selbstorganisiert mit Methoden und Inhalten eines Fachgebietes umgehen" (Spieß und von Rosenstiel 2010, S. 34).

Methodenkompetenzen

Zu den methodischen Kompetenzen zählen analytisches, strategisches, logisches und kritisches Denken, Erkennung von Zusammenhängen und Bewältigung von Aufgaben sowie das Entwickeln von Lösungsstrategien. Wichtig sind interkulturelles Wissen und der Wille zur interkulturellen Zusammenarbeit, digitale Fähigkeiten, Medien- und Netzwerkkompetenzen sowie Kommunikationstechniken.

Soziale Kompetenzen

Die wichtigsten sozialen Kompetenzen für eine Führungskraft sind Kommunikations- und Teamfähigkeit sowie Entscheidungs- und Durchsetzungskraft, die Fähigkeit Ziele zu vereinbaren und zu organisieren. Sozial kompetente Führungskräfte geben ihren Mitarbeitenden konstruktives Feedback, hören ihnen (wirklich) zu und sehen ihre gesamte Persönlichkeit sowie ihre Potenziale. Sie können ihre Mitarbeitenden motivieren und haben ein großes Interesse, sie bei ihrer Weiterentwicklung zu unterstützen.

Selbstkompetenz

Die dritte Schlüsselkompetenz ist die Selbstkompetenz, also das Wissen über die eigene Persönlichkeit und die Fähigkeit, „selbstorganisiert mit sich selbst umzugehen"

(Spieß und von Rosenstiel 2010, S. 34), sich und sein Verhalten reflektieren zu können. Selbstkompetente Menschen kennen ihre Werte, Potenziale und Fähigkeiten, sind bereit, zu vertrauen, Leistung zu erbringen und motiviert zu arbeiten. Sie sind sich über ihre unterschiedlichen Rollen im Beruf, Ehrenamt und Privatleben bewusst, beherrschen ihre Emotionen, sind offen, risikobereit und zielstrebig und haben ein gutes Zeitmanagement. Sie sind somit eine reife Persönlichkeit (vgl. Spieß und von Rosenstiel 2010, S. 34; Hintz 2016, S. 13–15; Franken 2016, S. 248).

Die beiden Schlüsselkompetenzen Selbstkompetenz und soziale Kompetenzen sind entscheidend für Führungskräfte, die eine innere Haltung entwickeln wollen. Daher werden beide Kompetenzen umfassend in den ▶ Kap. 5 und 6 vorgestellt, vertieft und Wege aufgezeigt, wie diese Kompetenzen erlernt werden können.

Die International Project Management Association (IPMA) verweist in ihrer aktuellen „International Competence Baseline 3.0" auf 46 Kompetenzen, die ein professionelles Projektmanagement beherrschen sollte. Diese 46 Kompetenzen, die als „Eye of Competence" bezeichnet werden, gliedern sich in

- 20 Elemente der Projektmanagement-technischen Kompetenzen wie Projektziele, -budgets, -terminpläne, -strukturen etc., was die meisten unter klassischem Projektmanagement verstehen
- 11 Elemente der Projektmanagement-Kontextkompetenzen, um die Einbettung in eine Multi-Projektlandschaft oder in den Unternehmenskontext sicherzustellen. Hier geht es um Personalmanagement, rechtliche Aspekte, Umwelt- und Arbeitsschutz, Systeme, Finanzierung etc.
- 15 Elemente der Projektmanagement-Verhaltenskompetenzen, die die sozialen und personalen Kompetenzen der Projektmanager/innen abbilden. Dazu gehören Führung, Motivation, Selbststeuerung, Durchsetzungsvermögen, Kreativität, Offenheit, Beratung, Verhandlungs- und Konfliktfähigkeiten, Verlässlichkeit, Wertschätzung, Ethik etc.

Während die ersten Kompetenzen den Fach- und Methodenkompetenzen zugeordnet werden können, gehört die letzte Kategorie zu den sozialen und Selbstkompetenzen. Die IPMA, deren Competence Base Line 3.0 von der nationalen Deutschen Gesellschaft für Projektmanagement e. V. übernommen wurde, betont die Wichtigkeit der sozialen und personalen Kompetenzen von Projektmanagern, insbesondere Motivationsfähigkeit und Mitarbeiterführung, neben den fachlichen Kompetenzen sowie die Bewältigung des organisatorischen, wirtschaftlichen und sozialen Kontextes des Projekts (GPM – Deutsche Gesellschaft für Projektmanagement 2009, S. 4–6. Quelle: ▶ https://www.gpm-ipma. de/fileadmin/user_upload/Qualifizierung___Zertifizierung/Zertifikate_fuer_PM/National_ Competence_Baseline_R09_NCB3_V05.pdf).

Der nächste Abschnitt beschäftigt sich mit Werten, die für erfolgreiche Führung und zufriedene Mitarbeitende wichtig sind.

Wert „Positives Menschenbild"

Bevor die Bedeutung des positiven Menschenbildes einer Führungskraft dargestellt wird, sollen unterschiedliche Menschenbilder beschrieben werden, die Menschen selten reflektieren und als Entscheider unwidersprochen in ihrer Organisation umsetzen.

4

- ■ **Unterschiedliche Menschenbilder bei Führungskräften**

Menschen haben ebenso Bilder von Menschen in der Arbeitswelt wie von Organisationen. Manche haben ein mechanistisches Bild: „Maschine Mensch" oder „Rad im Getriebe"; das bei Nicht-Funktionieren ausgetauscht oder repariert werden muss, bis es „passt". Dieses Menschenbild ist häufig bei naturwissenschaftlich, militärisch oder technisch ausgebildeten Führungskräften zu finden.

Andere sprechen von der Metapher „Familie", hier haben die Mitarbeitenden Rollen, die man aus der Familie kennt, versehen mit Adjektiven: Die fürsorgliche Mutter, der strenge Vater, der fröhliche Onkel, der weise Großvater etc. Hier werden bei Problemen im System der „Familie" durch Organisations- oder Teamentwicklung Lösungen gesucht. Dieses Menschenbild haben häufig Führungskräfte aus kirchlichen oder sozialen Organisationen.

Die dritte Metapher ist der „Garten". Hier sind Menschen Pflanzen, die „gegossen und gedüngt" werden müssen, um sich zu entwickeln. Funktioniert etwas im System nicht, wird die „kümmerliche Pflanze" besonders gepflegt – durch Personalentwicklungsmaßnahmen. Führungskräfte mit diesem Menschenbild wollen einen gut gepflegten Garten mit den größten, schönsten Pflanzen vorzeigen können – die Denkweise ist beispielsweise in der Kreativbranche verbreitet.

Bekannt ist die protestantische Arbeitsethik: „Leiste was, dann bist du was", „Verlasse dich nur auf dich selbst" oder „Nur wer etwas leistet, darf auch essen" sind bekannte Glaubenssätze aus leistungsorientierten Familien. Dieses Menschenbild trug zur Entwicklung des modernen Kapitalismus bei und sorgt für eine hohe Leistungsbereitschaft und den Willen zum unternehmerischen Handeln. Jedoch entstanden auch Begriffe wie „Minderleister" für Menschen, die die erwartete Leistung nicht (mehr) erbringen können, weniger oder nichts mehr „wert sind" und „aussortiert" werden. Dieses Menschenbild ist mit dem mechanistischen verwandt (vgl. Spieß und von Rosenstiel 2010, S. 11–15).

Je nach Menschenbild denken Führungskräfte, dass Arbeit Menschen zufrieden macht und dass sie gern eigenverantwortlich tätig sind, um stolz auf ihr Ergebnis zu sein. Sie trauen ihnen die Lösung von Aufgaben zu und geben ihnen die Freiheit, ihre eigenen Lösungswege zu finden.

Andere glauben, dass Menschen ungern arbeiten und versuchen, sie zu umgehen. Daher sei es Führungsaufgabe, ihnen klare Anweisungen zu geben und die Ergebnisse zu kontrollieren. Sie denken, ihre Mitarbeitenden seien allein nicht in der Lage, Aufgaben zu lösen oder Projekte umzusetzen.

Sehr interessant ist dabei der Effekt der sich selbst erfüllenden Prophezeiung. Führungskräfte, die der Auffassung sind, ihre Mitarbeitenden seien unselbstständig, fühlen sich durch deren Handeln bestätigt. Das liegt jedoch nicht an den Mitarbeitenden, sondern am verbalen und non-verbalen Verhalten der Führungskraft, die ein entsprechendes Verhalten erzeugt.

Wenn Führungskräfte mit grundsätzlichem Misstrauen gegenüber ihren Mitarbeitenden agieren, so strahlen sie dieses Misstrauen aus und kontrollieren sie stärker – selbst wenn sie sich in dem Fachgebiet nicht auskennen. Die Mitarbeitenden spüren, dass ihnen nicht mehr wie zuvor vertraut wird, ihre Motivation sinkt, sie beginnen ebenfalls zu misstrauen und behalten Informationen zurück. Damit fühlen sich die Führungskräfte bestätigt in ihrem Misstrauen. Ursache im Misstrauen kann ein mangelndes Selbstbewusstsein sein: Ist eine Führungskraft ängstlich und unsicher und vertraut nicht ihren eigenen Kompetenzen, so befürchtet sie negatives Verhalten der Mitarbeitenden – was dann auch eintritt. Eine Führungskraft mit Selbstvertrauen bildet ihr eigenes Urteil, glaubt an sich und zeigt sich selbst gegenüber Wertschätzung.

Beispiel

Ein Zweigstellenleiter kommt neu in eine Zweigstelle, nachdem der vorherige Leiter aus unterschiedlichen Gründen freigestellt wurde. Er überträgt unbewusst oder bewusst seine Meinung über den ehemaligen Leiter auf die Mitarbeitenden oder geht aus anderen Gründen davon aus, dass sie unzuverlässig und unehrlich seien und er ihnen nicht trauen könne. Die Mitarbeitenden, die freies Arbeiten gewohnt waren und Entscheidungskompetenzen hatten, müssen nun alles vorlegen und dürfen trotz hoher Fachkompetenzen keine Entscheidung mehr allein treffen, manchen werden Aufgabenbereiche entzogen. Die Mitarbeitenden reagieren mit Rückzug, Dienst nach Vorschrift, denken nicht mehr mit und planen nicht mehr. Der Zweigstellenleiter fühlt sich in seinen Erwartungen über die Inkompetenz der Mitarbeitenden bestätigt.

- **Das humanistische Menschenbild**

Das humanistische Menschenbild gehört zu den positiven Menschenbildern: Es beruht auf der Annahme, dass der Mensch im Grunde gut ist. Er ist fähig und bestrebt, sein Leben selbst zu bestimmen (Ansatz der Autonomie) und ihm Sinn und Ziel zu geben.

Jeder Mensch hat das Recht auf Freiheit, Respekt und die Verpflichtung, andere zu respektieren und für sich Verantwortung zu übernehmen. Jeder Mensch ist einzigartig und so gut, wie er ist. Jeder Mensch soll andere so akzeptieren, wie sie sind, auch wenn es nicht immer nachvollziehbar ist.

Menschen mit diesem Menschenbild

- verhalten sich wertschätzend und respektierend
- sehen vor allem Stärken – und nicht Schwächen -, erhalten sie und/oder bauen sie aus
- sind empathisch und zugewandt
- kennen die privaten Rollen ihrer Mitarbeitenden und beziehen das in ihre Entscheidungen ein
- geben ihren Mitarbeitenden die Möglichkeit, Neues zu lernen
- sehen in Veränderungen Chancen und begleiten ihre Mitarbeitenden durch Informationen und Unterstützung
- sind konfliktfähig und geben diese Fähigkeit an ihre Mitarbeitenden weiter
- verstehen, dass es verschiedene Sichtweisen bzw. Wahrnehmungen von Situationen gibt, hören daher gut zu und stellen offene Fragen
- können durch Kenntnis entsprechender Techniken gut moderieren und Gespräche führen
- geben Feedback und erwarten ebenfalls Feedback von ihren Mitarbeitenden.

Dieses Menschenbild wird bei der Vorstellung der Transaktionsanalyse in ▶ Abschn. 6.6.4 wiederkehren. Die Transaktionsanalyse stellt in einem Modell in vier Grundpositionen dar, welches Bild Menschen von sich und anderen haben. Die Transanalytiker gehen davon aus, dass nur Menschen, die sowohl sich selbst als auch andere grundsätzlich positiv sehen und dass Menschen Wertschätzung, Stimulation zum Wachstum und Struktur brauchen, gut führen können.

Das humanistische Menschenbild ist ebenfalls Basis in der Ausbildung zur systemischen Coach. Es findet sich in den Ethik-Grundsätzen von Coaching-Verbänden wieder:

» DGfC-Coaches respektieren den Wert, die Würde und Individualität eines jeden Menschen sowie dessen Persönlichkeitsrechte, insbesondere das Recht auf Selbstbestimmung (Auszug aus der Ethikrichtlinie der DGfC, basierend auf dem ethischen Grundverständnis des Roundtable [RTC] der Coachingverbände).

Es ist unabdingbar für eine Führungskraft, ein positives Menschenbild zu haben, wenn man sich für die Aufgabe des Führens entscheidet. Hierzu gehört die humanistische Sichtweise oder Menschenbilder, die sozial orientiert, auf Autonomie ausgerichtet oder situativ flexibel sind. Natürlich müssen Führungskompetenzen wie Entscheidungs- und Durchsetzungsfähigkeit sowie zielorientiertes Arbeiten vorhanden sein – das beeinflusst jedoch nicht ihr Menschenbild und ihre Werte, die im Folgenden dargestellt werden.

Werte „Vertrauen und Selbstvertrauen"

Gute Führung basiert auf Vertrauen. Vertrauen ist die entscheidende Voraussetzung, um die Leistungen anderer zu organisieren und zu fördern: „Sich führen lassen heißt: sich jemandem anzuvertrauen" (Sprenger in: Bruch et al. 2012, S. 77). Wenn Mitarbeitende ihrer Führungskraft vertrauen, folgen sie ihr auch bei anderer Auffassung zu einem Thema. Sie verzeihen Fehler oder Missverständnisse leichter und gehen davon aus, dass das Handeln der Führungskraft in ihrem Sinne erfolgt. Selbst wenn Führungskräfte Änderungen umsetzen, was den Mitarbeitenden ggf. widerstrebt, stimmen sie meist zu. Fehlt jedoch das Vertrauen, so finden selbst positive Handlungen der Führungskraft keine Zustimmung, es wird sogar „der Haken daran" gesucht.

Vertrauen funktioniert nur auf Gegenseitigkeit. Das bedeutet, dass auch die Führungskraft ihren Mitarbeitenden vertrauen und Kontrolle abgeben muss. Dieses Verhalten wird umso wichtiger, je komplexer die Aufgaben von Mitarbeitenden werden und je höher Mitarbeitende ausgebildet sind. Auch die gewünschten Arbeits-Freiräume jüngerer Mitarbeitender machen es erforderlich, dass Führungskräfte vertrauen.

Was bedeutet nun Vertrauen in der Arbeitswelt heute? Reinhard K. Sprenger hat eine passende Definition gefunden:

» Ich bin bereit die Kontrolle eines anderen zu reduzieren, weil ich erwarte, dass der andere kompetent, integer und wohlwollend ist (Reinhard K. Sprenger in: Bruch et al. 2012, S. 79).

Natürlich können Menschen unzuverlässig und verantwortungslos sein, Vereinbarungen brechen etc. Als Führungskräfte sind Menschen jedoch bereit, dieses Risiko einzugehen und einen Vertrauensvorschuss anzubieten. Wenn 90 % der Mitarbeitenden die Erwartungen des gegenseitigen Vertrauens zu erfüllen, dann sind die anderen 10 % zu verschmerzen (die Schätzung beruht auf eigenen Erfahrungen als Führungskraft).

Vertrauen besteht lt. Spieß und von Rosenstiel aus fünf Dimensionen: Integrität, Kompetenz, Konsistenz, Loyalität und Offenheit.

> **Überblick**
> **Integrität** ist die wichtigste Dimension und beinhaltet das Handeln und das
> Kommunizieren der Führungskraft. Beides sollte im Einklang miteinander stehen.
> **Kompetenz** heißt, dass die Führungskraft weiß, wie sie mit Herausforderungen umgeht.
> **Konsistenz des Verhaltens** ist die zuverlässig gleiche Verhaltensweise von
> Führungskräften über längere Zeit. Damit können Mitarbeitende das Verhalten
> einschätzen und gewinnen an Vertrauen in die Führungskraft.
> **Loyalität** bedeutet Delegieren von Aufgaben mit der Übergabe von Verantwortung
> und Kontrolle. Damit zeigen sie Respekt gegenüber den Mitarbeitenden.
> **Offenheit** ist die fünfte Dimension und steht für transparente Kommunikation und
> Entscheidungen sowie die Weitergabe von Wissen. (vgl. Spieß und von Rosenstiel 2010,
> S. 136).

Vertrauen wird in der Arbeitswelt immer wichtiger, je weniger extrinsische Motivation durch Geld oder Macht funktioniert (siehe Generation Y). Damit müssen Führungskräfte ebenso wie Mitarbeitende lernen, Vertrauen zu geben, auch wenn sie sich noch nicht gut kennen. Das wiederum setzt voraus, dass insbesondere die Führungskräfte sich selbst vertrauen und eigenverantwortlich denken und handeln. Sie sollten in sich ruhen, innerlich stark sein und Mut zu Entscheidungen haben. Ein dann ausgesprochenes Vertrauen in die Mitarbeitenden ist klar und kalkuliert und beruht auf reflektiertem Handeln.

Vertrauen kann beispielsweise entstehen, indem eine Führungskraft eine Mitarbeiterin mit einem Projekt beauftragt und auf die sonst üblichen Kontrollmechanismen oder stetigen Informationen und Berichte verzichtet. Wenn sie der Mitarbeiterin signalisiert, dass sie das Projekt so betreuen darf, wie sie es für richtig hält und nur zu ihr kommen soll, wenn eine Rückmeldung oder eine Entscheidung von größerer Tragweite erforderlich ist, ist Vertrauen gewährleistet. Dadurch entsteht eine hohe Motivation bei Mitarbeitenden, die sogar dazu führen kann, dass jemand das Unternehmen nicht verlässt, auch wenn eine andere Kondition wie beispielsweise das im Branchenvergleich niedrigere Gehalt nicht stimmt. Ihnen ist bewusst, dass ihr Wissen gebraucht wird und ihre Vorgesetzten auf sie bauen – und sie ggf. eine solche Vertrauensbasis bei einem anderen Arbeitgeber nicht vorfinden. Das ist häufig bei gut geführten Handwerks- oder Dienstleistungsbetrieben der Fall. Da das Suchen nach neuen Mitarbeitenden gerade in kleinen Unternehmen verhältnismäßig hohen Aufwand verursacht, erhält eine vertrauensvolle Führung eine noch höhere Bedeutung. Wie bereits erwähnt, kann sich Vertrauen auch dadurch ausdrücken, dass Führungskräfte Spezialisten einstellen, die höheres Fachwissen als sie selbst haben.

Das Besondere am Vertrauen ist, dass es verpflichtet und den Anspruch erhebt, dass Vertrauen zurückgegeben wird. Menschen suchen den Ausgleich zwischen Geben und Nehmen und sind bereit, über sich hinaus zu wachsen, wenn Menschen ihnen vertrauen. Sie fühlen sich geehrt, wenn sie den sogenannten „Vertrauensvorschuss" erhalten und möchten dem in sie gesetzten Vertrauen gerecht werden.

Beispiel

Eine Führungskraft ist bereit, einen jungen Menschen mit einem Handicap, der nirgendwo einen Ausbildungsplatz finden konnte, als Praktikanten für 6 Monate einzustellen. Er wurde

4

wie eine festangestellte Kraft im Kundenkontakt eingesetzt: Die Führungskraft vertraute ihm, sich das notwendige Wissen über Produkte, Kunden und EDV-Programme anzueignen. Der junge Mensch wuchs über sich hinaus, konnte in kurzer Zeit Beratungsgespräche durchführen und Kollegen bei EDV-Fragen unterstützen. Er bekam nach drei Monaten einen Ausbildungsplatz angeboten und erfüllte auch während der Ausbildung alle Erwartungen. Die Führungskraft vertraute ihm, die Prüfung zu schaffen und bot ihm einen festen Arbeitsplatz an. Heute arbeitet der junge Mensch in einer verantwortlichen Position in einem IT-Unternehmen.

Wert „Klarheit"

Ein weiterer wichtiger Wert neben dem positiven Menschenbild und dem Vertrauen ist die Klarheit. Klarheit bedeutet nach innen, dass ein Vorgesetzter seine Ziele kennt und entsprechend entscheiden und handeln kann. Auch seine Mitarbeitenden kennen diese Ziele, aber auch die Werte, Überzeugungen und Einstellungen. Er ist sich seiner Haltung als Führungskraft bewusst und kann sie mitteilen. Das Wissen über das eigene Standing entspringt dem Wissen über sich selbst und seine sozialen und fachlichen Kompetenzen. Klarheit bedeutet nach außen gerichtet, dass Mitarbeitenden wissen, was von ihnen erwartet wird: Ziele, Aufgaben, Projekte, Qualität, Kommunikation, Auftreten, Zielerreichungskriterien etc.

Die wichtigsten Fragen, die sich eine Führungskraft stellen sollte, sind somit:
- Wofür stehe ich als Führungskraft?
- Was erwarte ich von den Mitarbeitenden? (vgl. Schrör 2016, S. 14)

Schrör macht darüber hinaus deutlich, dass Klarheit als wichtiger Wert nicht ausreicht, sondern sich mit dem Wert Empathie, der sich im positiven Menschenbild wiederfindet, im Gleichgewicht befinden sollte, um erfolgreich zu führen.

Echte Wahrnehmung des Gegenübers ist eine der wichtigsten Kompetenzen als Mensch, wie schon von Virginia Satir, der inzwischen verstorbenen bekannten Familientherapeutin aus den USA, formuliert:

>> Ich glaube, dass das größte Geschenk, das ich von jemandem bekommen kann, ist, dass er mich sieht, mir zuhört, mich versteht und mich berührt.
> Das größte Geschenk, das ich einem anderen Menschen machen kann, ist, ihn zu sehen, ihm zuzuhören, ihn zu verstehen und ihn zu berühren.
> Wenn das gelingt, habe ich das Gefühl, dass wir uns wirklich begegnet sind (Satir 2008, S. 9).

Wenn eine Führungskraft also mit Klarheit führt, so ist damit auch gemeint, einen Mitarbeiter wahrzunehmen als Mensch und ihn so anzuerkennen, wie er ist. Die Führungskraft erkennt die Einzigartigkeit der Persönlichkeit an und versucht, entsprechend zu handeln (siehe dazu auch ▶ Abschn. 2.6).

Das Ziel der Führungskraft ist, Mitarbeitende als Menschen mit Eigenheiten und Fehlern zu sehen und zu verstehen, was diese Menschen antreibt, also ihre Motive und Muster zu erkennen. Wenn das gelingt, können Vorgesetzte leichter führen – ohne dass sie das aus Mustern resultierende Verhalten gutheißen.

>> Ich sehe dich!
> Ich nehme dich an, so wie du bist (Schrör 2016, S. 14).

Wer Klarheit als Wert hat, weiß, dass Menschen unterschiedliche Bedürfnisse und Wahrnehmungen haben. Eine solche Führungskraft kennt ihre Mitarbeitenden gut genug, um zu wissen, wie sie mit jedem einzelnen kommunizieren muss, um mit ihrer Botschaft anzukommen. Jeder Mitarbeiter hat andere Einstellungen und Werte und braucht daher eine andere Herangehensweise: Mehr Empathie, mehr Sachlichkeit, klare sachliche Kritik oder Kritik verknüpft mit deutlicher Betonung der Wertschätzung, mehr oder weniger Distanz etc.

Wert „Freiheit"

Freiheit als Wert für Führungskräfte bedeutet, dass ihnen bewusst ist, stets die Wahl zu haben: „Ich arbeite in dieser Position und in diesem Unternehmen, weil ich es möchte" und nicht „weil ich das Haus abbezahlen muss" oder „weil es keinen anderen passenden Arbeitsplatz in dieser Stadt gibt". Häufig haben Menschen den Eindruck, dass sie dort bleiben müssen, wo sie sind, da sie Pflichten gegenüber anderen Menschen haben oder aus finanzieller Notwendigkeit. Dazu gibt es jedoch die weisen Worte:

» Wer etwas will, findet Wege.
  Wer etwas nicht will, findet Gründe.

Wer seine Tätigkeit wechseln möchte, hat die Freiheit, es zu tun und wird es schaffen. Wer es jedoch nicht möchte, wird immer wieder neue Gründe finden, warum er es nicht kann. Manche Menschen bleiben gern in ihrer bekannten Rolle oder bekannten Umgebung – auch wenn es ihnen nicht gut geht. Da sie unsicher sind, was sie anderswo erwartet, bleiben sie lieber im „vertrauten Elend". Sie nehmen somit ihre Wahlfreiheit nicht wahr. Sprenger verdeutlicht sie in zwei Sätzen:

1. Sie können alles tun.
2. Alles hat Konsequenzen (Sprenger 2013, S. 19).

Menschen haben also die Tätigkeit, die sie jetzt ausführen und den Ort, wo sie es tun, selbst gewählt und damit einen Preis gezahlt. Sie können erneut wählen, indem sie sich für eine andere Tätigkeit, einen anderen Ort und/oder ein anderes Unternehmen entscheiden. Auch das „kostet" etwas: Längere Fahrten zum Arbeitsplatz, Umzug, Verlust von netten Kollegen, vom Prestige einer Tätigkeit oder räumliche Trennung von der Familie.

Freiheit bedeutet, die eigenen Potenziale und die eigenen Motive zu erkennen und zu nutzen – ebenso die der Mitarbeitenden. Auch gehört Mut dazu, so zu führen, wie man es für richtig hält.

Wer innerlich frei ist, kann mutig seine Entscheidungen gegenüber der Geschäftsleitung verteidigen, kann sich Freiräume schaffen, die zur Entwicklung neuer Produkte wichtig sind oder für seine Mitarbeitenden kämpfen. Führungskräfte mit dieser Freiheit bleiben bei ihrer fachlichen Meinung, auch wenn ihre Karriere dadurch gefährdet scheint. Sie übernehmen so Verantwortung für ihr Handeln und bleiben authentisch.

Führungskräfte treten ständig in Beziehung mit anderen und müssen aufgrund von Zeitmangel lernen, sinnvoll, zielorientiert, klar und empathisch zu kommunizieren. Da können Tools oder Techniken zwar unterstützen, wichtiger ist jedoch die Anerkennung der eigenen Person als „der Mensch, der ich bin". Durch diese Anerkennung wahrt eine Führungskraft die eigene Autonomie ebenso wie die von anderen. Natürlich sind Menschen als soziale Wesen voneinander abhängig, durch eine Weiterentwicklung können sie jedoch die Freiheit erlangen, die Art ihrer Beziehungen zu wählen, auch in Unternehmen.

In der Transaktionsanalyse (TA) wird die Autonomie der Führungskraft und der Mitarbeitenden als Schlüsselherausforderung (nicht nur) in der Führung betrachtet. Die Autonomie ist ein zentraler Wert im Menschenbild der TA und besteht aus drei Aspekten:

- Bewusstheit über das eigene Denken, Fühlen und Handeln und die eigene Wahrnehmung der Unterschiede und Ähnlichkeiten zu anderen Menschen
- Spontanität ist die Wahl, wie jemand seine Gefühle mitteilt und angemessen handelt
- Intimität bedeutet echte Nähe zu anderen, indem man sich empathisch in sie hineinversetzt und seine Gefühle und Wünsche zeigt (vgl. ▶ https://www.dgta.de/transaktionsanalyse/ta-kompakt/autonomie/).

Wert „Verantwortung"

Derzeit scheint es einen Trend in manchen Unternehmen, auch der öffentlichen Hand, zu geben, möglichst keine Verantwortung zu übernehmen. Dort scheint eine Unternehmenskultur entstanden zu sein, die Verantwortung nicht zulässt und Entscheidungswege verlängert. Es wäre jedoch aus Sicht der Unternehmen viel sinnvoller, an die Verantwortung von Mitarbeitenden und Führungskräften zu appellieren und somit Mut zu zeigen.

Führungskräfte mit innerer Haltung leben Verantwortung, in dem sie
- hinter ihren Mitarbeitenden stehen, auch bei Fehlern und Problemen
- Mitarbeitende schützen und sich vor sie stellen
- Mitarbeitenden vertrauen und etwas zutrauen
- Auseinandersetzungen intern klären
- zu ihren Fehlern und zu schlechten Ergebnissen stehen
- Konsequenzen tragen anstatt Schuldige suchen
- ihre Freiräume positiv bewerten, jedoch die Konsequenzen kennen.

Je eigenverantwortlicher Mitarbeitende arbeiten dürfen, desto mehr kommen ihre Potenziale zum Vorschein. So lange Führungskräfte delegieren im Sinne von Abgeben der Aufgaben, jedoch nicht von Verantwortung, werden Mitarbeitende nicht oder nur bis zu einem gewissen Grad selbst handeln. Dürfen sie jedoch selbstbestimmt arbeiten, ist engagiertes Handeln und kreative Lösungssuche die Folge. Die Aufgabe von Führungskräften ist es, bei Bedarf zu unterstützen und sicherzustellen, dass die Mitarbeitenden gut arbeiten können. Die Mitarbeitenden übernehmen die Verantwortung für ihren Bereich, arbeiten zusammen mit anderen, die ebenfalls verantwortlich sind. Damit sind sie auch für die Ergebnisse verantwortlich – ihnen ist bewusst, dass sie damit für die positive Entwicklung ihres Unternehmens wichtig sind. Das Selbstbewusstsein der Mitarbeitenden wird gestärkt, sie erleben sich als handlungsfähig. Dazu noch mal ein Zitat von Sprenger:

>> Viele haben vergessen, die Verantwortung – nicht nur im Beruf – für sich und ihre Grenzen, ihre Motivation, ihre Leistung, kurz: für ihr Leben, als aktive Aufgabe zu verstehen (Sprenger 2013, S. 71–72).

Damit wird deutlich, dass der Wert „Verantwortung" eng mit den bereits erwähnten Werten „Freiheit" und „Vertrauen" zusammenhängt. Wenn Führungskräfte ihren Mitarbeitenden vertrauen, lassen sie ihnen die Freiheit, ein Projekt durchzuführen. Wer frei entscheiden darf, wie ein Projekt gestartet, umgesetzt und abgeschlossen werden darf, übernimmt automatisch Verantwortung und stärkt damit seine Fähigkeit zur Selbstverantwortung.

Beispiel

Eine Geschäftsführerin ließ die Auszubildenden ihres Unternehmens eigenständig eine Broschüre erstellen, mit der neue Auszubildende geworben werden sollten. Das Ziel war, das Unternehmen und die Ausbildung so attraktiv wie möglich darzustellen, die Umsetzung war ihnen freigestellt. Nur vor Drucklegung wollte sie die Broschüre sehen. Die sechs Auszubildenden aus drei Lehrjahren waren sehr stolz, den Auftrag bekommen zu haben und erfüllten alle in sie gesetzten Erwartungen. Die Broschüre war ein großer Erfolg und wurde über Jahre immer wieder neu aufgelegt und von den Auszubildenden auf den jährlichen Ausbildungsmessen und in sozialen Medien selbst beworben.

Führungskräfte sollten für sich folgende Fragen beantworten:
- Wofür **bin** ich verantwortlich?
- Wofür **fühle** ich mich verantwortlich?
- Wofür **werde** ich verantwortlich **gemacht?**

Durch die Antworten auf diese Fragen können sie ihre Ziele und Aufgaben sortieren: Zunächst in die Ziele und Aufgaben, die wirklich ihre sind und mit all ihrem Wissen und ihrer Kraft umgesetzt werden sollen und für die sie die Verantwortung tragen. Die Aufgaben, für die sie sich verantwortlich fühlen, weil sie entweder denken, dass andere das nicht so gut können, weil sie kein anderer macht und/oder weil sie sie für sehr wichtig halten, müssen sie an Mitarbeitende delegieren oder in Absprache mit eigenen Vorgesetzten an andere Abteilungen übergeben. Aufgaben, für die sie von anderen verantwortlich gemacht werden, müssen ebenfalls an andere übergeben werden, zu deren Bereich diese Verantwortung wirklich gehört.

Abschließend ein Zitat zu den Werten Freiheit und Verantwortung, basierend auf der Lehre über die Sinnfindung von Victor Frankl:

» Freiheit und Verantwortung finden wir durch existenzielles Denken. Es ist ein öffnendes Denken, mit dessen Hilfe sich der Mensch entfalten und seine Potenziale für ein sinnvolles Leben entwerfen kann. Dieses Denken erhellt den Menschen und wirkt auf sein Dasein zurück. Es appelliert an seine Freiheit, den leeren Raum mit Sinn auszufüllen, so klein dieser Freiraum den Bedingungen des Lebens gegenüber ist (…) (Schechner 2017, S. 7–8).

4.2.3 Sinnverständnis von Führung als Haltung

Werte für sich allein reichen nicht aus, um zu führen. Das Wissen über die eigenen Werte bildet die Wurzeln für einen Baum, dessen Stamm „meine innere Haltung als Führungskraft" darstellt, wie es bereits in der Ein-Führung vorgestellt wurde (◘ Abb. 4.3).

Auf dieser Basis wächst der Baum: Es kommen die verschiedenen Führungskompetenzen dazu, die sich durch Wissen über sich selbst (Selbstführung), fachliche und methodische Kenntnisse und Kommunikation mit anderen zusammensetzen. Sie bilden die ersten starken Äste. Aus diesen wachsen dann bei Weiterentwicklung der Führungskraft die nächsten Äste und Zweige, die ◘ Abb. 4.3 als Sterne symbolisiert sind. Diese Sterne können auch Meilensteine sein, die Führungskräfte in den jeweiligen

4

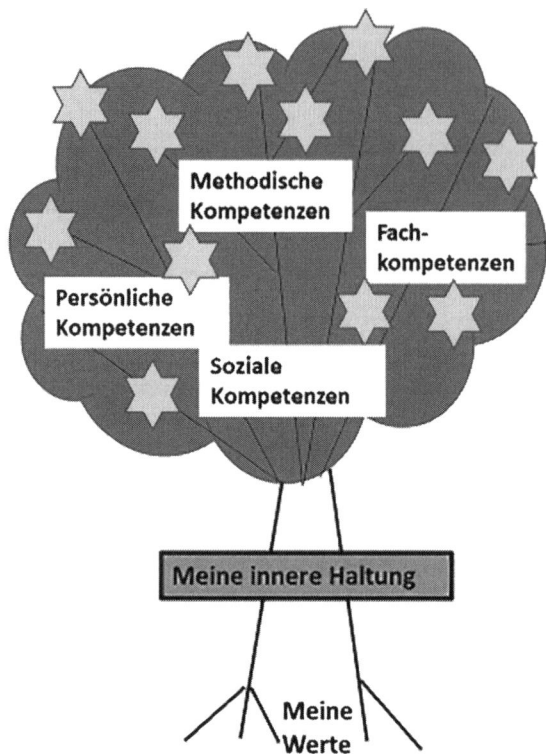

■ Abb. 4.3   Meine innere Haltung als Führungskraft. (Eigene Darstellung)

Kompetenzbereichen erreicht haben. Sie können jedoch ohne gute Wurzeln oder einen starken Stamm nicht wachsen.

Ein solcher Baum könnte auch ein Bild für die Führungsregel des Heiligen Benedikt von Nursia, des Gründers des Benediktinerordens, darstellen. Sie gibt Hilfestellung für die Führungskraft, was sie für sich tun soll und wie sie sein soll, um eine Haltung zu entwickeln und gut mit Mensch und Natur umzugehen. Erst wenn sie diese Regel mit Inhalten füllen kann, soll sie andere führen. Nach dieser Regel wird noch heute in den Benediktinerklöstern weltweit geführt. Der Benediktiner-Pater und langjährige Cellerar (wirtschaftliche Leiter) des Klosters Münsterschwarzach Anselm Grün hat die Regel des heiligen Benedikt in die heutige Zeit übertragen und daraus Führungsgrundsätze formuliert:

- Wer andere führt, muss sich selbst gut führen und für sich selbst gut sorgen
- Wer führt, soll Eigenschaften entwickeln, die seine Führungsaufgabe unterstützen: Weisheit, menschliche Reife, Bescheidenheit, Demut, Ruhe, Gerechtigkeit, klare Entscheidungen treffen, sparsam und wie ein Vater sein
- Wer andere führt, soll Sorge tragen, dass alle Mitarbeitenden gut arbeiten können, achtsam sein, an das Gute im Menschen glauben, Freude verbreiten und Menschen so achten, wie sie sind
- Wer führt, soll auf seine Seele, seine Gefühle und Stimmungen sowie auf seinen Leib achten

- Führen heißt dienen: Dem Leben dienen und Leben in den Menschen hervorlocken
- Das Ziel des Führens ist eine spirituelle, kreative Unternehmenskultur: Gutes Betriebs- und Arbeitsklima, aufbauende und unterstützende Führung, eine Vision für das Unternehmen entwickeln und den Sinn des Unternehmens klarstellen: Welchen Beitrag leistet es für die Welt? (eigene Zusammenstellung nach Anselm Grün 2007: „Menschen führen – Leben wecken")

Ein weiteres Beispiel aus dem Benediktinerorden ist der Abtprimas, der allen Benediktinerklöstern weltweit vorsteht, obwohl er faktisch keine Macht hat, da die Klöster autark sind. Sein Sinnverständnis von Führung ist sich Zeit nehmen, Emotionen zeigen und Nähe zu den Mitarbeitenden suchen. Damit sorgt er für vertrauensvolle Zusammenarbeit und gibt allen Mut, selbst Lösungen und Wege zu finden (vgl. Wüthrich et al. 2009, S. 133 ff.).

Manche Führungskräfte haben für sich eine Haltung der Ruhe oder besonderen Kreativität entwickelt, andere zeichnen sich durch Ausdauer aus oder durch Ehrlichkeit. Alle Führungskräfte mit Haltung haben Mut, zu sich zu stehen und sich so gegenüber eigenen Vorgesetzten darzustellen. Sie haben einen Halt in sich, die ihre Haltung prägt und sich auf andere auswirkt.

Beispiel

Ein junger Restaurantmanager in einem Hotel strahlte eine besondere Zuversicht aus, eine Lebensfreude, die sich als erstes auf sein Team auswirkte, als er es übernahm. Der sonst so distanziert-negativ auftretende Hoteldirektor, der im Vorbeigehen meist nur Dinge bemängelte oder Kritik übte, wurde in Gegenwart seines Restaurantleiters aufgeschlossener und freundlicher und begann sogar das eine oder andere Lob auszusprechen – in den anderen Abteilungen des Hotels änderte sich sein Verhalten nicht.

Eine Führungs-Haltung kann natürlich auch eine komplette Ausrichtung an der eigenen Karriere sein – diese Haltung muss dann jedoch mit den eigenen Werten übereinstimmen und die Konsequenzen müssen zuvor bedacht werden. Wenn eine positive Grundhaltung in der Führung fehlt, spiegeln das die Mitarbeitenden durch mangelnde Motivation und „Dienst nach Vorschrift". Führungskräfte mit negativer innerer Haltung (und ggf. negativem Menschenbild) lassen Lob und Anerkennung vermissen, werden schnell ungehalten, kritisieren früh und unsachlich und vernachlässigen aufgrund ihrer Ausrichtung auf die eigene Karriere nicht nur ihre Mitarbeitenden, sondern auch ihre Aufgaben – die dann die Mitarbeitenden mitmachen müssen.

Wer jedoch grundsätzlich eine positive Haltung hat (schlechte Tage haben alle Menschen), strahlt das aus: Gegenüber Mitarbeitenden, Vorgesetzten, Kollegen. Damit ist nicht Zweckoptimismus gemeint, sondern eine Haltung, das Leben, den Beruf, das Unternehmen und die Mitmenschen positiv zu sehen und mit Fehlern, Missverständnissen oder Konflikten konstruktiv umzugehen. Diese Haltung zeichnet sich durch die bereits erwähnten Punkte wie gutes Menschenbild, Vertrauen, Verantwortung oder emotionale Verbundenheit aus.

4.3 Leadership

Nach ausführlicher Beschäftigung mit dem Thema Führung soll hier der Begriff „Leadership" vorgestellt und untersucht werden. Leadership ist eine eigene Ausrichtung, mehr als Management und Administration. Einige der bisher vorgestellten Inhalte zu Führung mit Werten findet sich auch hier wieder. Ziel dieses Kapitels ist es, sich mit dem Begriff und den Inhalten von Leadership auseinanderzusetzen und unterschiedliche Ansätze kennenzulernen, um dann als Führungskraft sein eigenes Verständnis von Führung zu finden.

4.3.1 Begriffsverständnis

Der Begriff Leadership wird in der Literatur unterschiedlich verstanden, jedoch seit einigen Jahren verstärkt verwendet. Er geht weit über Führung hinaus. Um die Entwicklung des Begriffs aufzuzeigen, sollen die Beschreibung von Hinterhuber und Krauthammer von 2001 auch blau? und die Definition von Bruch et al. von 2012 die Basis für die weitere Auseinandersetzung mit Leadership bilden:

» Leadership besteht aus drei Säulen:
  1. Visionär sein: „Den Siegeswillen anspornen."
  2. Vorbild sein – vorleben: „Engagement und Mut zeigen, Energien freisetzen sowie Innovationen und Talente fördern."
  3. Den Unternehmenswert steigern: „Wohlstand für alle Partner schaffen."
  Führend sind diejenigen, die das Gleichgewicht im gesamten Umfeld der Unternehmung schaffen und die Erwartungen aller Partner in der Unternehmung erfüllen. Das Ziel ist, die Unternehmung in den Geschäftsfeldern, in denen sie tätig ist oder sein will, zur Marktführerschaft zu führen und diese erfolgreich zu halten (Hinterhuber und Krauthammer 2001, S. 13).

Bruch et al. verstehen Leadership
- „als professionellen Umgang mit den weichen Faktoren im Management
- von der Führung einzelner Mitarbeiter und Teams bis hin zum visionären Denken und Handeln von Führungskräften für das gesamte Unternehmen
- als die Mitarbeitenden motivierende und inspirierende Leader, die diese über das Erkennen ihrer individuellen Wünsche und Bedürfnisse sowie einer speziellen Bereitstellung von Anreizpaketen zu Spitzenleistungen führen
- als erfolgreiche Führung, die Probleme in Teams identifiziert, diese konstruktiv zu lösen versucht, Zusammenhalt schafft und einen gemeinsamen Leistungswillen fördert.

Leadership
- weckt Begeisterung
- fördert Identität
- entwickelt Stolz und
- ermutigt Mitarbeiter, selbst Führungsverantwortung im Unternehmen zu übernehmen, um hohe Leistungen für gemeinsame Aufgaben und übergeordnete Ziele zu erreichen." (Bruch et al. 2012, S. 4).

Es geht also um eine Haltung, die Führung mit „Spirit" darstellt: Mitarbeitende mit einbeziehen, begeistern für gemeinsame Ziele, Freude ausstrahlen, andere inspirieren und positiv beeinflussen. Ebenso Mitarbeitenden zu zeigen, dass die Übernahme von Verantwortung gut ist, dass Veränderungsprozesse keine Bedrohung, sondern eine Zukunftsorientierung sind. Gleichzeitig werden diejenigen, die Veränderungen und Verantwortung als etwas Belastendes empfinden, in Gesprächen in einer Atmosphäre des Vertrauens mit ihren Befürchtungen ernst genommen. Gemeinsam werden Wege gesucht, wie diese Mitarbeitenden ihre Ängste verringern können, um dann gemeinsam mit ihrer Führungskraft, ihrem Leader, ihre Ziele zu erreichen. Auch die Freude, die mit der Führungsverantwortung verbunden ist, soll in dieser Haltung deutlich werden, um vor allem junge Menschen für Führung zu begeistern.

4.3.2 Aufgaben und Verhaltensmerkmale von Managern

Klassisches Management besteht aus einer Einstellung des Machens, mit Methoden, Techniken und Kontrollen. Es dient dem schnellen Lösen von Problemen, indem Menschen und Dinge in Bewegung gesetzt werden. Im Gegensatz zu Leadership, das Mitarbeitenden neue Möglichkeiten des Arbeitens bieten will, ist es eine Arbeit im System, da Aufgaben, die zu tun sind, mithilfe von Managementtools umgesetzt werden. Leadership versucht dagegen, Änderungen am System vorzunehmen, um freieres Arbeiten, unterstützt von Führungskräften, mit dem Ziel der höheren Inspiration und Kreativität, zu erreichen.

Daher werden jetzt einzelne Managementaufgaben betrachtet, wie sie sich im heutigen Unternehmensalltag darstellen, um den Vorteil von der Übernahme von Leadership-Merkmalen im Führungsalltag darzustellen.

Manager/innen haben eine hohe Aufgabendichte, verbringen viel Zeit in Meetings, am Telefon oder beim Lesen und Beantworten von Mails. Dabei kommt ihnen eine besondere Bedeutung zu, wenn sie Kontaktpartner wichtiger Stakeholder wie Kunden, Lieferanten oder Investoren sind. Sie werden häufig unterbrochen und können schwer Zeiten für eigene Arbeiten oder Reflexion einplanen – das ist erst nach dem offiziellen Feierabend der meisten Mitarbeitenden möglich. Häufig sind ihre Aufgaben nicht klar genug, ihre Ziele nicht nach SMART-Vorgaben formuliert oder die Vorgaben ändern sich durch eigene Vorgesetzte häufiger. Sie bekommen kurzfristige Aufgaben, die nicht eingeplant waren oder müssen „Feuerwehr spielen" und arbeiten häufig noch sehr viele Fachaufgaben ab, auch wenn sie führen (Schätzung 80 % Fachaufgaben, 20 % Führungsaufgaben). Viele verschieben oder ignorieren komplexere, langfristig orientierte Aufgaben wie Strategieplanung, Selbstreflexion oder Teamkonflikte, denn sie haben mit kurzfristigen, schnell zu erledigenden Aufgaben den Eindruck, dass sie „heute etwas geschafft haben". Daher übernehmen viele Führungskräfte weiterhin Fachaufgaben, da sie dort Ergebnisse sehen – im Gegensatz zu Führungsaufgaben, die, wenn sie gut umgesetzt werden, nicht bemerkt werden (nur wenn sie nicht gemacht werden, wie Konflikte lösen).

Da diese Beschreibung eines Manageralltags viele kennen und ihnen die Nachteile hinsichtlich ihres Wunsches, eine gute Führungskraft zu sein, bewusst ist, soll hier eine Untersuchung von Bruch vorgestellt werden, die sich mit Fokussierung und Energien von Managern befasst.

Verhaltensmerkmale von Managern

Es gibt nach Bruch vier Managertypen, die durch unterschiedliche Anteile an Fokussierung und Energielevel beschrieben werden können.

Zu den Managertypen mit hohem Fokus gehören zum einen die **distanzierten Manager** mit einem Anteil von ca. 20 % der Führungskräfte. Diese arbeiten jedoch auf einem geringen Energielevel. Sie identifizieren sich nicht mit Projekten und engagieren sich daher nicht mit voller Kraft – insbesondere nicht bei Schwierigkeiten. Hier besteht die Gefahr der schnellen Aufgabe.

Zielgerichtete Manager (ca. 10 % Anteil) handeln fokussiert **und** sind voller Energie und erzielen damit herausragende Ergebnisse. Projekte oder auch ein gesamtes Unternehmen haben eine persönliche Bedeutung für sie. Dadurch können sie sich auf ihre (auch langfristigen) Ziele konzentrieren, Projekte vorantreiben und sich bei Schwierigkeiten durchsetzen.

Manager mit einem geringen Maß an Energie und Fokus werden **Zögerer** genannt und bilden ca. 30 % der Führungskräfte ab. Sie erledigen vor allem Routinearbeiten und re-agieren, stoßen jedoch keine eigenen Projekte an.

Die vierte Gruppe (ca. 40 %) wird **Busy Manager** genannt. Sie sind hoch motiviert und engagiert, jedoch ohne Fokus, sodass sie sich im Tagesgeschäft und Aktionismus verlieren.

Nur ein Typus, der zielgerichtete Manager, entspricht den Leadership-Anforderungen, denn nur er hat Ziele im Blick, bindet Mitarbeitende ein und identifiziert sich mit seinen Aufgaben. Eine wichtige Eigenschaft des zielgerichteten Managertypus ist Willenskraft. Wenn eine Führungskraft entschlossen ist, ein bestimmtes Ergebnis zu erreichen, so ist das durch ihre Willensstärke erfolgt. Diese ist verknüpft mit einer tiefen persönlichen Bindung an ein Projekt und führt zur disziplinierten Verfolgung der gesetzten Ziele. Sie bleibt während des gesamten Projektes gedanklich bei sich, um weiterhin an ihren Erfolg zu glauben. Dafür braucht sie gute Selbstmanagement-Fähigkeiten.

Zielgerichtetes Handeln ist eine Voraussetzung für gutes Führen im Sinne des Leadership. Ohne Energie kann eine Führungskraft nicht motivieren; ohne Fokussierung kann sie (für ihre Mitarbeitenden und sich) keine Prioritäten setzen. Willensstärke führt zu Motivation. „Busyness" ist jedoch eine große Bedrohung der Wirksamkeit und Führungsstärke von Managern (vgl. Bruch in: Bruch et al. 2012, S. 15–16).

Das zielgerichtete Handeln mit Fokussierung resultiert aus den im letzten Kapitel vorgestellten Werten und Führungskompetenzen wie Klarheit, Vertrauen oder Verantwortung, also aus der Haltung als Führungskraft. Will jemand wie ein Leader führen, so braucht er Zeiten des Rückzugs, um über Visionen, Strategien und Entwicklungen nachzudenken – und über seine Mitarbeitenden. Er oder sie muss Aufgaben und Verantwortung abgeben und im Voraus planen, wer welche unvorhergesehenen Aufgaben erledigen kann. Leader wollen lernen, ihre Freude aus Führungsaufgaben zu ziehen und Fachaufgaben zu delegieren. Sie haben genug Mut, um eine weitere Stelle einzufordern, die diese Fachaufgaben übernehmen kann, damit der Leader sich mehr um seine Mitarbeitenden kümmern kann. Im optimalen Fall ist oder wird die Unternehmensleitung davon überzeugt, dass das Konzept des Leadership für das gesamte Unternehmen umgesetzt werden sollte.

Einige Führungskräfte arbeiten und verhalten sich schon heute wie oben aufgezeigt. Sie schaffen es, ihre Zeit gut einzuteilen und sich um die wesentlichen Dinge sowie um zukunftsorientierte Antworten zu kümmern. Hier werden im nächsten Abschnitt die Kernverantwortungsbereiche aufgezeigt, die Führungskräfte als echte Leader selbst verantworten (müssen).

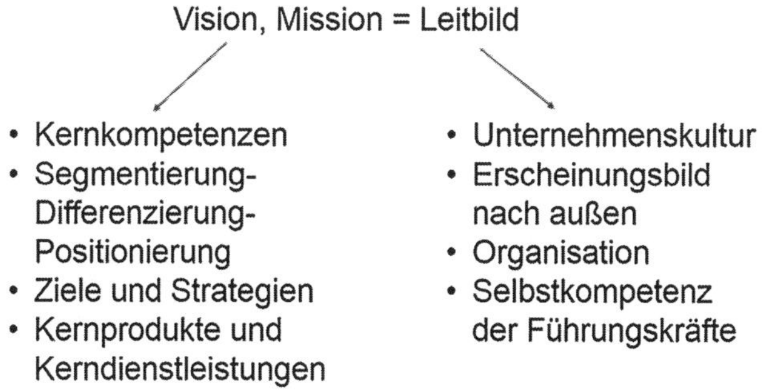

Vision, Mission = Leitbild

- Kernkompetenzen
- Segmentierung-
  Differenzierung-
  Positionierung
- Ziele und Strategien
- Kernprodukte und
  Kerndienstleistungen

- Unternehmenskultur
- Erscheinungsbild
  nach außen
- Organisation
- Selbstkompetenz
  der Führungskräfte

◘ **Abb. 4.4** Leadership-Konzeption. (Eigene Darstellung)

4.3.3 **Leadership-Verantwortung**

Leadership hat Auswirkungen auf das Führungsverhalten auf allen Ebenen der Unternehmenskonzeption, wenn es zum Prinzip des Handelns gemacht werden soll. Der Grundgedanke ist die Schaffung von Wettbewerbsvorteilen: Wie schafft es das eigene Unternehmen, diese Wettbewerbsvorteile zu erhalten und weiterhin erfolgreich auf dem Markt zu sein? Die Zeiten, als gute Produkte ausreichend waren, sind vorbei und es muss daher neu gedacht werden.

Die wichtigsten Themen einer Leadership-Konzeption für das eigene Unternehmen, die mit einem Leader-Team aus dem gesamten Unternehmen bearbeitet werden sollten, sind folgende (◘ Abb. 4.4):

Der erste Teil der Leadership-Konzeption
- **Vision – Mission - Leitbild**

Um Visionen, Missionen und Leitbilder ging es bereits in ▶ Abschn. 3.3, bezogen auf Organisationen. Hier soll es nun um die Überarbeitung oder Neu-Entwicklung der Vision, der Mission und des Leitbildes eines Unternehmens gehen, die sich unter dem Dach des Leadership neu aufstellen wollen.

Unter Vision ist die Richtung zu verstehen, in die sich ein Unternehmen entwickeln will. Zum einen muss sich ein Unternehmen nach den Bedürfnissen seiner jetzigen und potenziellen Kunden ausrichten, zum anderen soll die Vision für sich eine Zukunftsorientierung darstellen. Es ist der Sinn der Unternehmensexistenz: Wozu dient unser Unternehmen? Was ist unser Beitrag, um die Welt ein wenig besser zu machen? Viele echte Visionäre haben ihre Produkte entwickelt, um den Menschen ihr Leben zu erleichtern oder um besondere Bedürfnisse zu erfüllen, so z. B. Steve Jobs mit den Apple-Produkten. Die Vision wird von den Leader-Teams als „Leitstern" entwickelt, sodass sich alle Mitarbeitenden damit identifizieren können. Je klarer die Vision ist, desto klarer sind die Werte und Normen – und desto einfacher ist es, Leadership entstehen zu lassen. Menschen zeigen eine hohe Zufriedenheit, wenn sie sich mit den Produkten, die ihr Unternehmen herstellt oder den Dienstleistungen, die es anbietet, identifizieren können, z. B. Werftmitarbeitende mit Schiffen mit umweltfreundlichem Antrieb oder Mitarbeitende von einem Reiseveranstalter mit nachhaltigen Reisen. Voraussetzung ist, dass die Führungskräfte nach den Leadership-Prinzipien leben und

4

sich gemeinsam mit den Mitarbeitenden für die Auftragserfüllung engagieren. Die Mission stellt die konkreten Leadership-Ziele dar, die das Unternehmen erreichen will.

Das Leitbild visualisiert die Werte, Normen und Ziele hinsichtlich der Umsetzung der Leadership-Prinzipien, es ist für alle Mitarbeitenden und Führungskräfte eine Orientierung. Es kann nur dann eine Motivation sein, wenn es mit möglichst allen Mitarbeitenden (in kleinen Unternehmen) bzw. Repräsentanten aus allen (!) Abteilungen und Zweigstellen in großen Unternehmen entwickelt wurde. Auch Stakeholder sowie weitere Interessenten sollten mit einbezogen werden. So wird die kollektive Intelligenz genutzt, indem auch Lagerarbeiter oder Kantinenhilfen in den Prozess einbezogen werden.

- **Die Kernkompetenzen**

Kernkompetenzen eines Unternehmens sind die besonderen Fähigkeiten, die ein Unternehmen von anderen unterscheidet und ihnen einen Wettbewerbsvorteil verschafft. Die Frage, die hier zu stellen ist, lautet: Was können wir am besten? Was zeichnet uns aus? Dazu sollte untersucht werden, was an Wissen, Potenzial von Mitarbeitenden, Technologien, Prozessen etc. vorhanden ist. Dabei spielt der Kundennutzen eine große Rolle. Zur Leadership-Umsetzung gehört der Auftrag, diese Kernkompetenzen zu dokumentieren und in Abhängigkeit zu den Markterfordernissen weiterzuentwickeln, sie nach außen und innen zu kommunizieren. Leader beobachten stetig den Markt und den Wettbewerb und sind sich ihres eigenen Wissens und des Wissens ihrer Mitarbeitenden bewusst.

- **Segmentierung, Differenzierung und Positionierung**

Segmentierung bedeutet Strukturierung des Marktes: Wo wollen wir aktiv werden? Differenzierung und Positionierung ist eine Kernstrategie. Wie grenzen wir uns von Wettbewerbern ab? Was machen wir besser? Wie positionieren wir uns im Markt? Wie sollen die Kunden uns wahrnehmen? Wettbewerbsvorteile sichern Kundenzufriedenheit und damit den Unternehmenserfolg; aus zufriedenen Kunden werden Stammkunden, aus Stammkunden werden im besten Fall Empfehler. Hohe Mitarbeiterorientierung ist Voraussetzung für eine hohe Kundenorientierung; auch damit kann sich ein Unternehmen von Wettbewerbern abgrenzen. Damit wird Klarheit und Zielorientierung geschaffen.

- **Die Strategien**

Die Entwicklung und Überwachung der Gesamtunternehmensstrategie sowie der Strategien der strategischen Geschäftseinheiten sind ein Leader-Thema. Dazu gehört es, die Ziele und die Wettbewerber im Blick zu behalten oder zu erkennen, ob neue Organisationsphasen (siehe ▶ Abschn. 3.1.3) einzuleiten sind. Nach innen gehört eine neue Personalentwicklungsstrategie dazu, die sich um das Suchen nach Talenten und Nutzung aller Potenziale kümmert und die ihren Mitarbeitenden Selbststeuerung gestattet (Arbeitszeiten, Sabbaticals etc.) sowie bei der Weiterentwicklung unterstützt.

- **Die Kernprodukte und Kerndienstleistungen**

Aus den Kernkompetenzen lassen sich Kernprodukte und -dienstleistungen definieren. Diese können auf verschiedenste Art dokumentiert werden; hier ist vor allem die Motivation und Nutzung der kollektiven Intelligenz wichtig, damit die Kernprodukte stetig weiterentwickelt werden und möglicherweise neue Kernprodukte entstehen, wie es beispielsweise bei Apple der Fall war.

Der zweite Teil der Leadership-Konzeption

- **Die Unternehmenskultur**

In der Unternehmenskultur spiegeln sich alle Werte, Normen und Regeln eines Unternehmens. In der Unternehmenskultur wird am ehesten deutlich, wenn das Leadership-Prinzip umgesetzt wird, beispielsweise durch mehr Zeit der Führungskräfte für ihre Mitarbeitenden, wenn sie durch höhere Fokussierung zielgerichteter arbeiten, sowie durch die Freude und den Stolz der Mitarbeitenden, in diesem Unternehmen tätig zu sein.

Hier wird dann aktiv an der Erarbeitung der gewünschten Werte wie Freiräume, Respekt im Umgang miteinander, Anerkennung von Unterschiedlichkeit, Dialogbereitschaft oder Vertrauen gearbeitet, die dann gelebt werden sollen. Mitarbeitende mit außergewöhnlichen Fähigkeiten sollen ebenso mit ihren Fähigkeiten wertgeschätzt werden wie alle anderen – denn auch sie sind für den Unternehmenserfolg wichtig. Das Leben solcher Werte mit Klarheit, Zielorientierung und Struktur führt dann zu hoher intrinsischer Motivation und Begeisterung, für das Unternehmen tätig zu sein und ihm das eigene Wissen zur Verfügung zu stellen.

In ▶ Abschn. 4.4 wird ein Fallbeispiel eines Unternehmens gezeigt, in dem zum Zeitpunkt des Beratungsbeginns eine negative Unternehmenskultur vorherrschte, begleitet von vielen Kündigungen und unzufriedenen Mitarbeitenden. Durch die aus der Unterstützung abgeleiteten Handlungen hat der Unternehmer sein Managementkonzept in ein Leadership-Konzept umgewandelt. Werte, Normen und Ziele wurden neu bewertet und entwickelt, Führungskräfte bekamen ebenfalls Unterstützung, um Werte zu entwickeln und vorleben zu können. Der Unternehmer baute eine neue Nähe zu seinen Mitarbeitenden auf, indem er u. a. mit den Auszubildenden besondere Aktivitäten durchführte. Mit Fragen an die Führungskräfte und Mitarbeitenden (anonym oder in Einzelgesprächen durch externe Berater) erhält die Unternehmensleitung seitdem regelmäßig Informationen darüber, inwieweit die beiden Gruppen die Unternehmenswerte kennen und leben, welche sie wichtig finden, was ihnen ggf. fehlt oder wo sie Differenzen sehen.

- **Das Erscheinungsbild**

Das Erscheinungsbild des Unternehmens soll all das, wofür das Unternehmen mit der Leadership-Ausrichtung steht, nach außen zeigen und sogar verstärken. Werte, Ziele etc. sollen der Öffentlichkeit deutlich gemacht werden, um den Ruf zu festigen (z. B. als nachhaltig produzierendes Unternehmen) und somit u. a. eine höhere Kundenbindung zu erreichen. Zum Erscheinungsbild (Corporate Image) gehören Corporate Behaviour (das Verhalten der Mitarbeitenden gegenüber Kunden, aber auch untereinander, sowie Kleidung und Auftreten), Corporate Communication (Art der Kommunikation mit Stakeholdern, Kunden und Partnern) sowie Corporate Design (einheitlicher optischer Auftritt, z. B. Logo, Produktgestaltung etc.). Aus Sicht von Leadership ist besonders auf die Corporate Behaviour zu achten: Begeisterte, zufriedene Mitarbeitende berichten über positiv über ihre Arbeit und werben so für ihr Unternehmen als Arbeitgeber. Damit ist erfolgreiches Employer Branding möglich und Kosten für Personalrecruiting sinken.

4

- **Die Organisation**

Bereits bei der Vorstellung der Werte im letzten Kapitel wurde deutlich, dass die positive Einstellung der Führungskräfte, insbesondere der obersten Ebene, gegenüber Menschen unabdingbar ist, um den Unternehmenserfolg zu sichern. Dazu gehört Vertrauen und der Glaube an die Fähigkeiten und Kompetenzen aller Mitarbeitenden. Vertrauen geben und Vertrauen erhalten, delegieren können, gern Verantwortung tragen und transparent agieren sind die Schlüsselqualifikationen. Die Leader sollten sich immer wieder selbst infrage stellen, neue Wege gehen und am System arbeiten – dazu gehört Mut. Ohne diesen Mut besteht das Risiko, dass ein Unternehmen nicht rechtzeitig auf Veränderungen des Marktes oder von Kundenbedürfnissen reagiert, sondern selbstgefällig wird und sich nur noch selbst verwaltet. Leadern mit diesem Mut folgen Mitarbeitende gern.

Ein Unternehmen, das sich nach dem Leadership-Prinzip neu aufstellt, kann auch die Energie in der Organisation verändern, Starrheit aufbrechen und Strukturen verändern. Das System gerät in Bewegung, wenn die entscheidenden Persönlichkeiten, vor allem die Unternehmensleitung, zu Veränderungen bereit ist.

Dann werden Mitarbeitende lernen, Verantwortung zu übernehmen, in Prozessen zu denken und sich untereinander als interne Kunden zu verhalten. Bei der Auswahl und der Motivation der Mitarbeitenden ist es für Leader wichtig, die Freude am Produkt und am Umgang mit Kunden deutlich zu machen. Wenn Mitarbeitende mit negativen oder destruktiven Einstellungen oder Verhalten im Team sind, sind Unterstützungsangebote denkbar (Weiterbildung, Coaching etc.). Meist verlassen jedoch Mitarbeitende mit negativen Einstellungen eine Organisation, die sich so verändert, da sie keinen Boden mehr für ihr Verhalten vorfinden.

Möglicherweise wird dann auch die Art der Zusammenarbeit geändert: Weniger Hierarchien, mehr Freiräume für die, die wollen, selbstführende Teams etc.

- **Selbstkompetenz der Leader**

Nicht zuletzt verändern sich im Prozess oder schon direkt zu Beginn die Führungskräfte. Sie beginnen, sich selbst (besser) kennenzulernen, Kenntnisse über sich selbst zu gewinnen und Ausgeglichenheit zwischen Beruf und Privatleben (wieder) herzustellen. Darüber hinaus lernen sie, sich selbst zu reflektieren, eigene Werte authentisch zu leben, gute Beziehungen zu Mitarbeitenden und anderen Führungskräfte aufzubauen und ihre Kooperations- und Kommunikationsfähigkeiten zu verbessern. Sie haben verstanden, dass sie ihren Mitarbeitenden so Sicherheit und gleichzeitig Freude über Veränderungen vermitteln. Diese Gratwanderung ist nur umsetzbar, wenn Leader für sich eine eigene Haltung gewonnen haben, zu der durchaus ein Zugeben von eigenen Ängsten oder Sicherheitsbedürfnissen gehören kann.

- **Effekte der Leadership-Konzeption**

Bisher haben Unternehmen ihre Wettbewerbsvorteile aus fachlichen Kompetenzen und damit aus Produkten gezogen. Durch die Leadership-Konzeption wird jedoch deutlich, dass auch aus dem zweiten Teil, der Veränderung der Unternehmenskultur, der Organisation, der Führungskräfte und des Erscheinungsbildes Wettbewerbsvorteile entstehen. Die Dienstleister wussten schon immer, wie wichtig Mitarbeitende für den Verkauf ihrer Dienstleistungen, für die Kundengewinnung und -bindung sind, haben es aber nicht immer gelebt. Auch bei Dienstleistern gab und gibt es wie bei produzierendem Gewerbe Unternehmen mit schlechter Unternehmenskultur, viel Personalwechsel und „busy Managern" ohne Fokussierung und Zukunftsorientierung.

Durch das Leadership-Konzept wird deutlich, dass Unternehmen mit einer solchen zukunftsorientierten Ausrichtung große Chancen haben werden, neben einer klaren Ausrichtung auf Kernkompetenzen und Kundenwünsche ein beliebter Arbeitgeber zu werden, der keine Nachwuchsprobleme haben wird.

4.3.4 Leadership und Wandel

Der Ansatz von Leadership hat sich durch unterschiedliche Denkschulen weiterentwickelt, um Führungskräfte sowohl im Führungsalltag wie bei Veränderungen zu begleiten und zu stärken.

Leadership bei Veränderungen

Durch die stetigen Veränderungen in Unternehmen ist es heute erforderlich, dass Führungskräfte eine starke „Offenheit für neue Erfahrungen" (von Rosenstiel 2012 in: Bruch et al. 2012, S. 149) zeigen und in der Lage sind, ihre Mitarbeitenden zu einer Veränderungsbereitschaft und einer „aktiven Mitwirkung an Change Prozessen" (von Rosenstiel 2012 in: Bruch et al. 2012, S. 149) anzuregen. Manche Menschen sind Neuem gegenüber aufgeschlossen; andere begegnen Veränderungen mit großem Misstrauen: Sie wünschen sich eine stabile, „heile" Welt. Gleichzeitig ist trotz der jeweiligen Ausprägung (Wunsch nach Sicherheit oder Wunsch nach Veränderungen) den meisten auf der rationalen Ebene bewusst, dass Wandel notwendig ist, damit die Menschheit sich weiterentwickelt – und auch sie selbst tragen täglich zu Veränderungen bei. Dennoch ist es erforderlich, dass ein Leader selbst veränderungsbereit ist und mit seinem Mut und seiner Zuversicht in der Lage ist, seine Mitarbeitenden für eine Zukunftsorientierung zu gewinnen.

In Change-Prozessen in Unternehmen gibt es unterschiedliche Vorgehensweisen, Veränderungen umzusetzen. In manchen Unternehmen wird vom Management ohne Einbezug der Mitarbeitenden über Veränderungen entschieden; dieses Vorgehen führt zu Widerständen, da Mitarbeitende keine Kontrolle über ihre Situation haben. Andere Unternehmen – die nach dem Leadership-Prinzip handeln – nehmen ihre Mitarbeitenden als Teil ihrer Organisation wahr, beteiligen sie an Veränderungsprozessen und/oder informieren sie von Beginn an regelmäßig. Das Ziel dieser Organisationsentwicklung ist die Akzeptanz der Unternehmenspläne und engagierte Unterstützung der Umsetzung durch die Mitarbeitenden. Dafür ist ein entsprechendes Menschenbild der Führungskräfte sowie transformationale Führung notwendig.

Für Change-Prozesse lässt sich gut das Leadership-Konzept nutzen, das im letzten Abschnitt vorgestellt wurde. Mit einer bunten, ansprechenden Vision, die durch Bilder oder Symbole visualisiert wird und den Mitarbeitenden überall im Unternehmen begegnen, ist der erste Schritt getan. Ein weiterer Schritt ist gute Kommunikation. Die Vorstellung der Notwendigkeit für die Veränderungen, von Zielen und Zwischenschritten sowie positiven Konsequenzen gehört ebenso dazu wie das Zulassen von Diskussionen und Fragen. Wichtig ist die Vorbereitung auf den Wechsel durch rechtzeitige Schulungen, gute Zeitpläne mit Meilensteinen und die Benennung des verantwortlichen Teams (vgl. von Rosenstiel 2012 in: Bruch et al. 2012, S. 154).

Es gibt zwei weitere Formen von Leadership, die sich unabhängig voneinander entwickelt haben, jedoch hinsichtlich Werteorientierung, Selbstführung von Führungskräften

4

sowie Klarheit und Kraft gewinnen zu dem allgemeinen Konzept des Leadership passen: Positive Leadership und Zen Leadership.

Positive Leadership

Die Bewegung des „Positive Leadership" beruht auf der positiven Psychologie und Glücksforschung nach Martin E.P. Seligman. Kurz gesagt, basiert Glück auf positiven Gefühlen, Engagement und einem sinnvollen Leben. Glück besteht demzufolge aus sechs Kerntugenden, die laut Seligman auf Tugenden basieren, die alle Kulturen, Religionen und Philosophien der Welt gemeinsam haben:
- Weisheit und Wissen
- Mut
- Liebe und Humanität
- Gerechtigkeit
- Mäßigung
- Spiritualität und Transzendenz (Seligman 2009, S. 32).

Diese Kerntugenden können alle noch einmal unterteilt werden und werden dann Stärken genannt. Beispielsweise Weisheit kann unterteilt werden in
- Neugier (Wissensdurst)
- Lernbereitschaft
- Urteilskraft
- Originalität
- Soziale Intelligenz
- Weitblick (Seligman 2009, S. 33).

In diesen Zusammenhang gehört auch der bereits erwähnte Zustand des „Flow", den Mihaly Csikszentmihalyi 1992 (vgl. Csikszentmihalyi 2010) erstmals beschrieben hat.

„Positive Leadership" hat sich u. a. aus der positiven Psychologie entwickelt und besteht aus drei Prinzipien:
- Führen mit Freude: Mit Optimismus, Zuversicht, Vertrauen und Engagement sich und andere führen
- Führen mit Sinn: Leader zeigen Mitarbeitenden, wie wichtig ihre Rolle im Unternehmen ist, welchen Sinn ihre Aufgaben darstellen und dass ihnen mit Respekt und Wertschätzung begegnet wird. Ebenso ist es wichtig, die Rolle der eigenen Organisation in der Gesellschaft mit Sinn zu füllen, indem sie sich für das Gemeinwohl engagiert
- Stärkenfokussiertes Führen: Die Aufmerksamkeit wird auf Chancen, Potenziale und Stärken gelegt anstelle auf Mängel und Schwächen (vgl. Seliger 2016, S. 205–207).

Zen-Leadership

Abschließend soll hier eine Form von Leadership vorgestellt werden, die derzeit stark thematisiert wird: Führen mit innerer Stärke durch Zen-Meditation.

Zunächst soll Zen definiert werden:

» Zen bezeichnet die Sammlung des Geistes und die Versunkenheit, in der alle dualistischen Unterscheidungen wie ich und du, Subjekt und Objekt, wahr und falsch, aufgehoben sind. Der Weg des Zen ist also eine mystische Erfahrung (► http://www.zenbuddhismus.de/).

Das Praktizieren von Zen, zum Beispiel durch Meditationen, kann somit den Weg zur eigenen Persönlichkeit ebnen und die hohen Anforderungen, die täglich an Führungskräfte gestellt werden, bewältigen helfen. Durch Zen-Praxis können Führungskräfte Selbstführung lernen (▶ Kap. 5) und sich auf ihre Werte wie Empathie, Offenheit, Klarheit oder Echtheit besinnen. Sie finden Zeit und Kraft, um ihr Unternehmen und ihre Potenziale weiterzuentwickeln und verlieren sich nicht mehr in Aktionismus und operativen Tätigkeiten. So können sie zu echten Leadern werden, die ihre Mitarbeitenden ebenso inspirieren wie sich selbst.

Verschiedene Zen-Meister bieten Seminare zum Thema Leadership und Zen an. Hier geht es beispielsweise um das Lernen und Üben von

- Gelassenheit
- Klarheit und Orientierung
- Offenheit und Empathie
- Fokussierung
- Authentische Führung
- Intuition und Kreativität
- Selbstwahrnehmung und effektive Selbstführung
- (▶ http://zen-leadership.de/zen-leadership/).

In den oben genannten Inhalten sind Werte und Kompetenzen wiederzuerkennen, die in diesem Kapitel behandelt wurden. Die anderen werden in den beiden folgenden Kapiteln gezeigt. Der Weg des Zen-Leadership ist für Führungskräfte geeignet, die sich von der Philosophie des Zen angesprochen fühlen. Dazu hören viele Schweige-Meditationen und das Sitzen in der Stille.

Das Kapitel soll mit einem Zitat von Zen-Meister Hinnerk Polenski abschließen:

» Wahre Führung setzt innere Stärke voraus. Wir brauchen keine neuen Konzepte, sondern ein Werkzeug, um mit der zunehmenden Komplexität und stetig wachsenden Dynamik im Arbeitsleben umzugehen und klar und handlungsorientiert zu agieren. (▶ http://zen-leadership.de/zen-leadership/).

4.4 Führung durch Persönlichkeit

Häufig ist die Rede von Führungskräften, insbesondere von solchen aus Vorständen, die von den Medien und der Öffentlichkeit als „geborene" Führungskräfte wahrgenommen werden. Sie seien charismatisch, motivieren ihre Mitarbeitenden durch ihre Ausstrahlung etc. In den Jahren des deutschen Wirtschaftswunders gab es Unternehmensführungen wie Max Grundig oder Aenne Burda, die als Patriarch bzw. Matriarchin auf ihre eigene Weise führten. Es wurde für Mitarbeitende gesorgt, also Sicherheit geboten, jedoch wurde dafür hohes Engagement und Gehorsam erwartet. Die Mitarbeitenden bewunderten ihre Chefs auf Distanz, vertrauten ihnen („er wird es schon richten") und entwickelten eine hohe Identifikation mit den Unternehmen, die auch zu Generationen von Mitarbeitenden führten. Häufig wurden Kinder von Mitarbeitenden bei der Auswahl bevorzugt eingestellt; die Bewunderung für die Unternehmerfamilie wurde dann von den Eltern auf die Kinder übertragen. Auch die Generation Y wünscht sich Persönlichkeiten als Führungskräfte: Sie sollen eine Mentoren- oder Begleiter-Rolle einnehmen und stets für sie da sein (siehe ▶ Abschn. 4.1.3).

4

Nun stellt sich die Frage, ob es wirklich Führungspersönlichkeiten gibt und wenn ja, was diese in der Gegenwart auszeichnet.

Eine *echte* Persönlichkeit zeichnet sich durch natürliche Autorität aus, d. h. sie ist widerstandsfähig, bringt Mut mit, um auch schwierige Entscheidungen zu fällen sowie auf der nächsten Hierarchieebene durchzusetzen und zeigt sich offen für Fehler gegenüber den Mitarbeitenden. Eine echte Persönlichkeit ist authentisch und entspricht dem Bild, das sich die Mitarbeitenden von ihr machen. Führungskräfte, die sich stetig verstellen, leiden unter großer Anspannung, während die Mitarbeitenden spüren, dass ihr/e Vorgesetzte/r sich verstellt. Somit kommt es zu Schwierigkeiten in der Kommunikation und in der Zusammenarbeit, während gleichzeitig bei der Führungskraft physische, ggf. auch psychische, Probleme entstehen können.

Crisand unterscheidet zwei Persönlichkeiten:

Die eine Person ist egozentrisch, sie *gibt vor*, stark zu sein. Zu ihren Verhaltensweisen gehören u. a. Fehlervertuschungen, Schuldzuweisungen, Arroganz, starre Meinungen, Ablehnung von Kritik, sich über andere stellen, Brüllen und Schreien, viel reden, im Mittelpunkt stehen wollen und von eigenen Problemen ablenken.

Die andere Person *ist* stark: Sie gesteht Fehler ein, ist tolerant und umgänglich, hat eine natürliche Autorität, übernimmt Verantwortung, hört zu und hat Interesse für andere, ist partnerorientiert und lässt andere gut aussehen, geht Probleme an und übt sachliche Kritik. Auch diese Persönlichkeit hat Macht und Erfolg als Zielorientierung, aber gemeinsam mit dem Team, als „Leader", der/die das Team motiviert, ihm die Richtung vorgibt und ihm vertraut (Crisand 1996, S. 20–22).

Beiden Persönlichkeiten begegnen Menschen auch im privaten Umfeld, z. B. in Vereinen oder im Ehrenamt. Die eine Persönlichkeit will sich profilieren, „sich ein Denkmal setzen", ggf. von eigenen Fehlern ablenken. Die andere, „echte" Persönlichkeit will sich für das Gemeinwohl engagieren und Entscheidungen treffen, von denen möglichst viele profitieren. Sie denken zukunftsorientiert und machen sich Gedanken, wie eine Institution weiterentwickelt werden kann.

> **Anmerkung**
> Mögliche Ursachen für Entwicklung zur egozentrischen Persönlichkeit liegen in „Verletzungen in der Kindheit; diese Menschen haben das Bedürfnis nach Wärme und Liebe von sich abgespalten, sie wollen den Schmerz, den sie in der Kindheit erfahren haben, nicht mehr; sie wollen sich nur noch stark fühlen. Sie brauchen den Gegner, sie müssen, da sie nicht in sich ruhen, sich immer wieder beweisen, um so ihr Selbstwertgefühl zu stärken." (Crisand 1996, S. 21).

In unserer Gesellschaft wird (äußere)Stärke bewundert, daher haben diese Persönlichkeiten häufig Erfolg als Führungskraft. Auf der anderen Seite scheint durch die Zunahme von psychischen Erkrankungen ein Ungleichgewicht zwischen einem Erfolg von einzelnen Personen und dem Leiden anderer entstanden zu sein.

Auch Schrör (2016, S. 138 ff.) hat sich dem Thema der verschiedenen Persönlichkeiten genähert, indem er sowohl die wahrgenommene Verbundenheit (Wert) als auch wirkliche und unwirkliche Führung voneinander abgrenzt, wie auf ◘ Abb. 4.5 gezeigt wird:

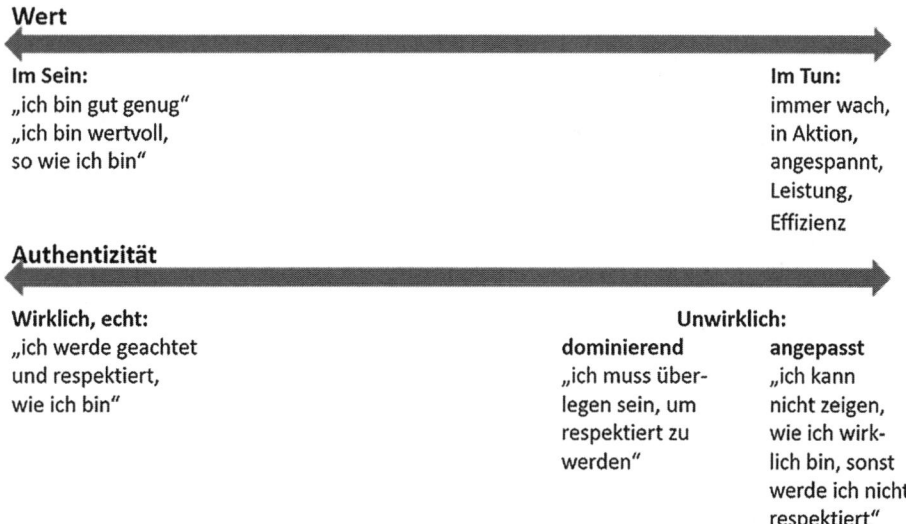

Wert

Im Sein:
„ich bin gut genug"
„ich bin wertvoll,
so wie ich bin"

Im Tun:
immer wach,
in Aktion,
angespannt,
Leistung,
Effizienz

Authentizität

Wirklich, echt:
„ich werde geachtet
und respektiert,
wie ich bin"

Unwirklich:

dominierend
„ich muss über-
legen sein, um
respektiert zu
werden"

angepasst
„ich kann
nicht zeigen,
wie ich wirk-
lich bin, sonst
werde ich nicht
respektiert"

◘ **Abb. 4.5**   Verbundenheit und Führung. (Eigene Darstellung in Anlehnung an Schrör 2016, S. 138 ff.)

Jede Führungskraft sollte ihren Wert auf einer Linie zwischen „Sein" und „Tun" finden – und sich in Richtung „Sein" entwickeln, auch wenn „Tun" zum Führen gehört. Wer sich jedoch ausschließlich als Macher empfindet, wird viel Bestätigung brauchen.

Auch die Authentizität zeigt, wieviel souveräner Menschen führen können, wenn sie mit sich verbunden sind: Sie können sein, wie sie sind, und müssen nicht viel Energie darauf verwenden, sich stetig zu verstellen oder eine Maske zu tragen. „Unwirkliche" Führungskräfte können durch den hohen Energieaufwand für ihre „Maske" ihre Gefühle kaum wahrnehmen und haben keinen Raum für Verbundenheit mit sich selbst. Damit können sie keine offenen und ehrlichen Beziehungen eingehen und sind sehr auf sich selbst bezogen. Ehrlichkeit und Offenheit sind jedoch Bedingung für eine gute vertrauensvolle Zusammenarbeit mit Mitarbeitenden und eigenen Vorgesetzten. Alle Energie fließt dann in die Beziehungsebene, was sich wiederum in der positiven Entwicklung des Unternehmens, höherer Identifizierung der Mitarbeitenden mit dem Unternehmen und niedrigeren Fluktuationsraten bemerkbar macht.

Im beruflichen Coaching könnten in ◘ Abb. 4.5 für beide Pfeile jeweils ein Punkt für den jetzigen Stand sowie ein Wunschpunkt, den der Coachee erreichen möchte, eingezeichnet werden. Dieser Punkt muss sich nicht vollständig im „Sein" oder im „Wirklichen, Echten" befinden, sondern dort, wo der Coachee es für angemessen hält – auch das ist in Ordnung. Zum Ende des Coachingprozesses zeigt der Coachee, an welchem Punkt er sich jetzt befindet und wie es ihm damit geht. Möglicherweise möchte er allein weiter daran arbeiten, den für ihn richtigen Zielpunkt zu erreichen; im Coaching hat er den Weg gelernt.

Spätestens seit den 1990er Jahren arbeitet die Wissenschaft daran zu beweisen, dass die Persönlichkeiten des zweiten Typs/die „echte" Persönlichkeit) ebenso zum Unternehmenserfolg beitragen wie der erste Typ (vgl. Crisand 1996, S. 16). Ein Beispiel ist dieses:

4

Beispiel

Anselm Grün und Bodo Janssen – Ein Mönch und ein Unternehmer

Pater Anselm Grün sowie weitere Dozent/innen geben seit vielen Jahren in der Benediktinerabtei Münsterschwarzach Führungsseminare auf der Basis der Regeln des heiligen Benedikt von Nursia. Ein Seminar heißt „Menschen führen – Leben wecken" wie das bereits erwähnte Buch. Im Gegensatz zu anderen Führungsseminaren geht es bei Anselm Grün und den Benedikt-Regeln um die Persönlichkeit der Führungskraft. Welche Haltung, welchen Charakter muss jemand haben, der führt? Das Ziel des Führens ist eine spirituelle Unternehmenskultur mit einem verlässlichen, klaren Betriebsklima, einer gemeinsamen (wirtschaftlichen) Zielerreichung, dem achtsamen Umgang mit Menschen und dem Schaffen einer kreativen Unternehmensumgebung (vgl. Grün 2007).

Häufig werden solche Inhalte als „realitätsfern" von Führungskräften und Unternehmen abgelehnt – ein Unternehmer hat jedoch die Unterstützung durch Pater Anselm Grün gesucht, als es in seinem Unternehmen immer schlechter lief: Bodo Janssen, Eigentümer der Touristikkette Upstalsboom. Über den Erfolg der Umsetzung hat er ein Buch geschrieben: „Die stille Revolution. Führen mit Sinn und Menschlichkeit". Seine wichtigsten Fragen hinsichtlich Führung lauten „Wie kann ich es den Mitarbeitern ermöglichen mitzugestalten?", „Was kann ich dafür tun, dass Verbundenheit entsteht?", und „Was kann ich dazu beitragen, dass sich die Mitarbeiter ihrer Persönlichkeit entsprechend entwickeln können und wachsen können?" (Janssen 2016, S. 272). Heute läuft sein Unternehmen erfolgreich.

Wüthrich et al. haben durch viele Gespräche mit Führungskräften herausgefunden, dass sich Führungspersönlichkeiten, die Führung neu gestalten, von dem mechanistischen „entweder-oder" abgrenzen und akzeptieren, dass in der heutigen komplexen Welt auch ein „sowohl-als auch" möglich und manchmal sogar notwendig ist. Für die Umsetzung gibt es kein Führungslehrbuch oder Tools, sondern hier sind besondere Werte bzw. eine besondere Haltung wichtig:

- Verbindliche Reflexion
- Leiser Mut
- Echte Beziehungen (Wüthrich et al. 2009, S. 151)

Auf Basis des in den bisherigen Kapiteln vermittelten Wissens lässt sich also die Frage nach der Persönlichkeit positiv beantworten: Menschen, die ihre eigene Persönlichkeit gut kennen, an sich gearbeitet haben, dies weiterhin tun und vor allem ein positives Menschenbild haben, sind Führungspersönlichkeiten.

Sie kennzeichnet ein hohes Wissen in Fach-, Methoden, Selbst- und Sozialkompetenzen, das sie im Unternehmensalltag täglich anwenden und weitergeben. Dafür müssen sie weder besonders gut aussehen noch besondere Kleidung tragen, sondern ihre Ausstrahlung resultiert

- aus ihrem Wissen, das sie gern weitergeben
- aus ihrer inneren Sicherheit, das Richtige zu tun
- aus ihrer Freude, mit Menschen zusammenzuarbeiten, um gemeinsam ihre Ziele zu erreichen
- aus Emotionen, die sie steuern können und angemessen zeigen und
- aus dem Wissen um die Verschiedenartigkeit von Menschen und dessen Akzeptanz.

4.5 Coaching zur Förderung von Führungskompetenzen

» Gute Führung braucht Coaching (Pohl und Wunder 2001, S. 25).

Nach diesem Leitsatz soll Coaching im Folgenden definiert und von Beratung, Training und Mentoring abgegrenzt werden.

Coaching ist eine professionelle Arbeitsweise mit ethischen Grundsätzen, durchgeführt von Coaches mit einer angemessenen Haltung. Mit Coaching können insbesondere Führungskräfte organisatorische und persönliche Ziele erreichen, ihre Führungskompetenzen verbessern und sich selbst besser kennenlernen.

Weiterhin geht es hier um Ziele und Anlässe für Coaching, um die Rolle von Coaches sowie um Entwicklungsmöglichkeiten für Führungskräfte. Einzelne Instrumente werden jeweils in den ▶ Kap. 5 und 6 (Selbstführung und soziale Kompetenzen) vorgestellt.

4.5.1 Begriffsklärung und Abgrenzung zu Beratung

Coaching wird als Begriff seit einigen Jahren stark genutzt, ohne dass viele Nutzer den Begriff für sich näher definieren. Die Tätigkeit ist wie die Berufsbezeichnung nicht geschützt; jedoch arbeiten die Berufsverbände daran, dieses zu erreichen. Ein erster Schritt sind zertifizierte Weiterbildungen, die mindestens 12, besser jedoch 18 Monate dauern und eine bestimmte Anzahl an Unterrichtsstunden sowie Lehrcoachings und Reflexionszeiten beinhalten müssen (siehe Deutsche Gesellschaft für Coaching [DGfC], Deutscher Bundesverband Coaching [DBVC] u. a.). Auch sind bestimmte Voraussetzungen an die Weiterbildung und Berufserfahrung geknüpft.

Pohl und Wunder fassen zusammen, was Coaching ist und welche Aufgaben es für Unternehmen und Menschen übernehmen kann:

» Coaching ist ein zeitgemäßes Mittel der Innovation von Management und Organisation. Es trägt zum Wandel von Organisations- und Unternehmenskultur bei, indem es auf Effizienz *und* Humanität zielt.
Coaching ist ziel- und bedarfsorientiert. Es dient der Steigerung von Prozess- und Ergebnisqualität. (…)
Coaching sieht Arbeitsbeziehungen im Einflussfeld organisatorischer Strukturen (System), persönlicher Eigenarten (Biografie), der Auseinandersetzung mit Sinnfragen (Leitbilder) und im Blick auf größere soziale Zusammenhänge (gesellschaftliche Verantwortung).
(…) Coaching trainiert Erfolgsstrategien und stabilisiert vorhandene Fähigkeiten und intendiert die gezielte Förderung der aktiven Persönlichkeit. Es setzt das Potential (sic!) von Menschen zur Maximierung ihrer Leistungen frei. (…)
Coaching ist (sic!) Maßnahme der Personalentwicklung, die sich perfekt auf den einzelnen zuschneiden lässt (Pohl und Wunder 2001, S. 34–35).

Coaching dient somit der Begleitung, Reflexion und Unterstützung im beruflichen Alltag und unterstützt die persönliche Weiterentwicklung. Die Klienten oder Coachees sind immer Experten für ihr Leben und ihren Beruf; der oder die Coach ist Experte/in für den Prozess.

Gute Coaches gehen davon aus, dass Klienten alle Potenziale, die sie benötigen, in sich tragen. Durch den Coaching-Prozess werden sie ans Licht geholt. Durch diese

4

Abgrenzung wird deutlich, dass Klienten nicht beraten werden. Die Coachees erarbeiten selbst den Weg zur Lösung, nicht der Coach. Seine Aufgabe ist nicht, Lösungen oder Produkte zu präsentieren oder für die Coachees zu entscheiden, wie sie sich weiterentwickeln sollen. Er oder sie begleitet, inspiriert und unterstützt auf Augenhöhe, beispielsweise durch systemische Fragen (siehe ▶ Abschn. 6.6.2), die im systemischen Coaching verwendet werden. Sehr passend ist das Bild von Radatz:

» Systemisches Coaching ist ein Tanz zwischen gleichwertigen Partnern, von denen nicht einer über mehr und der andere über weniger Wissen verfügt und der „Klügere" pausenlos versucht, den „Dummen" über die „richtigen" Tanzschritte zu belehren; sondern einer der Partner führt über Fragen, und der andere führt über die Tanzfiguren, die er auf dem Parkett vollbringt, und beide Partner passen sich im Idealfall laufend aneinander an – in Form, Dynamik, Ausführung und nonverbalem Ausdruck (Radatz 2010, S. 14).

An dieser Stelle soll das systemische Denken und das systemische Coaching vorgestellt werden, um zu verdeutlichen, welcher Unterschied zwischen der klassischen Berater-Haltung – die gelegentlich auch bei Coaches verbreitet ist – und der Haltung von systemischen Coaches besteht. Es geht in diesem Coaching um die Chance jedes Menschen, seine Welt selbst zu gestalten und zu verändern, wenn er oder sie sich nicht wohlfühlt. Jeder Mensch kann seine eigene Persönlichkeit entdecken und erfahren, welche Chancen in ihm oder ihr stecken – und Neues lernen. Viele Menschen bleiben in ihre Rollen und Situationen, da sie denken, dass sie nichts daran ändern können, dass sie oder andere „eben so sind" oder dass das Unternehmen schon merken wird, welch gute Mitarbeiterin sie haben. Hier verharren Menschen in einer Rolle, die bequem ist: Man kann klagen, wie schlecht im Unternehmen alles ist, wie unfähig die Chefs und die Kollegen sind. Wer jedoch bereit ist, sich selbst besser kennenzulernen und sein Handeln zu hinterfragen – und sich dabei von einer Coach helfen lässt, kann sich oder Teile von sich verändern.

Systemisches Denken

Das systemische Denken wurde von Wissenschaftlern unterschiedlichster Disziplinen auf Basis des systemischen Wissens (siehe ▶ Abschn. 3.7) entwickelt. Es ging um Steuerung, Regelkreise und Wechselwirkungen – und das in allen Lebensbereichen. Darüber hinaus wurde nachgedacht, ob die Menschen die Welt objektiv wahrnehmen können, ob sie sie also so erkennen können, wie sie ist. Oder ob jede Wahrnehmung, jede Erfahrung rein subjektiv und nur die eigene persönliche Konstruktion ist. Die systemischen Denker kamen zu dem Ergebnis, dass es keine „einzige und alleinige Wahrheit" gibt – sondern dass sich jeder Mensch seine eigene Wahrheit konstruiert bzw. in seiner eigenen Welt lebt und sich seine eigene Wirklichkeit schafft. Systemisches Denken ist also konstruktivistisches Denken.

Jeder Mensch entscheidet somit selbst, welche Elemente zu seinem jeweiligen System gehören – und zwar immer wieder neu, je nachdem was für ihn oder sie sinnvoll erscheint oder was in diesem Moment wichtig oder interessant erscheint.

Wenn also jeder Mensch seine persönliche Welt konstruiert, so sieht dieses innere Bild meist anders aus als die äußere Realität. Jeder Mensch hat eine innere Landkarte, die mit der äußeren Landschaft nicht übereinstimmt. Und diesen Unterschied können wir nicht wahrnehmen.

Der Sinn des systemischen Denkens liegt in der Möglichkeit, die komplexe Welt leichter zu erklären und Ordnung in die eigene Welt zu bringen. Wichtig ist, dass es im systemischen Denken kein richtig oder falsch gibt, denn die Sicht jedes Menschen ist immer subjektiv.

Systemisches Coaching

Durch das systemische Denken wird deutlich, dass sich das systemische Coaching von der allgemeinen Wahrnehmung über Coaching unterscheidet.

Die Aufgabe von systemischem Coaching ist das Stärken der Kompetenzen der Klienten in ihrem jeweiligen System, also z. B. im Unternehmenssystem. Das Ziel und den Weg dorthin legt der Klient selbst fest – denn nur er kennt sein System.

Es ist Beratung ohne Ratschlag: Der Coach übernimmt die Verantwortung für die Gestaltung des Coaching-Prozesses und die Klienten oder Coachees die inhaltliche Verantwortung. Sie sind also bereit, an ihrem Problem zu arbeiten. Sie erfahren mit den unterstützenden Fragen des Coachs, wie sie für sich Perspektiven, Strategien und Leitbilder entwickeln können. Damit lernen sie neue Handlungsmöglichkeiten für sich kennen, die das bisher bestehende Problem auflösen und können mit ihren neu entdeckten Fähigkeiten auf Veränderungen (z. B. im Unternehmen) professionell reagieren. Der Coach ist jedoch weder Lehrer noch „Ersatz-Chef", denn er ist nicht Teil des Unternehmens- oder Team-Systems des Coachees.

Es geht somit nicht um Leistungssteigerung oder -optimierung, um bessere Verkaufserfolge oder mehr Aktivität – sondern um das genau auf die Klienten zugeschnittene Arbeiten an ihren Problemen mit hoher Lösungsorientierung. Das Ziel kann keine schnelle Lösung sein, denn Veränderungen in Systemen brauchen ihre Zeit. Langjährig genutzte Muster und Routinen können nur Schritt für Schritt verändert werden. Deshalb ist systemisches Coaching ein nachhaltiger Lernprozess, der aus vielen Übungen besteht.

Coaching muss neben Beratung von Psychotherapien abgegrenzt werden, auch wenn manche Instrumente (Tools), die im Coaching verwendet werden, aus dem therapeutischen Bereich kommen. Es ist von großer Bedeutung, dass Coaching nur für psychisch gesunde Menschen geeignet ist, die ein Anliegen in beruflicher Hinsicht haben. Sollten Coaches erkennen, dass eine Instabilität vorhanden ist, so entspricht es ihrer ethischen Auffassung, diese auf entsprechend ausgebildete Fachleute zu verweisen.

Auch vom Mentoring soll Coaching abgegrenzt werden. Mentoring ist ein Instrument in Unternehmen, mit dem junge und/oder neue Führungskräfte oder Trainees von einer älteren/erfahrenen Führungskraft begleitet werden. Diese haben die Aufgabe, die Jüngeren oder Neuen mit der Organisation, den Prozessen und Personen vertraut zu machen, z. B. beim Onboarding, wenn neue Mitarbeitende ins Unternehmen kommen oder im Rahmen einer Trainee-Ausbildung. Hier ist die Beziehung jedoch nicht auf Augenhöhe wie beim Coaching, sondern die ältere Führungskraft ist in einer überlegenen Stellung. Darüber hinaus ist ein Coach professionell ausgebildet, was bei Mentoren nicht immer der Fall ist.

Coaching ist auch kein Training, in dem es um das Üben von bestimmten Verhaltensweisen oder um Wissenserweiterung geht; Trainer schulen die Theorie und üben mit den Teilnehmern dann die Umsetzung in die Praxis. Beim Coaching geht es um Werte, Persönlichkeitsentwicklung und Reflexionen, um Verhaltensänderungen zu bewirken, also Muster zu durchbrechen. Das ist nur in vertrauensvoller geschützter Umgebung mit einem Coach möglich (vgl. Webers 2015, S. 5–10, zitiert nach Rauen 2008).

Sehr hilfreich ist in diesem Zusammenhang das „Funktionspendel" von Wolff, das hier mit Worten beschrieben wird:

- Grün ist der klar zuzuordnende Bereich des Coaches: Zu seinen Aufgaben gehört es, Anliegen zu klären, zu reflektieren, zu inspirieren und zu unterstützen, damit der Coachee seine Potenziale finden und entwickeln kann.
- Gelb ist ein Grenzbereich: Hier darf der Coach aktiv werden, wenn es für den Klienten hilfreich sein kann (emotionaler Beistand oder Experte), er muss jedoch im Vorwege den Klienten um Erlaubnis fragen, ob er die Rolle wechseln darf. Auch muss er die Zeit in der anderen Rolle begrenzen und zeitnah zurück in seine Rolle als Coach.
- Verboten ist der rote Bereich: Ein Coach darf weder therapeutisch noch als „Schattenmanager" aktiv werden (vgl. Webers 2015, S. 9, nach Wolff 2012).

Solche Grenzüberschreitungen und damit Abhängigkeitsverhältnisse sind in der Vergangenheit geschehen und werden sicherlich in gewissen Fällen wieder passieren – sie sorgen dadurch jedoch für eine negative Besetzung des Coaching-Begriffs. Um das zu verhindern, haben die Coaching-Verbände Ethikgrundsätze und zertifizierte Ausbildungen entwickelt.

4.5.2 Professionelles Coaching

Professionelle Coachs sind ausgebildet durch zertifizierte Weiterbildungsinstitute und erfahrene Lehr- bzw. Mastercoachs. Sie bringen bereits viel Lebens- und Berufserfahrung mit und müssen vor der Zertifizierung zeigen, dass sie durch ausreichende Übungscoachings und durch eigene Reflexionen für sich eine klare Haltung und ethisches Verständnis als Coach entwickelt haben. Idealerweise bringen sie Erfahrung aus gewinnorientierten und Non-Profit-Unternehmen mit, kennen sich mit organisatorischen Systemen aus, haben selbst in verschiedenen Positionen gearbeitet und vor allem Führungsverantwortung getragen, wenn sie Führungskräfte begleiten. Unabdingbar für die Kompetenz als Coach ist die stetige Auseinandersetzung mit der eigenen Persönlichkeit, Selbstreflexion und Weiterentwicklung durch kollegiale Coachings und/oder Introvision oder Supervision durch Mastercoachs.

Die folgende Grafik zeigt ein Beispiel für die Reflexionsergebnisse einer Coach, die im Rahmen einer Weiterbildung und in Selbstreflexion erarbeitet wurden (◘ Abb. 4.6).

Funktionen von Coaching

Unter diesen Voraussetzungen können gut ausgebildete Coachs wichtige Funktionen von Coaching erfüllen:

- Ausgleich bei einem Mangel des Klienten, z. B. Stabilität bei Unsicherheit und Unruhe oder Unterstützung der emotionalen Seite bei starker Rationalität
- Persönlichkeitsbildung

I. Wer bin ich als Person?
- Respektvoll, schweigend, ernsthaft
- Philosophin
- Fröhlich
- Gern Neues Lernend
- Vielseitig interessiert
- Wissbegierig
- Visionärin
- Organisatorin
- Verantwortlich

II. Wer bin ich in einer Beziehung?
= ZUSAMMEN-KLANG
- Fragenstellerin
- Aktive Zuhörerin
- Wertvolle Sparringpartnerin
- Ressourcen-Aktiviererin
- Wunsch-Erfüllerin
- Gastgeberin
- Prozessgestalterin

Werte wie Respekt, Toleranz, Mut, Freiheit

III. Meine Strukturen und Organisationen
- Multiprofessionell = verschiedene Berufe und Fortbildungen
- Dienstleisterin
- Betriebswirtin
- Organisations-/ Personalentwicklerin
- Geschäftsführerin/ Führungskraft
- Ausbilderin
- Marketingexpertin

IV. Mein Wissen und Handlungsvermögen
Basis:
- Systemisch-konstruktives Wissen
- Stabilität und Flexibilität
- Humanistisches Weltbild
Coaching-Landkarte:
- Ressourcenorientierte Techniken
- Systemische Strukturaufstellung
- Lösungsorientiertes Kurzzeitcoaching
- Transaktionsanalyse

☐ **Abb. 4.6** Reflexionsergebnisse einer Coachee. (Quelle: Birgit Jürgens, Mastercoach ISP/DGfC, in Anlehnung an Heinrich Fallner)

— Unterstützung bei Lebens- und Berufsfragen
— Herausforderung, z. B. etwas ändern zu wollen
— Entlastung, z. B. dass Klienten allein ein Unternehmen nicht „retten" können (vgl. Pohl und Wunder 2001, S. 33).

Beispiel

Ein junger Mann bekommt als Praktikant den Auftrag, ein neues EDV-System in einem Unternehmen einzuführen. Da alle Mitarbeitenden, die zuvor mit der Aufgabe befasst waren, resigniert bzw. gekündigt hatten, war er auf sich allein gestellt. Obwohl das Projekt bereits 12 Monate in Verzug war, bekam er unter hohem persönlichem Einsatz das System ins Laufen und führte es ein, kümmerte sich um Fehler etc. Nach sechs Monaten hatte sich das Unternehmen immer noch nicht um neue Mitarbeitende gekümmert – und das Praktikum endete. Der junge Mann machte sich viele Gedanken, wie es dort weitergehen könnte – das Unternehmen bot ihm jedoch noch nicht einmal einen festen Arbeitsplatz an. Da er sich ständig Gedanken über seine möglichen Fehler machte und wie es dort jetzt laufen könnte, kam er ins Coaching. Er war der festen Überzeugung, dass das Unternehmen keine Schuld träfe, sondern er habe nicht genug geleistet und alles im Stich gelassen. Nun war es Aufgabe, ihn zu entlasten, auf die Verantwortung und die Handlungen des Unternehmens hinzuweisen und ihn dabei zu unterstützen, sein Selbstwertgefühl wiederaufzubauen.

Wirkung von Coaching

Meier und Szabo beschreiben die Wirkung von Coaching durch folgende drei Bereiche:
- Aufmerksamkeit erweitern
- Wahlmöglichkeiten erhöhen
- Vertrauen stärken

Aufmerksamkeit erweitern heißt, das Bewusstsein auf mögliche Lösungen zu lenken anstatt bei dem Problem zu bleiben. Menschen sind häufig fixiert auf ihr Problem und sehen nichts anderes mehr. Gelingt es dem Coach, durch seine lösungsorientierten Fragen (siehe ▶ Abschn. 5.6.3) die Aufmerksamkeit des Klienten zu erweitern, so geraten Lösungsmöglichkeiten in seinen Fokus.

Wenn Menschen zu Coaches kommen, sind sie regelrecht „erdrückt" von ihrem Problem, sodass sie keine Möglichkeiten zur Veränderungen sehen oder nur wenige Alternativen, mit denen sie jedoch ihr Ziel nicht erreichen können. Im Coaching gelingt es durch Unterstützung des Coaches, neue Ideen und damit die Wahlmöglichkeiten zu erhöhen. Die Klienten wechseln ihre Rolle vom Opfer zum aktiven Gestalter.

Coaching stärkt das Vertrauen der Klienten in sich selbst. Im Coaching geht es um die Bewusstmachung und Stärkung der Ressourcen und Kompetenzen der Klienten. Erst wer sich bewusst ist, was alles in ihm oder ihr liegt, wird sich trauen, Veränderungen anzugehen. Wer sich wieder auf seine Fähigkeiten besinnt, kommt mit herausfordernden Situationen leichter zurecht und stärkt damit das Selbstvertrauen und gibt Sicherheit, das gewünschte Ziel zu erreichen (vgl. Meier und Szabo 2008, S. 12–15).

Ziele

Zum einen gehört die Wiederherstellung der Leistungsfähigkeit zu den Zielen des Coachings, zum anderen das Fördern von Potenzialen von Mitarbeitenden oder die Persönlichkeitsentwicklung.

> » Coaching hat eine Wartungs- und Pflegefunktion in Arbeitssystemen. Bei der Verbindung von Humanität und Effizienz stehen die Förderung und der Erhalt von Selbst-, Sozial- und Systemkompetenz im Vordergrund. Ziel dabei ist immer die Stärkung und Wiederbelebung der Selbstentwicklungskräfte. Es gibt immer natürliche – zumindest latent vorhandene – Ressourcen und Potenziale (Aus: Coachingverständnis der DGfC; Quelle: ▶ www.coaching-dgfc.de).

Ein weiteres Ziel ist die Verbesserung der beruflichen Situation. Dazu können Coachings nach Kündigungen oder Betriebsschließungen gehören, die dann der Selbststärkung, dem Wiederaufbau des Selbstwertgefühls und der Neuorientierung dienen. Es können auch Anlässe wie Mobbing, Schwierigkeiten mit Vorgesetzten, Versetzung in eine ungeliebte Filiale oder – positiv – der Start in ein neues Unternehmen oder in eine neue Position sein. Sehr hilfreich ist es für viele, sich in den ersten Monaten als Führungskraft begleiten zu lassen oder schon den Wechsel professionell vorzubereiten.

Unternehmen bzw. Organisationen profitieren von Coachings ihrer Führungskräfte und Mitarbeitenden: Durch die Arbeit mit bzw. das Wieder-Hervorholen der Potenziale finden Klienten Anerkennung, erkennen sich selbst und ihre Bedürfnisse (besser). So können sie beispielsweise ihre Ziele in ihrer Organisation leichter erreichen, Aufgaben umsetzen oder (wieder) besser im Team arbeiten, indem sie entweder eine neue

Tätigkeit ausüben, die mehr ihren Bedürfnissen entspricht oder effektiver mit ihren Mitarbeitenden kommunizieren. Durch Coachings können Effektivitäts- und Produktivitätssteigerungen ebenso erreicht werden wie Innovationen bei Produktentwicklungen.

Zielgruppen

Zielgruppen von systemischem Coaching sind

- Menschen in verantwortungsvollen Positionen und Fachbereichen
- Menschen mit anspruchsvollen Aufgaben
- Projektmitarbeitende
- Organisationen aus der Wirtschaft, aus dem Non-Profit-Bereich, aus Politik oder der öffentlichen Verwaltung
- junge Menschen vor dem Berufsstart
- Menschen vor oder mit der ersten Führungsverantwortung
- junge Menschen in und vor der Ausbildung.

Ethik und Haltung

Wie bereits bei den Definitionen erwähnt, unterscheidet sich Coaching von Beratung, indem die Klienten Experten für ihr Leben sind und ein Coach sie durch sein Wissen und seine Methodik durch den gemeinsamen Prozess begleitet. Beide Partner begegnen sich somit auf Augenhöhe und sind für den Prozess gemeinsam verantwortlich. Im Coaching muss grundsätzlich der Wille zur Zusammenarbeit auf beiden Seiten vorhanden sein; es wird nicht einfach „Fachwissen eingekauft", so wie man Unternehmensberater beauftragt.

Als Beispiel für eine ethische Grundhaltung von Coaches soll die der DGfC-Coaches, die auf dem ethischen Grundverständnis des Roundtable der Coachingverbände (RTC) beruht, gezeigt werden: „DGfC-Coaches

- respektieren den Wert, die Würde und Individualität eines jeden Menschen sowie dessen Persönlichkeitsrechte, insbesondere das Recht auf Selbstbestimmung
- zeigen eine reflektierte und dialogische Grundhaltung
- beachten die eigene Verantwortlichkeit als auch die Verantwortlichkeit der Kundinnen/Kunden in angemessener schützender, stützender, fordernder und konfrontierender Weise
- üben ihre Tätigkeit unabhängig, verlässlich, transparent und nach bestem Wissen und Gewissen (…) aus
- begegnen ihren Kundinnen/Kunden wertschätzend und respektvoll." (Quelle: Ethikrichtlinie der DGfC, Stand 2018, mit freundlichem Einverständnis des DGfC-Vorstands).

Hilfreich zur Unterstützung eines erfolgreichen Coachings ist die Festlegung des gemeinsamen Ziels, bevor der Prozess beginnt: Was soll erreicht werden, damit der Klient am Ende des Prozesses zufrieden ist? Wenn eine Coachee selbst entscheidet, zum Coaching zu gehen, wird das Ziel nur zwischen ihr und dem Coach festgelegt. Wenn eine Organisation einem Mitarbeiter ein Coaching anbietet, entsteht ein Dreiecksverhältnis: Sowohl die Organisation als auch der Mitarbeiter haben Ziele, die vom Coach zu berücksichtigen sind. In beiden Fällen muss jedoch zu Beginn geklärt werden, ob Coaching das richtige Instrument für das Anliegen der Coachee ist.

4

Dann ist eine respektvolle und wertschätzende Haltung gegenüber den Coachees unabdingbar; das Coaching braucht einen klaren Rahmen hinsichtlich Zeit, Raum, Umfang, Verantwortlichkeiten und Ziel (Auftrag). Selbstverständlich ist eine empathische, Vertrauen-aufbauende Haltung des Coaches, das Coaching selbst unterliegt der Verschwiegenheitspflicht. Darüber hinaus soll ein Coach sich so zeigen, wie er oder sie ist, spontan und ungekünstelt. Es ist sinnvoll, alles im Rahmen eines Vertrages festzulegen.

Den Coachees sollte die Haltung des Coaches vorab bekannt sein; es ist auch sinnvoll, sie in Broschüren oder auf der Website darzustellen, wie folgendes Beispiel mit den Werten und damit der Haltung einer Coach zeigt:

Beispiel
- Wertschätzung (Menschen Raum geben für den für sie besten Platz im Leben)
- Klarheit (Menschen Struktur geben für ihren weiteren Weg)
- Sinn (Menschen unterstützen, die passende Aufgabe im Leben zu finden)
- Freude (und Leichtigkeit und Entspannung vermitteln)

Durch den Dialog zwischen Coach und Coachee kann die Fähigkeit des Coachees entwickelt oder gesteigert werden, seine eigenen Ressourcen (wieder) zu finden und seine Selbstreflexion zu entwickeln, um zu eigenen Lösungen zu kommen – dann kann von ressourcen- und lösungsorientiertem Coaching gesprochen werden.

4.5.3 Anlässe für Coaching

Die Anliegen kommen aus den Bereichen Organisation, Führung, Berufswahl und Privatleben und betreffen manchmal nur einen Bereich, manchmal können sie auch übergreifend sein. Beispiele sind
- Um- oder Neuorientierung: „Bin ich im richtigen Berufsfeld oder im richtigen Unternehmen?" oder „Will ich weiterhin Führungsaufgaben wahrnehmen oder wieder als Spezialist arbeiten?"
- Karriere- Entwicklung und -weiterentwicklung: „Welchen Entwicklungsschritt sollte ich als nächstes im Beruf gehen?" oder „Wie kann ich meine Fähigkeiten besser herausstellen, sodass es meinen Vorgesetzten auffällt?"
- Herausforderungen für Führungskräfte: „Wie kann ich besser führen?" oder „Wie erreiche ich, dass meine Mitarbeiter unsere Ziele umsetzen?"
- Begleitung in einer Übergangsphase: „Ich übernehme bald eine neue Position und fühle mich noch unsicher"
- Work-Life-Balance: „Wie schaffe ich den Ausgleich zwischen meinen beruflichen Herausforderungen und meinem Privatleben?".
- Konflikte mit Vorgesetzten oder Kollegen: „Ich komme mit meinem neuen Chef überhaupt nicht klar" oder „Die Kollegen beziehen mich nicht mit ein"
- Erschöpfung: Um- oder Neuorientierung, Bedürfnisse und Potenziale herausarbeiten, Persönlichkeit stärken
- Unterstützung bei der Suche nach einem neuen Arbeitsplatz/einer neuen Tätigkeit.

Gerade im heutigen komplexen Arbeitsfeld mit dem hohen Zeitdruck kann es Menschen guttun, sich mit einem Coach auszutauschen, auf kurzem Weg Lösungen zu finden und sich in seinen eigenen Handlungsmustern weiterzuentwickeln, um bei zukünftigen Herausforderungen angemessener handeln zu können.

Coaching kann bei der Veränderung von Organisationen, bei der Anpassung an veränderte Bedingungen, beim Umgang mit Innovationen, mit neuen Zielsetzungen und Anforderungen im Unternehmen begleiten und unterstützen.

Darüber hinaus kann ein Coach ein Sparringspartner auf Zeit sein, der oder die einer Führungskraft Feedback zum Verhalten im Berufsalltag gibt, bei Konflikten und Karriereentscheidungen zur Seite steht und so unterstützt, den persönlichen Standort neu zu bestimmen. Damit bekommen Führungskräfte die Möglichkeit, anders als in einem Seminar oder Workshop, in einem geschützten Raum offen über ihr Anliegen zu sprechen und gemeinsam mit dem Coach an Lösungen zu arbeiten.

4.5.4 Rolle des Coachs

Coaching ist weder Therapie noch Beratung. Daher hat ein Coach die Aufgabe, zwischen der Welt (dem System) des Klienten und seiner professionellen Außensicht zu wechseln; er ist ein „Grenzgänger" (Pohl und Wunder 2001, S. 36). Auf Basis dieser „Hauptrolle" hat er weitere Rollen, die beliebig weiterentwickelt werden können:

- Einfühlender Ermutiger
- Moderator
- Fragenstellerin
- Hypothesen- und Systemaufsteller
- Aktive Zuhörerin
- Wertvoller Sparringspartner
- Freude-Teilerin
- Wunsch-Erfüller und Gastgeber
- Entwicklerin von Ideen
- Ressourcen-Aktivierer
- Nicht-Wissende
- Positiver Querdenker
- Prozessgestalter
- Einzigartigkeit Würdigende.

4.5.5 Entwicklung der Persönlichkeit durch Coaching

Wie bereits anhand des humanistischen und des systemischen Weltbildes gesehen, besteht die Welt aus Netzwerken und unterschiedlichen Wahrnehmungen. Da sich jeder seine Wirklichkeit selbst konstruiert – und das auch soll – ist es wichtig, über sein Selbst und sein Handeln zu reflektieren, über die Zukunft und neue Wege nachzudenken. Durch die Freiheit, sich eine eigene Wirklichkeit zu gestalten, folgt die Übernahme von Verantwortung für das eigene Verhalten und gleichzeitig Toleranz für die Wirklichkeit anderer Menschen.

Wenn sich Führungskräfte in bestimmten Lebenssituationen mit ihrer Persönlichkeit beschäftigen, kann Coaching unterstützen, wie nachfolgende Beispiele zeigen.

4

Fall 1

Eine Bereichsleiterin ist seit über 15 Jahren Führungskraft, als sie mit Burn-out-Diagnose erkrankt. Dem Coach berichtete sie, dass sie stets sehr engagiert gearbeitet hat, 10–12 h am Tag waren keine Seltenheit. Sie ist vor 15 Jahren gebeten worden, die Bereichsleitung zu übernehmen, und hat das als Weiterentwicklung ihrer Karriere betrachtet. Durch das Coaching wurde herausgearbeitet, dass sie sich viel lieber um Produktentwicklungen und fachliche Lösungen kümmerte als um die Führung ihres Bereichs. Daher hat sie täglich so viel gearbeitet: Nach der „Pflicht", der Führung, kam die „Kür": Das Sich-Beschäftigen mit fachlichen Herausforderungen erfüllte ihre eigentlichen Bedürfnisse. Im weiteren Coachingprozess wurde dann erarbeitet, was sie wirklich braucht, um zufrieden zu sein, dass sie lernen muss, besser für sich zu sorgen und welche beruflichen Perspektiven für sie möglich sind. Mit diesen Ergebnissen führte sie ein Gespräch mit ihrem Arbeitgeber, der ihr eine neue zu ihr passende Tätigkeit im Unternehmen anbot, weil er sie mit ihrem hohen Fachwissen nicht verlieren wollte.

Fall 2

Ein Mann, Ende 40, war unzufrieden mit seiner Tätigkeit im Verkauf. Er wollte nicht mehr nach strengen Vorgaben Vertriebsgespräche führen. Ihn beschäftigte der Gedanke sehr, dass er noch 15–20 Jahre bis zur Rente hatte, die er so nicht verbringen wollte. Sein Anliegen im Coaching war „was mache ich mit dem Rest meines Lebens?" Er hatte sich nie Gedanken gemacht, dass Persönlichkeit und Beruf zusammenpassen sollten, in seine Tätigkeit war er als junger Mann durch Empfehlung seiner Eltern „gerutscht". Im Coachingprozess lernte er sich erstmals in seinem Leben kennen: Seine Bedürfnisse, seine Stärken, seine Werte, seine Lebensziele und seine Wünsche an eine gute Arbeit. So entwickelte er die Idee für eine selbstständige Tätigkeit, bei der er seine bisherigen Kontakte, aber auch seine Stärken nutzen konnte. Im Laufe der nächsten Monate baute er unter Begleitung des Coachs und weiterer Experten seine Idee zu einem konkreten Vorhaben mit Konzeption und Businessplan aus und gründete dann sein eigenes Unternehmen, das ihn trotz hohem Arbeitsaufwand sehr zufrieden macht.

Fall 3

Manche Menschen kommen in ihren Fünfzigern ins Grübeln: Es ist nicht mehr lange bis zum Ruhestand, sie fühlen sich jedoch noch fit und überlegen, wie sie ihre zweite Lebenshälfte bewusst neu gestalten können anstatt auf den Ruhestand zu warten. Im Coaching können Wünsche erarbeitet werden: Ein neuer Beruf? Eine gemeinnützige Tätigkeit? Eine eigene kleine Firma? Wie sehr wollen sie sich engagieren? Was erhoffen sie sich von der neuen Idee: Für das Gemeinwohl arbeiten, also der Welt etwas zurückgeben? Menschen unterstützen, die von Banken oder Beratern nicht unterstützt werden? Das eigene Wissen an junge Menschen weitergeben? Einen Beruf lernen, den sie sich in jungen Jahren nicht zugetraut haben? Welche Bedürfnisse stecken hinter den Wünschen? Hier kann sich die Persönlichkeit auch nach dem 50. Lebensjahr weiterentwickeln, oft zum Wohl anderer, anstatt in der gleichen Umgebung der gleiche Mensch zu bleiben.

4.6 Aufgaben für Ihr Lerntagebuch

1. Reflektieren Sie: Was bedeutet für Sie erfolgreiche oder gute Führung? Wie sieht Ihr/e gewünschte/r „optimale/r" Vorgesetzte/r aus, welche Eigenschaften und Kompetenzen müsste sie/er haben? Wie wollen Sie geführt werden?

2. Was sind Ihre Ziele: Wie wollen *Sie* sein als Führungskraft? Mit welchen Eigenschaften und Kompetenzen? Wie sollen Ihre Mitarbeitenden sein?

3. Oder können Sie sich eher vorstellen, gemeinsam mit anderen zu führen, also gemeinsame Entscheidungen zu treffen? Beschreiben Sie Ihr Wunsch-Führungsteam!

4. Kennen Sie eine Führungspersönlichkeit? Was kennzeichnet diese Persönlichkeit und macht sie besonders?

5. Was ist für Sie Leadership? Kennen Sie die Umsetzung eines Leadership-Modells in Ihrem Unternehmensumfeld?

6. Wie werden in Ihrem Unternehmen Veränderungsprozesse umgesetzt? Werden die Mitarbeitenden beteiligt? Herrscht eine Vertrauensbasis? Beschreiben Sie für sich das jetzige Umfeld und danach, falls es derzeit nicht so ist, wie Sie es sich wünschen, skizzieren Sie Ihre Vision eines guten Umfeldes.

7. Formulieren Sie Ihre ganz persönlichen Führungsaufgaben und erläutern Sie deren Inhalte. Begründen Sie Ihre Wahl und legen Sie dar, welche Art von Unternehmenskultur wichtig ist, damit Sie erfolgreich führen können.

8. Haben Sie Erfahrung mit beruflichem Coaching? Was war der Anlass und welche Erfahrungen haben Sie gemacht? Was war gut, was war nicht so gut? Was passierte nach dem Coaching?

9. Zu welchem Anlass würden Sie Mitarbeitenden ein Coaching anbieten, wann eher ein Training oder ein Mentoring? Begründen Sie!

Mein Lerntagebuch

4

❓ Fragen

1. Reflektieren Sie: Was bedeutet für Sie erfolgreiche oder gute Führung? Wie sieht Ihr/e gewünschte/r „optimale/r" Vorgesetzte/r aus, welche Eigenschaften und Kompetenzen müsste sie/er haben? Wie wollen Sie geführt werden?

▪ **Meine Gedanken/Fragen**

_____

_____

_____

_____

▪ **Mögliche Erlebnisse dazu aus meinem Führungsalltag**

_____

_____

_____

_____

▪ **Lösungsvorschläge**

_____

_____

_____

_____

▪ **Fragen an die anderen Teilnehmer**

_____

_____

_____

_____

❓ Fragen

2. Was sind Ihre Ziele: Wie wollen *Sie* sein als Führungskraft? Mit welchen Eigenschaften und Kompetenzen? Wie sollen Ihre Mitarbeitenden sein?
3. Oder können Sie sich eher vorstellen, gemeinsam mit anderen zu führen, also gemeinsame Entscheidungen zu treffen? Beschreiben Sie Ihr Wunsch-Führungsteam!

- **Meine Gedanken/Fragen**

_____

_____

_____

_____

- **Erlebnisse dazu aus meinem Führungsalltag**

_____

_____

_____

_____

- **Lösungsvorschläge**

_____

_____

_____

_____

- **Fragen an die anderen Teilnehmer**

_____

_____

_____

_____

? **Fragen**

4. Kennen Sie eine Führungspersönlichkeit? Was kennzeichnet diese Persönlichkeit und macht sie besonders?

_____

_____

_____

_____

- **Meine Gedanken/Fragen**

_____

_____

_____

_____

- **Erlebnisse dazu aus meinem Führungsalltag**

_____

_____

_____

_____

- **Lösungsvorschläge**

_____

_____

_____

_____

- **Fragen an die anderen Teilnehmer**

_____

_____

_____

_____

Mein Lerntagebuch

❓ Fragen

5. Was ist für Sie Leadership? Kennen Sie die Umsetzung eines Leadership-Modells in Ihrem Unternehmensumfeld?

_____

_____

_____

_____

■ **Meine Gedanken/Fragen**

_____

_____

_____

_____

■ **Erlebnisse dazu aus meinem Führungsalltag**

_____

_____

_____

_____

■ **Lösungsvorschläge**

_____

_____

_____

_____

■ **Fragen an die anderen Teilnehmer**

_____

_____

_____

_____

4

❓ Fragen

6. Wie werden in Ihrem Unternehmen Veränderungsprozesse umgesetzt? Werden die Mitarbeitenden beteiligt? Herrscht eine Vertrauensbasis? Beschreiben Sie für sich das jetzige Umfeld und danach, falls es derzeit nicht so ist, wie Sie es sich wünschen, skizzieren Sie Ihre Vision eines guten Umfeldes.

- **Meine Gedanken/Fragen**

_____

_____

_____

_____

- **Erlebnisse dazu aus meinem Führungsalltag**

_____

_____

_____

_____

- **Lösungsvorschläge**

_____

_____

_____

_____

- **Fragen an die anderen Teilnehmer**

_____

_____

_____

_____

? **Fragen**

7. Formulieren Sie Ihre ganz persönlichen Führungsaufgaben und erläutern Sie deren Inhalte. Begründen Sie Ihre Wahl und legen Sie dar, welche Art von Unternehmenskultur wichtig ist, damit Sie erfolgreich führen können.

- **Meine Gedanken/Fragen**

_____

_____

_____

_____

- **Erlebnisse dazu aus meinem Führungsalltag**

_____

_____

_____

_____

- **Lösungsvorschläge**

_____

_____

_____

_____

- **Fragen an die anderen Teilnehmer**

_____

_____

_____

_____

4

❓ Fragen

8. Haben Sie Erfahrung mit beruflichem Coaching? Was war der Anlass und welche Erfahrungen haben Sie gemacht? Was war gut, was war nicht so gut? Warum? Was passierte nach dem Coaching?
9. Zu welchem Anlass würden Sie Mitarbeitenden ein Coaching anbieten, wann eher ein Training oder ein Mentoring? Begründen Sie!

■ **Meine Gedanken/Fragen**

_____

_____

_____

_____

■ **Erlebnisse dazu aus meinem Führungsalltag**

_____

_____

_____

_____

■ **Lösungsvorschläge**

_____

_____

_____

_____

■ **Fragen an die anderen Teilnehmer**

_____

_____

_____

_____

Literatur

Bücher

Bruch, H., Krummaker, S., & Vogel, B. (Hrsg.). (2012). *Leadership – Best Practices und Trends* (2. Aufl.). Wiesbaden: Springer Gabler.

Buckingham, M., & Coffman, C. (2001). *Erfolgreiche Führung gegen alle Regeln. Wie Sie wertvolle Mitarbeiter gewinnen, halten und fördern. Konsequenzen aus der weltweit größten Langzeitstudie des Gallup-Instituts.* Frankfurt: Campus.

Comelli, G., & Rosenstiel, L. von. (2009). *Führung durch Motivation. Mitarbeiter für Unternehmensziele gewinnen* (4. Aufl.). München: Vahlen.

Crisand, E. (1996). *Psychologie der Persönlichkeit. Arbeitshefte Führungspsychologie: Bd. 1, 7. Neu bearbeitete und erweiterte Auflage.* Heidelberg: Sauer-Verlag

Csikszentmihalyi, M. (2010). *Flow. Das Geheimnis des Glücks* (15. Aufl.). Stuttgart: Klett-Cotta.

Franken, S. (2016). *Führen in der Arbeitswelt der Zukunft. Instrumente, Techniken und Best-Practice-Beispiele.* Wiesbaden: Springer Fachmedien.

Grün, A. (2007). *Menschen führen – Leben wecken* (9. Aufl.). Münsterschwarzach: Vier Türme.

Hintz, A. J. (2016). *Erfolgreiche Mitarbeiterführung durch soziale Kompetenz. Eine praxisbezogene Anleitung* (3. Aufl.). Wiesbaden: Springer Gabler.

Hinterhuber, H., & Krauthammer, E. (2001). *Leadership – Mehr als Management. Was Führungskräfte nicht delegieren dürfen.* Wiesbaden: Gabler.

Janssen, B. (2016). *Stille Revolution. Führen mit Sinn und Menschlichkeit.* München: Ariston.

Meier, D., & Szabo, P. (2008). *Coaching – erfrischend einfach. Einführung ins lösungsorientierte Kurzzeitcoaching.* Luzern: Solutionsurfers.

Pohl, M., & Wunder, M. (2001). *Coaching und Führung. Orientierungshilfen und Praxisfälle: Bd. 45. Arbeitshefte Führungspsychologie.* Heidelberg: Sauer.

Radatz, S. (2010). *Einführung in das systemische Coaching* (4. Aufl.). Heidelberg: Carl-Auer.

Rosenstiel, L. von. (2012). *Leadership und Change.* In H. Bruch, S. Krummaker, & B. Vogel (Hrsg.), *Leadership – Best Practices und Trends* (2. Aufl.). Wiesbaden: Springer Gabler.

Satir, V. (2008). *Mein Weg zu dir. Kontakt finden und Vertrauen gewinnen* (9. Aufl.). München: Kösel.

Schechner, E. (2017). *Lebe deine Möglichkeiten. Victor Frankl und die Entfaltung des Menschlichen.* Ostfildern: Patmos.

Schrör, T. (2016). *Führungskompetenz durch achtsame Selbstwahrnehmung und Selbstführung. Eine Anleitung für die Praxis.* Wiesbaden: Springer Fachmedien.

Seliger, R. (2016). *Das Dschungelbuch der Führung. Ein Navigationssystem für Führungskräfte* (6. Aufl.). Heidelberg: Carl-Auer.

Seligman, M. (2009). *Der Glücksfaktor. Warum Optimisten länger leben* (6. Aufl.). Bergisch-Gladbach: Verlagsgruppe Lübbe.

Spieß, E. von, & Rosenstiel, L. (2010). *Organisationspsychologie. Basiswissen, Konzepte und Anwendungsfelder.* München: Oldenbourg Wissenschaftsverlag.

Sprenger, R. K. (2012). *Vertrauen: wichtiger als Strategie!* In H. Bruch, S. Krummaker, & B. Vogel (Hrsg.), *Leadership – Best Practices und Trends* (2. Aufl.). Wiesbaden: Springer Gabler.

Sprenger, R. K. (2013). *An der Freiheit der anderen kommt keiner vorbei.* Frankfurt: Campus Verlag.

Webers, T. (2015). *Systemisches Coaching. Psychologische Grundlagen.* Wiesbaden: Springer Fachmedien.

Wüthrich, H. A., Osmetz, D., & Kaduk, S. (2009). *Musterbrecher. Führung neu leben* (3. überarbeitete und erweiterte Aufl.). Wiesbaden: Gabler.

Online-Dokumente

Abtei Münsterschwarzach. Führungsseminare. ► http://www.gaestehaus.abtei-muensterschwarzach.
de/kurse/fuehrungsseminare. Zugegriffen: 4. März 2018.

Deutsche Gesellschaft für Coaching (DGfC). ► https://www.coaching-dgfc.de/cgi-bin/portal/portal.pl?le-
vel=1&pmenu_pmenu_id=1&pmenu_id=14. Zugegriffen: 1. März 2018.

Deutsche Gesellschaft für Transaktionsanalyse. ► https://www.dgta.de/transaktionsanalyse/ta-kom-
pakt/autonomie/. Zugegriffen: 4. März 2018.

GPM – Deutsche Gesellschaft für Projektmanagement. (2009). ► https://www.gpm-ipma.de/fileadmin/
user_upload/Qualifizierung___Zertifizierung/Zertifikate_fuer_PM/National_Competence_Baseline_
R09_NCB3_V05.pdf. Zugegriffen: 1. März 2018.

Zen-Buddhismus und Leadership. ► http://www.zenbuddhismus.de/ und ► http://zen-leadership.de/
zen-leadership. Zugegriffen: 4. März 2018.

4

Selbstführung

© Springer Fachmedien Wiesbaden GmbH, ein Teil von Springer Nature 2019
A. Lüneburg, *Auf dem Weg zur Führungskraft,*
https://doi.org/10.1007/978-3-658-21986-4_5

» Nur wenige Führungskräfte sehen ein, dass sie letztlich nur eine einzige Person führen
können und auch müssen. Diese Person sind sie selbst (Peter Drucker).

Aus dem letzten Kapitel ist das Wissensdreieck aus Führung – Organisation – Menschen
noch in Erinnerung, das das Fundament für den Erfolg als Führungskraft darstellt. Um
das eigene Wissensdreieck nun im Sinne von Peter Drucker zu füllen, geht in diesem
Kapitel um Selbstwahrnehmung, Selbstführung und Selbstmanagement (☐ Abb. 5.1).

Wie führe ich mich selbst? Wer bin ich in meinen verschiedenen Rollen als
Abteilungsleiter, als Ingenieurin, als Privatperson? Was sind meine Stärken? Wie und wo
arbeite ich am besten? Insbesondere Führungskräfte sollten sich selbst gut kennen und
wissen, warum die Kompetenz der Selbstführung für Führungskräfte unabdingbar ist.

☐ Abb. 5.2 ist ein Bild, das im Coaching zum Thema Selbstführung und Sinnverständnis von Führung entstanden ist. Hier ging es um die Entwicklung eines eigenen
Profils als Führungskraft. Zunächst wurden Ergebnisse aus der Selbstreflexion notiert
(im oberen Teil), dann folgten die Auswirkungen auf das Führungsverhalten und die
zukünftige Führungsqualität der Coachee. In diesem Sinne ist dieses Kapitel aufgebaut.

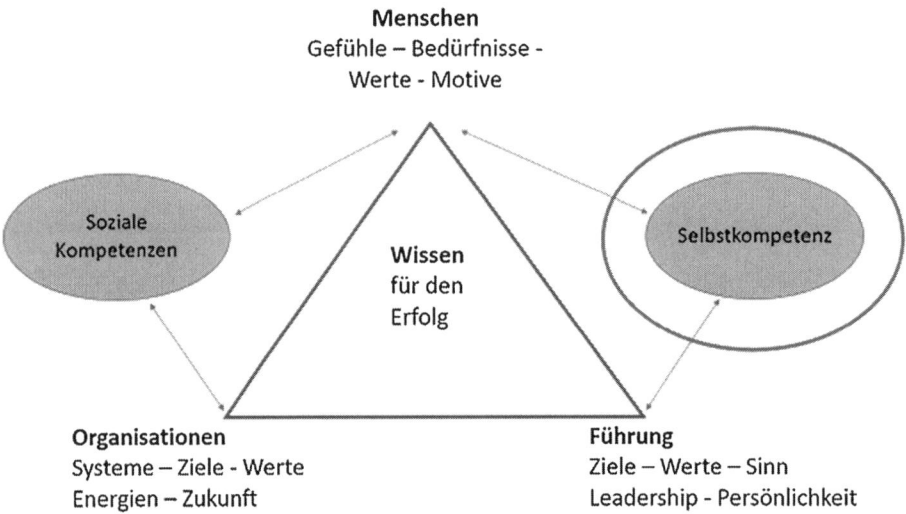

☐ **Abb. 5.1**   Das Wissensdreieck des Erfolges. (Eigene Darstellung)

◘ Abb. 5.2 Coaching zur Selbstführung. (Foto: Lüneburg)

5.1 Begriffsverständnis Selbstführung

Wenn (zukünftige) Führungskräfte sich selbst und ihr Wesen nicht oder wenig einschätzen können, ihre prägenden Lebensmotive (was treibt mich an?) nicht kennen und
sich so ihr Selbstbild von dem Bild, das andere von ihnen haben, stark unterscheidet,
ergeben sich negative Auswirkungen auf ihre Führungsqualität und ihre Kompetenzen.

Selbstführung ist die Fähigkeit,
— unbewusste eigene Verhaltensmuster zu erkennen und zu überwinden
— die eigene Persönlichkeit zu kennen und in guter Verbindung mit den unterschiedlichen Persönlichkeitsanteilen zu sein
— eigene innewohnende Potenziale zu erkennen
— die eigenen Werte leben zu lernen
— im inneren Gleichgewicht zu sein
— unabhängig und bewusst entscheiden zu können
— das eigene Handeln bewusst steuern zu können
— viele Handlungsalternativen zu haben
— Klarheit für sich zu gewinnen.

Zusammenfassend ist Selbstführung die Fähigkeit, sich selbst zu erkennen und wahrzunehmen als der, der man ist – und weder sein soll noch glaubt zu sein. Da viele Menschen jedoch mit Glaubenssätzen aufgewachsen sind, die auf einem mechanistischen Weltbild beruhen (siehe ▶ Abschn. 3.7), unterliegen sie einer selektiven Wahrnehmung. Diese Wahrnehmung führt zu einer einseitigen Betrachtung von Situationen oder Menschen – und sich selbst! – und damit zu einer einseitigen Bewertung mit nachfolgendem Handeln, das in vielen Fällen der Situation oder dem Menschen nicht gerecht wird.

Glaubenssätze sind Gedanken oder „Richtlinien", die Menschen meist in der Kindheit oder Jugend von den Eltern oder anderen wichtigen Bezugspersonen übernommen haben. Häufig sind diese Gedanken den Menschen nicht bewusst, sie leiten jedoch ihr Denken und Handeln an, sind für sie „wahr". Häufig verbreitete Glaubenssätze und dazu passende Sprüche sind

- „Sei stark!" oder „Männer weinen nicht"
- „Sei perfekt!" oder „Wir opfern uns für deine Ausbildung auf"
- „Streng dich an!" oder „Nur wer etwas leistet, darf auch essen"
- „Mach´s recht" oder „Tu es mir zuliebe"
- „Beeil dich!" oder „den Letzten fressen die Hunde"
- „Sei vorsichtig!" oder „traue niemandem!"
- „Glaube deiner Mutter" oder „das ist so!"

Dahinter stecken Lebensanschauungen meist von Eltern und/oder Großeltern oder anderen Bezugspersonen, die entweder auf eigenen Erfahrungen basieren oder mit denen sie selbst aufgewachsen sind. Bei Kindern und Jugendlichen kommt an „Ich bin nur okay, wenn…ich mich anstrenge, ich mich beeile, ich perfekt bin" oder wenn sie die Sichtweise der Eltern annehmen. Zumindest bis sie erwachsen werden, bleibt ihnen keine andere Wahl. Hier kommt insbesondere die deutsche Kriegs- und Nachkriegsgeschichte zum Tragen: Völkerwanderungen aus wirtschaftlicher Not vor dem ersten Weltkrieg und zwischen beiden Kriegen, Kriegserlebnisse zweier Weltkriege, Hunger, Flucht, Heimatverlust und wenig Akzeptanz am neuen Wohnort. So konnten familiäre Leitsätze entstehen wie „fall nicht auf", „pass dich an", „unsere Familie hält zusammen" oder eben „traue niemandem".

Wenn sich Menschen dieser Glaubenssätze bewusst werden, können sie zum einen in entsprechenden Situationen erkennen, dass ihr Glaubenssatz sie antreibt und ihn bewusst „ausschalten", zum anderen können sie ihn in einen Erlaubersatz umwandeln: „Ich darf Fehler machen", „ich darf vertrauen" oder „Ich darf einen Einsatz wagen". Langfristig ist es durch Arbeit an sich selbst möglich, dass die Glaubenssätze an Bedeutung verlieren und dadurch mehr Handlungsfreiheiten entstehen. Wenn beispielsweise eine Führungskraft mit dem Glaubenssatz „Vertraue niemandem" aufgewachsen ist, fällt es ihr schwer, ihren Mitarbeitenden zu vertrauen, ihnen also Freiraum zu lassen und sie nicht zu kontrollieren. Gelingt es ihr jedoch, diesen Satz durch Arbeit an sich selbst „umzuwandeln" in einen Erlaubersatz: „Ich bin bereit, anderen Menschen zu vertrauen, auch wenn es ein Risiko ist", dann wird sich die Zusammenarbeit mit ihren Mitarbeitenden verbessern.

Wie somit Selbstführung durch Selbstwahrnehmung und Selbstreflexion entstehen kann und welchen Nutzen Führungskräfte (und Mitarbeitende) daraus ziehen können, zeigen die folgenden Abschnitte. Zum besseren Verständnis der Inhalte und der verschiedenen Begriffe soll ◘ Abb. 5.3 beitragen:

Abb. 5.3 Der Weg zur Selbstführung. (Eigene Darstellung)

5.2 Das Selbst

» Was ist das Selbst? Es ist das Wissen, dass ich bin (das Wissen um die Existenz) und das Wissen, wer ich bin (das Wissen um die personelle Identität und Kontinuität) (Crisand und Rahn 2010, S. 44).

Das Selbst ist ein Konstrukt, durch das sich ein Mensch seine Welt, seine eigene Wirklichkeit, konstruiert. Mit anderen Worten ist es das Zentrum der Persönlichkeit, mit all seinen Facetten. Gerade Führungskräfte müssen sich jeden Tag mit vielen Themen und Herausforderungen auseinandersetzen, die sie schnell ordnen, bewerten und in ihr persönliches Weltbild einfügen müssen, da sie sonst völlig überfordert wären. Das persönliche Weltbild ist subjektiv, wird jedoch von Menschen als „echte" Realität wahrgenommen.

Manche Menschen kennen ihr Selbst gut, zeigen es nur nicht in allen Situationen, beispielsweise in beruflichen. Hier tragen sie eine „professionelle Maske", um sich selbst zu schützen oder um die von ihnen gewünschte Rolle zu spielen. Andere Menschen kennen ihr wahres Selbst nicht oder nur zum Teil; sie tragen stets eine Maske, ohne es zu bemerken und handeln so, wie sie glauben, es tun zu müssen.

Von verschiedenen Therapeuten, u. a. von Virginia Satir, Gunther Schmidt oder Luise Reddemann, wurde die Idee entwickelt, dass die Persönlichkeit der Menschen aus verschiedenen Teil-Persönlichkeiten besteht, die vom Selbst „dirigiert" werden, d. h. das Selbst sorgt für das – das möglichst harmonische – Zusammenspiel aller Teil-Persönlichkeiten (vgl. auch Satir 2014, S. 49 ff.). Auch im Coaching wird mit dem Tool „das innere Team" gearbeitet; es wird in ► Abschn. 5.6.5 vorgestellt.

Die Wahrnehmung von sich selbst beruht auf Selbstbeobachtung, sozialem Vergleich sowie auf den Reaktionen der Mitmenschen und bildet die Identität aus. Daher wissen Menschen manchmal nicht, wer sie wirklich sind, da sie sich selbst vor allem durch die „Brille" der anderen betrachten: Die helfende Nachbarin, der fleißige Familienvater, die sich kümmernde Assistentin, der strenge Abteilungsleiter etc.

5.2.1   Selbstbeobachtung

Schon kleine Kinder beobachten sich selbst und bewerten sich selbst. Dieses subjektive Bild von sich selbst bleibt häufig nicht „stehen", sondern soll durch Vergleiche objektiviert werden, beispielsweise durch die Frage „Bin ich wirklich so klug, wie ich glaube?".

5.2.2   Soziale Vergleiche

Menschen wünschen sich beim sozialen Vergleich die Bestätigung ihres Selbstbildes, beispielsweise empfinden sie sich selbst als respektvoll und wertschätzend, auch wenn sie beim Autofahren andere Autofahrer im Stau „anpöbeln". Dieses Verhalten sehen sie nicht widersprüchlich, sondern sie nehmen durch selektive Informationssuche nur Positives über sich selbst wahr. Auch die Abwertung anderer Menschen gehört zur Erhöhung des eigenen Selbstbildes. So kann eine Führungskraft eine liebevolle Rolle in der Familie einnehmen und gleichzeitig im Unternehmen als „Befehlshaber" agieren, der Mitarbeitende persönlich oder ihre Leistung abwertet, obwohl er sich für einen fürsorglichen Menschen hält. Dann haben in seinen Augen die betroffenen Menschen seine „Fürsorge nicht verdient", obwohl er sich im Unternehmen nie fürsorglich zeigt. Ein anderes Beispiel ist eine Führungskraft, die sich selbst als gerecht handelnden Menschen betrachtet, jedoch Unternehmenserfolge ausschließlich sich selbst zuordnet, während für Misserfolge die Mitarbeitenden verantwortlich gemacht werden.

5.2.3   Rückmeldung durch die anderen

Wenn Menschen, vor allem in der Kindheit und Jugend, häufig negative Rückmeldung bekommen, dann prägt das ihr Bild von sich selbst: „Du taugst ja sowieso nichts", „Du wirst niemals Mathe lernen" oder „Du lässt immer alles fallen, du bist so ungeschickt" sind bekannte Beispiele. Manchmal setzen negative Rückmeldungen positive Kräfte frei, weil man es diesen abwertenden Personen „zeigen will", manchmal prägen solche Aussagen ein ganzes Leben und schaden der Entwicklung.

Anders dagegen positive Rückmeldungen: „Du schaffst das!", „Du bist wirklich gut in Sprachen" oder „Du wirst deinen Weg gehen". Menschen bekommen so ein positives Selbstbild, können Vertrauen zu sich und anderen aufbauen und sich ihrer Stärken bewusst sein. Hier kann möglicherweise die Entwicklung negativ verlaufen, wenn Kinder und Jugendliche von Eltern und/oder Großeltern zu unreflektiert gelobt werden, obwohl eine Leistung oder Situation nicht besonders ist. Solche Menschen können als Erwachsene Schwierigkeiten bekommen, wenn beispielsweise Kollegen oder Vorgesetzte eine Leistung als normal oder nicht ausreichend bewerten.

Das Selbst gliedert sich in zwei Teile: Die Selbstwahrnehmung bzw. das Selbstkonzept und das Selbstwertgefühl bzw. das Selbstvertrauen.

5.2.4   Selbstwahrnehmung oder Selbstkonzept

Die **Selbstwahrnehmung** bzw. das **Selbstkonzept** besteht aus dem Wissen über sich selbst als Person. Dazu gehören Eigenschaften und Fähigkeiten („Was trage ich in mir?") sowie typische Verhaltensweisen („Wie handele und reagiere ich?"). Der Begriff Selbstwahrnehmung wird eher von systemischen Beratern oder Coaches verwendet, der Begriff Selbstkonzept von Psychologen; im Weiteren wird der Begriff Selbstwahrnehmung verwendet, da er selbsterklärender für Menschen ist, die sich mit sich selbst auseinandersetzen möchten.

Menschen, die sich selbst positiv wahrnehmen können, kennen
- die Vielfalt ihrer eigenen Persönlichkeit
- ihre ethischen und moralischen Werte
- ihre Einstellungen, die sie durch Erfahrungen im Laufe ihres Lebens entwickelt haben
- ihre unterschiedlichen Rollen (professionell, in der Organisation, im Ehrenamt, in der Familie)
- verstehen den Zusammenhang zwischen ihrer Persönlichkeit und ihrem Verhalten
- verhalten sich höflich und professionell im Beruf
- vertrauen sich selbst und anderen
- können Beziehungen konstruktiv gestalten.

Sie kennen sich selbst mit ihren Stärken und Schwächen sehr gut und wissen, dass Menschen sehr unterschiedlich und ebenso vielfältig sind wie sie selbst. Sie entwickeln daher Verständnis für die Sichtweise anderer und erkennen deren Wissen als ebenso wichtig an wie das eigene. Sie gehen mit anderen respektvoll um und haben Verständnis für Fehler.

Sie kennen ihre moralischen, ethischen und weitere Werte und wissen, welche Werte unbedingt mit denen eines Unternehmens übereinstimmen müssen, für das sie arbeiten (wollen). Sie wissen auch, welche Werte möglicherweise über ihren Stärken stehen, beispielsweise bei einem Investmentbanker, der ökologische und soziale Nachhaltigkeit als persönlichen Wert hat. Sie kennen neben ihren Rollen im Leben ihre Glaubenssätze und haben sie meist in Erlaubersätze umgewandelt. Sie sind sich ihrer möglichen Vorurteile bewusst und beziehen sie in ihre Entscheidungen ein. Durch die positive Wahrnehmung ihrer selbst verstehen sie ihr Verhalten und können es ändern. Durch diese Kenntnisse vertrauen sie sich selbst und anderen und können somit gut kommunizieren.

Im beruflichen Zusammenhang wissen Menschen mit positiver Selbstwahrnehmung darüber hinaus
- was ihre Stärken sind
- wie sie am besten arbeiten und lernen
- ob sie besser allein oder im Team arbeiten
- an welcher Position bzw. in welcher Funktion sie am besten arbeiten
- welches Arbeitsumfeld sie brauchen.

Stärken nutzen

Wenn Menschen ihre Stärken herausgefunden haben, sollten sie sich um eine passende Tätigkeit bemühen und ihr Wissen weiter ausbauen, um sich zu verbessern. Weiter an der Beseitigung von Schwächen zu arbeiten, ist Verschwendung von Energie und wenig zielführend, da es im Team oder Unternehmen sicherlich Menschen gibt, die dieses Wissen zu ihren Stärken zählen.

5

Bestmögliche Arbeits- und Lernweise herausfinden

Wissen bei der Arbeit und beim Lernen aufnehmen können Menschen auf unterschiedliche Weise. Die einen lesen gern, anderen können besser durch das Zuhören Neues lernen, die nächsten durch Zusehen (live oder Film). Manche Menschen lernen am besten, wenn sie anderen etwas erklären. Wenn man genau weiß, wie man selbst am besten arbeitet und lernt, kann man zum einen sich selbst helfen und zum anderen als Führungskraft seinen Mitarbeitenden mitteilen, wie man beispielsweise über einen Projektstand informiert werden möchte. Auch für Mitarbeitende ist es gut, wenn sie aktiv nachfragen, wie ihre Vorgesetzten gern Berichte oder ähnliches haben möchten, ob im Rahmen der wöchentlichen Besprechung oder als schriftlicher Bericht oder noch anders.

Arbeiten im Team oder allein

Die meisten Menschen wissen intuitiv, wie sie am liebsten arbeiten, müssen jedoch oft unter anderen Bedingungen arbeiten. Auch gibt es immer wieder Management-Trends, wie Menschen zusammenarbeiten sollen (Großraumbüro, wechselnde Arbeitsplätze, kleine Einzelbüros, Home-office, Aufteilung nach Abteilungen oder nach Projekten etc.). Es wäre jedoch viel sinnvoller für Effizienz und Effektivität, wenn Unternehmen ihren Mitarbeitenden Arbeitsplätze nach ihrer Persönlichkeit anbieten würden. So können Menschen, die gern allein in einem Büro arbeiten, ebenso negative Arbeitsleistungen in einem Großraumbüro erbringen wie Menschen, die gern mit anderen zusammensitzen und plötzlich in ein Einzelbüro am Ende des Flurs „verbannt" wurden. Wenn Umzüge räumlich nicht möglich sind, so sind kreative Lösungen gefragt wie z. B. für Menschen mit Einzelgänger-Ausrichtung gelegentliche Home-office-Arbeit. In der Teamarbeit brauchen Mitarbeitende mit dem Bedürfnis nach Einzeltätigkeit fest umrissene Aufgaben und Verantwortlichkeiten, dann wird die Zusammenarbeit funktionieren. Andere arbeiten nur gut, wenn sie eng mit anderen zusammenarbeiten können und Aufgaben gemeinschaftlich erarbeiten.

Wenn Führungskräfte für sich wissen, wie sie am besten arbeiten, sollten sie auch ihre Mitarbeitenden befragen, um für alle eine passende Lösung zu finden.

Position oder Funktion

Es ist wichtig herauszufinden, in welchen Funktionen und Positionen man sich am wohlsten fühlt. Wie in nachfolgendem Beispiel beschrieben, sollten Menschen wissen, ob sie lieber in der ersten Reihe stehen, gern entscheiden und möglichweise auch den Status als „V.I.P." angemessen finden – oder ob es ihnen im Backoffice, als Stellvertreter oder in beratender Funktion besser geht, weil sie möglichweise nicht gern entscheiden, Verantwortung übernehmen oder im „Rampenlicht" stehen.

Beispiel

Ein Mann wird Geschäftsführer, sein langjähriger Traum geht in Erfüllung: Endlich darf er in seiner Wunschbranche gestalten. Er investiert viel Zeit und Kraft, entwickelt neue Produkte und neue Bereiche – und wird doch von Jahr zu Jahr erschöpfter. Im Coaching wird deutlich, dass er nicht gern in der ersten Reihe steht und sich in seiner Position oft allein fühlt. Durch den hohen Zeit- und Energieaufwand seiner Position konnte er sich selbst nicht mehr wahrnehmen. Nun hat er gemeinsam mit der Coach herausgearbeitet, dass er in beratender Funktion als Stellvertreter und als Teil eines Teams zufriedener sein wird. Auch lernt er gern Neues, was in seiner aktuellen Tätigkeit zu kurz kam. Er entschied sich im

Coaching, eine neue Stelle zu suchen. Gemeinsam mit der Coach fand er seine Stärken und Bedürfnisse heraus und entwickelte dann Vorstellungen für seinen Wunscharbeitsplatz.

In vielen Branchen ist es üblich, guten Fachkräften – manchmal sogar den besten – Führungsverantwortung zu übergeben. Hier wird nicht hinterfragt, ob sie wirklich geeignet sind und ob es zu ihnen passt. Bei manchen stellt sich nach Jahren heraus, dass sie lieber als Spezialist arbeiten und daraus ihre Freude an der Arbeit ziehen. Wenn es ihnen vorab bewusst wäre, dass ihnen ihre Facharbeit wichtiger ist, hätten sie sich möglicherweise anders entschieden.

Das passende Arbeitsumfeld

Menschen haben in ihrer Unterschiedlichkeit auch andere Wünsche an ihr Arbeitsumfeld. Manche arbeiten gern in großen Unternehmen, andere fühlen sich in kleinen Betrieben wohler. Manche benötigen klare Hierarchien und Regeln, andere genießen Organisationen, die eher flexibel und spontan agieren und entscheiden, wie beispielsweise Start-ups in ihrer ersten Organisationsphase. Zum Umfeld gehört auch die Büros oder Werkstätten und ihre Ausstattung, Aussehen und Pflege. Menschen benötigen das passende Umfeld, um die beste Arbeitsleistung zu erbringen, somit kann auch das ein Anlass zum Wechsel sein, falls sich im Coaching herausstellt, dass hier die Selbstwahrnehmung nicht mit der aktuellen Arbeitssituation zusammenpasst.

Menschen mit positiver Selbstwahrnehmung haben Klarheit über sich gewonnen, sie kennen ihre Bedürfnisse und wissen, wie sie sie erfüllen können. Auf den Beruf bezogen bedeutet das möglichweise die Suche nach einer anderen Tätigkeit, die zu den eigenen Stärken und dem gewünschten Arbeitsumfeld passt.

Eine positive Selbstwahrnehmung ist der Schlüssel für eine gute Selbstführung. Dann stimmt auch das echte Selbstbild mit der Wunschvorstellung überein, wie Crisand schreibt:

» Das Ziel eines optimalen Selbstkonzeptes ist dann erreicht, wenn das wirkliche Selbstbild und die Idealvorstellung von sich selbst übereinstimmen und negative Gedankenmuster keinen Platz mehr finden (Crisand 2002 S. 31).

Wer sich neugierig und mutig seinem eigenen Selbst annähert, um sich besser kennenzulernen, wird merken, dass alle Ressourcen für ein gutes Leben und damit gute Führung und Selbstführung da sind – sie müssen nur gefunden werden.

Positive Selbstwahrnehmung ist die Voraussetzung für Empathie und gutes Beziehungsmanagement.

Zur erfolgreichen Selbstführung gehört ein stabiles Selbstwertgefühl sowie Vertrauen in sich selbst und in andere, das durch Selbstreflexion entwickelt werden kann.

5.2.5 Selbstwertgefühl und Selbstvertrauen

Das Selbstwertgefühl, auch Selbstachtung genannt, zeigt an, wie ein Mensch sich selbst wahrnimmt und bewertet. Es wird seit der Kindheit gebildet und geprägt.

Menschen mit hohem stabilem Selbstwertgefühl
- gehen souverän mit Kritik um und haben ein sicheres Auftreten
- sind unabhängig von anderen Meinungen
- fühlen sich sicher
- vertrauen sich selbst und ihrem Wissen.

Menschen mit geringerem Selbstwertgefühl hingegen
- leiden unter Kritik
- werten sich selbst ab
- lassen sich leicht beeinflussen und verletzen
- haben Angst vor Veränderungen
- können selbst bei hohen Fähigkeiten und Bestätigung von außen sich selbst nicht vertrauen.

Selbstvertrauen und damit ein stabiles Selbstwertgefühl ist der wichtigste Faktor für eine gute Selbstführung. Führungskräfte benötigen Selbstvertrauen, um Herausforderungen zu bestehen und ihre Aufgaben zu erfüllen. Wer Selbstvertrauen hat, ist in der Lage, selbstwirksam zu handeln. **Selbstvertrauen** ist ebenfalls Voraussetzung, um in schwierigen beruflichen Situationen aufrichtig handeln zu können. Führungskräfte mit Selbstvertrauen sind echt, vertrauen ihrem Wissen und Handeln und strahlen Sicherheit aus. Sie sind für Mitarbeiter klar und berechenbar.

Mut ist ein wichtiger Faktor der Selbstführung, z. B. um innovativ zu sein oder ein wirtschaftliches Risiko eingehen zu können, ohne alle Folgen übersehen zu können. Insbesondere sozialer Mut ist hervorzuheben, bei dem Führungskräfte das Risiko eingehen, ihr Ansehen zu verlieren. Darüber hinaus benötigen Führungskräfte Mut, ihrer **Verantwortung** für die Mitarbeiter gerecht zu werden und zu ihren eigenen Entscheidungen zu stehen.

Bei allem Freiraum, den Führungskräfte bei entsprechenden Lebensmotiven ihren Mitarbeitenden gewähren, muss jedoch immer klar sein, dass Ziele erreicht und Termine gehalten werden müssen. Damit ist es unabdingbar, dass Führungskräfte auch **durchsetzungsstark** sein müssen. So müssen sie beispielsweise ein Projekt personell verstärken, damit eine Deadline gehalten werden kann oder gegenüber dem Kunden eine spätere Lieferung der Produkte vertreten. In einem anderen Fall soll ein neues Projekt gestartet werden und so müssen sowohl die Mitarbeitenden als auch die eigenen Vorgesetzten von diesem Projekt überzeugt werden – und zwar mit Argumenten, die gut vorbereitet sind und nicht mit „Gewalt" oder „kraft Amtes". Durchsetzungsstärke heißt daher auch Entscheidungsstärke und Konfliktfähigkeit, Überzeugungskraft und Kritikfähigkeit.

All das erfordert ebenso ein stabiles Selbstwertgefühl wie die Nutzung der Freiräume, die Führungskräfte haben. Wenn Menschen in Führungspositionen sich als Opfer (z. B. von Entscheidungen der Geschäftsleitung) sehen und ausgeliefert fühlen, sind sie weder gute Vorbilder noch mutige Unterstützer ihrer Mitarbeiter, da sie die Verantwortung abgegeben haben.

Selbstreflexion

Selbstreflexion ist nun die „Arbeit", die hinter dem Weg zur positiven Selbstwahrnehmung und zum stabilen Selbstwertgefühl steckt. Ein stabiles Selbstwertgefühl ist hilfreich für die Entwicklung von sozialen Kompetenzen und für die Kommunikation im Unternehmen. Durch Selbstreflexion im Coaching kann das Selbstwertgefühl gesteigert, berufliche Situationen und Beziehungen zu Vorgesetzten und Kollegen verbessert werden. Dazu gehört beispielsweise der professionellere Umgang mit Kritik, wenn sie nicht mehr persönlich genommen wird, sondern als sachliche Anregung aufgefasst wird. Auch die Zurechnung der eigenen Fähigkeiten und Kompetenzen zum Erfolg des Teams und nicht mehr die Schuldzuweisung an sich selbst bei Misserfolg, sodass das Selbstwertgefühl weiter sinkt, ist ein Erfolg der Selbsreflexion.

Darüber hinaus ist es für jede Führungskraft sinnvoll, sich von Zeit zu Zeit zurückzuziehen und zu überprüfen, ob das Selbstbild noch mit dem Fremdbild übereinstimmt. Dazu stellt man sich selbst Fragen, stellt Gegebenheiten infrage, überprüft eigene Muster und Glaubenssätze sowie die eigene (selektive) Wahrnehmung. Die Begleitung durch einen Coach als Sparringspartner ist hilfreich, damit man nicht der Versuchung erliegt, das eigene Selbstbild als übereinstimmend mit dem Fremdbild wahrzunehmen. Daher haben Coaches neben den fördernden und schützenden Aufgaben auch die der Forderung und Konfrontation.

» Reflexive Denkprozesse beeinflussen unsere „innere Haltung". Zwei Aspekte stehen im Zentrum. Reflexion lässt uns mehr sehen und sensibel wahrnehmen, achtsam und ehrlich agieren (Wüthrich et al. 2009, S. 170).

Gute Führungskräfte legen Wert darauf, auch von ihren Mitarbeitenden Rückmeldungen (Feedback) zu erhalten, um ihr Verhalten noch vielfältiger zu reflektieren und es ggf. anpassen zu können, damit die Zusammenarbeit verbessert werden kann.

Wenn Führungskräfte gelernt haben, sich selbst sowie ihr Verhalten und ihre Entscheidungen zu reflektieren, können sie durch eigene konstruktive Rückmeldungen dazu beitragen, das Selbstbild von Mitarbeitenden zu vervollständigen, wenn es nicht mit dem Fremdbild übereinstimmt. Besonderer Wert sollte hier auf konstruktive Kritik und den Verzicht von (Vor-)Verurteilungen gelegt werden. Ein hilfreiches Instrument für diese Rückmeldungen ist das Johari-Fenster von Joe Luft und Harry Ingham, das als Coaching-Tool in ▶ Abschn. 5.6.1 vorgestellt wird.

5.3 Selbstkompetenz und Selbstfürsorge

Nach der Beschäftigung mit dem eigenen Selbst und ihrer Selbstwahrnehmung durch Selbstreflexion sind Führungskräfte in der Lage, vor allem sich selbst, aber auch ihre Mitarbeitenden besser zu verstehen, im inneren Gleichgewicht zu sein und darauf ihr Handeln mit möglichst vielen Entscheidungsmöglichkeiten auszurichten. Damit haben Führungskräfte sich so weit entwickelt, dass sie in der Lage sind, sich selbst zu führen, also ihr eigenes Handeln zu steuern – sie sind damit **selbstkompetent.** Die neuen Erkenntnisse dienen nicht dem „Hobby-Psychologisieren" im Umgang mit Mitarbeitenden, sondern stärken die eigene Führungsqualität.

Selbstkompetente Menschen kennen ihre Potenziale und sind bereit, Leistung zu erbringen und motiviert zu arbeiten. Sie sind sich über ihre unterschiedlichen Rollen im Beruf, Ehrenamt und Privatleben bewusst, beherrschen ihre Emotionen, sind offen, risikobereit und zielstrebig und haben ein gutes Zeitmanagement.

Natürlich muss jede Führungskraft für sich den richtigen Weg finden und in der Praxis immer wieder ausprobieren, was umsetzbar ist. Erfahrung von Klienten zeigen, dass durch eine hohe Selbstkompetenz, die sie Schritt für Schritt im Coaching entwickeln konnten, die Führung ihrer Mitarbeitenden besser umsetzbar war. Erkannte Verhaltensmuster wurden verändert, die Fürsorge bezog sich nicht mehr nur auf die Mitarbeitenden, sondern auch auf sich selbst. Das vorher so schnelle Handeln wurde durch Innehalten und Nachdenken hinterfragt, sodass ausgewogene Entscheidungen getroffen werden konnten.

5.3.1 **Selbstfürsorge**

Gute Selbstfürsorge ist unabdingbar, damit Führungskräften ihre Kraft und ihr Mut erhalten bleiben. Führungskräfte haben nicht nur die Aufgabe, für ihre Mitarbeitenden und ihre Familien zu sorgen, sondern auch für sich selbst.

Es gibt verschiedene Möglichkeiten, belastenden Stress zu verarbeiten; hier findet jede Führungskraft die zu ihr passende Methode: Vom Waldspaziergang über Entspannungstechniken oder Sport. Auch ehrenamtliches Engagement kann die Selbstfürsorge unterstützen, wenn es entspannt und dem Wohl der Führungskraft dient.

Es sollte jedoch keine Aktivität aufgenommen werden, die den eigenen Bedürfnissen widerspricht (siehe Selbstwahrnehmung). Keine Führungskraft muss joggen, weil es alle anderen tun und gerade Trend ist, sondern sie sollte es nur tun, wenn sie es wirklich gern macht. Sie darf sich Zeit zum Lesen auf dem Sofa ebenso erlauben wie Zeit zum Gärtnern oder auf einer Bergspitze sitzen und in die Landschaft sehen.

5.3.2 **Selbstmanagement**

Selbstmanagement ist zusammen mit der „Schwester" Zeitmanagement die Fähigkeit,

- selbstständig Ziele zu setzen, die möglichst mit eigenen Werten übereinstimmen und dafür Verantwortung zu übernehmen
- fokussiert zu handeln, indem Prioritäten gesetzt und das wirklich Wichtige im Blick behalten wird
- Aufgaben, Sitzungen und Projekte durch Zeitmanagementfähigkeiten gut vorzubereiten und zu planen
- sich selbst mithilfe der eigenen Stärken und Werte zu steuern.

Ziele setzen

Eine besondere Bedeutung für die Priorisierung und Realisierung von Zielen haben die Werte, die dem eigenen Handeln zugrunde liegen. Werte sind die sogenannten „unbewussten Steuerer" des menschlichen Handelns. Je bewusster sich Menschen darüber sind, was ihnen persönlich wichtig ist und was ihrem Leben und Arbeiten Sinn gibt, d. h. nach welcher Wertestruktur sie handeln, desto leichter wird es ihnen fallen, Prioritäten zu setzen und Entscheidungen zu fällen. Das eigene Werteraster kann jedoch ebenso dem Wandel unterliegen wie das Leben selbst – es macht Sinn, es von Zeit zu Zeit zu überprüfen und ggf. an die neue Lebenssituation anzupassen. Sind Führungskräfte beispielsweise mitten in der Familienphase und haben den Wunsch, ihre Kinder gemeinsam mit ihrem Partner/ihrer Partnerin zu betreuen, dann werden sie vermutlich anders über eine neue Chance zur beruflichen Weiterentwicklung im Ausland oder in einer anderen Stadt nachdenken (und entscheiden), als wenn die Familienphase bereits abgeschlossen ist.

Durch ihr stabiles Selbstwertgefühl haben sie ausreichend Mut und Selbstvertrauen, die notwendige Verantwortung im Unternehmen zu übernehmen. Sie sind in der Lage, sich für ein oder mehrere Ziele zu entscheiden, sich auf sie zu konzentrieren, sie zu priorisieren und sie mittels zuvor überlegter Strategien und Planungen zu erreichen. Für den unternehmerischen Erfolg ist die Klarheit von Zielen von entscheidender Bedeutung. Je klarer Führungskräfte ihre Ziele formulieren und Verantwortlichkeiten festlegen, desto besser werden sie verstanden und umso eher stellt sich Erfolg ein.

Fokussiert handeln

Fokussierung ist ein wichtiger Erfolgsfaktor für Führungskräfte, wie bereits in ▶ Abschn. 3.6 mit der mangelnden Fokussierung der sogenannten „busy Manager" (Bruch und Vogel in Bruch et al. 2012, S. 18) zu sehen war. Führungskräfte werden an ihren Zielen und deren Erreichung gemessen; sie müssen lernen, Prioritäten zu setzen.

Zum fokussierten Handeln gehören eigene Projekte, die selbstbestimmt durchgeführt werden können. Eine Führungskraft will führen und leiten und keine engen Anweisungen ausführen. Selbstverständlich bekommt sie Ziele von der Unternehmensleitung oder anderen Vorgesetzten, diese sind jedoch als Rahmen zu betrachten, innerhalb dessen sie Freiräume hat, wie sie die Ziele mit ihrem Team erreichen will. Sie steht hinter den Projekten und verfolgt sie mit viel Engagement, was nicht bedeutet, dass sie nicht Verantwortlichkeiten an ihre Mitarbeitenden abgibt.

Führungskräfte mit gutem Selbstmanagement können Prioritäten setzen; sie haben für sich Kriterien entwickelt, nach denen sie die Prioritäten setzen und ggf. ändern. Sie handeln lösungsorientiert, indem sie Herausforderungen konstruktiv angehen. Sie suchen keine Probleme oder verharren in der Vergangenheit, sondern suchen kreativ, manchmal auf ungewöhnliche Weise, nach Lösungen. Ihre Haltung ist positiv ausgerichtet ohne Probleme zu negieren oder klein zu reden. Sie können durch diese Haltung ihre Aufmerksamkeit auf das Wesentliche konzentrieren. Auch hier hilft Führungskräften die Besinnung auf ihre Stärken und Werte.

Ebenso schaffen sich Führungskräfte mit guten Selbstmanagement Freiräume, um Zukunftspläne zu machen, über die Entwicklung von Mitarbeitenden nachzudenken und über Innovationen und Trends, die für das Unternehmen wichtig sein könnten, zu reflektieren.

Zeitmanagement

Im Zeitmanagement lernen Fach- und Führungskräfte beispielsweise,

- ihren Tag zu strukturieren, indem jeder Tag mit einer To-do-Liste für den nächsten Tag abgeschlossen wird und die Aufgaben nach Dringlichkeit und Wichtigkeit priorisiert werden
- genug Puffer zwischen Terminen einzuplanen
- mit sich selbst Termine zu machen und im Kalender zu blocken, wenn sie Projekte oder Termine vorbereiten müssen
- „stille Zeiten" ohne Telefon und Besuch zu vereinbaren, auch wenn es sonst das Angebot der „offenen Tür" gibt
- E-Mails nur drei- bis viermal täglich abzurufen
- Möglichst viele Aufgaben inklusive Verantwortung an die Mitarbeitenden zu delegieren, die dafür die Fähigkeiten haben und Meilensteine zu vereinbaren
- Teambesprechungen mittels Agenda sowie, Mitarbeitende durch Zielnennung gut auf die Besprechung vorzubereiten und sie im geplanten Rahmen durchzuführen
- bei eigener Sitzungsleitung zu lernen, wie man Sitzungen so effektiv und effizient ohne eigene Monologe leitet, dass sie die vorher geplante Dauer nicht überschreiten
- bei Sitzungsthemen, die mehr Informationsbedarf haben, neue Termine anzusetzen und ggf. neu zu entscheiden, wer teilnimmt.

Fähigkeiten in Gesprächsführung und Moderation sind sehr wichtig und gehören zu den sozialen Kompetenzen, die jede Führungskraft beherrschen sollte (▶ Kap. 6).

Selbststeuerung

Mit dem Bewusstsein der eigenen Stärken und Werte können Führungskräfte sich selbst steuern. Das bedeutet, sie können damit Entscheidungen fällen und Verantwortung übernehmen, denn meist muss eine Führungskraft allein entscheiden, ob die Entscheidung richtig ist, ob der richtige Zeitpunkt gewählt wird und ob die richtige Alternative gewählt wurde. Das gehört zum Risiko einer Führungskraft und ist durch die Schnelligkeit, die viele Entscheidungen seit einigen Jahren erfordern, nicht kleiner geworden. Jedoch hilft hier das Bewusstsein des eigenen Selbst: Innehalten, sich die eigenen Fähigkeiten bewusst machen, möglichst viele Handlungsoptionen prüfen und dann entscheiden. Die Entscheidungen müssen Führungskräfte gegenüber dem Top-Management, den Lieferanten, Kunden oder anderen Stakeholdern vertreten können; auch die ihrer Mitarbeitenden.

5

5.4 Nutzen von Selbstführung

Warum sollten sich Führungskräfte mit Selbstführung beschäftigen? Es erleichtert ihr Leben und ihren Berufsalltag. Sie erfahren mehr über sich und können damit auch andere Menschen besser verstehen. Wenn sie somit ihre Mitarbeitende verstehen, können sie leichter mit ihnen gemeinsam Ziele erreichen und die tägliche Arbeit erledigen, ohne dass unendlich viel Zeit in überlangen Sitzungen, mit Konfliktgesprächen oder der Suche nach neuen Mitarbeitenden bei hoher Fluktuation verschwendet wird. Zeit, die viel besser für Zukunftsplanung und private Freizeit verwendet werden kann.

Natürlich erfordert Selbstführung Mut zum Kennenlernen der eigenen Persönlichkeit. Führungskräfte erkennen, wer sie wirklich sind und nicht, wie ihre Maske aussieht. Je vertrauter ihnen die Maske im Laufe der Jahre wurde, desto schwerer fällt es manchem, sie abzulegen – manchmal erfolgt es erst in Folge einer Krankheit oder einer Erschöpfungsdepression (Burn-out).

Führungskräfte (und Mitarbeitende) gewinnen durch Selbstführung
- ein Verständnis für eigenes und fremdes Handeln
- ein tieferes Sinnverständnis von Führung
- neue Handlungsautomatismen durch Selbstreflexion
- Motivation und Stärkung des (Selbst-)Vertrauens
- eine positive Haltung sich selbst gegenüber
- ein Erlernen sozialer Kompetenzen
- eine Verringerung von Ängsten, Unsicherheit und Befürchtungen
- das Kennenlernen anderer Sichtweisen als Bereicherung der eigenen Persönlichkeit
- das Lernen neuer Sichtweisen
- die Ermutigung zu konstruktiver, sachlicher Kritik.

Selbstreflexion mit dem Ziel der Selbstführung kann erschöpften Führungskräften helfen, die Ursachen für ihre Erschöpfungsdepression zu finden – denn häufig liegen diese nicht in zu vielen Arbeitsstunden oder Aufgaben, sondern in der Nicht-Erfüllung von Bedürfnissen. Hier wurde bereits gezeigt, welche das sein können: Sicherheit, Nähe zur Familie oder Status sind Beispiele.

Auch für neue Führungskräfte ist der Nutzen von Selbstführung hoch: Sie lernen gleich zu Beginn ihrer Laufbahn sich selbst kennen, verstehen ihre Mitarbeitenden und deren Bedürfnisse – und vermeiden Krankheiten oder Erschöpfung.

Schrör fasst basierend auf Goleman und der emotionalen Intelligenz (siehe ► Abschn. 6.3) den Nutzen von Selbstführung in zwei Worten zusammen: „erwachsen werden" (Schrör 2016, S. 132–135). Damit meint er nicht die „Spiele der Erwachsenen", die Eric Berne in der Transaktionsanalyse beschreibt (siehe ► Abschn. 6.6.4), sondern die Weiterentwicklung von Führungskräften durch einen „fortwährenden Prozess der Selbstreflexion und Überprüfung des eigenen Agierens, der inneren Ursachen für dieses Handeln und des Strebens nach einer offenen, alle in der Persönlichkeit angelegten Handlungsoptionen nutzenden Führungstätigkeit." (Schrör 2016, S. 133).

5.5 Wege zur Selbstführung

Nun soll es losgehen: Wie kommen Führungskräfte auf den Weg der Selbstführung? Zunächst sollen die Ziele der Selbstführung in Erinnerung gerufen werden:
Führungskräfte, die sich selbst gut führen, kennen
- die Vielfalt ihrer eigenen Persönlichkeit und den Zusammenhang zwischen ihr und ihrem Verhalten
- ihre ethischen und moralischen Werte
- ihre Einstellungen und Rollen
- ihre Stärken
- ihre bevorzugten Wege, um zu arbeiten und zu lernen
- ihre geeignete Position und ihr geeignetes Arbeitsumfeld.

Sie haben ein stabiles Selbstwertgefühl entwickelt, können vertrauen und gute Beziehungen führen. Sie wissen, dass sich jeder seine eigene Wahrheit oder Welt konstruiert und sie respektieren die Einzigartigkeit anderer Menschen.

Ein Weg, um den Weg zur Selbstführung zu gehen, ist, sich eine Auszeit zu nehmen zum Nachdenken, sich einen Rückzugsort zu suchen sowie die Erlaubnis seiner Organisation einzuholen. Dann können Führungskräfte in Ruhe und mit Abstand über sich, ihre Stärken, Werte und Bedürfnisse reflektieren, die Entwicklung der Welt und ihrer Branche beobachten und sich über ihre Mitarbeitenden und deren Potenziale Gedanken machen. Zu Beginn ist es sinnvoll, sich einen professionellen Coach als Mentor und Begleiter auf Zeit dazu zu holen, wenn eine Führungskraft noch nicht mit der Möglichkeit eines Rückzugs und einem stillen Ort des Nachdenkens vertraut ist. In der heutigen schnelllebigen Zeit ist ein intensives Nachdenken selten und muss manchmal erst erlernt werden. Zum anderen kann ein Coach auch ein Sparringspartner sein, denn insbesondere höhere Führungskräfte haben häufig niemanden, vor dem sie „laut denken" oder wo sie sich „einfach mal fallen lassen" können.

Es gibt auch Kloster, die ein Retreat, eine Rückzugsmöglichkeit, anbieten, auf Anfrage begleitet von den Mönchen. Manche sind bereits auf Führungskräfte eingerichtet, wie in ► Abschn. 4.3.4 zu lesen war.

Eine andere Möglichkeit ist die Begleitung durch professionelles Coaching während weiterhin gearbeitet wird. Hier sind mindestens halbe Tage alle zwei Wochen erforderlich; am besten vor dem Wochenende, damit auf diesem Weg weiter reflektiert werden kann. Diese Begleitung empfiehlt sich eher für Führungskräfte mit ersten Erfahrungen in der Selbstwahrnehmung.

5

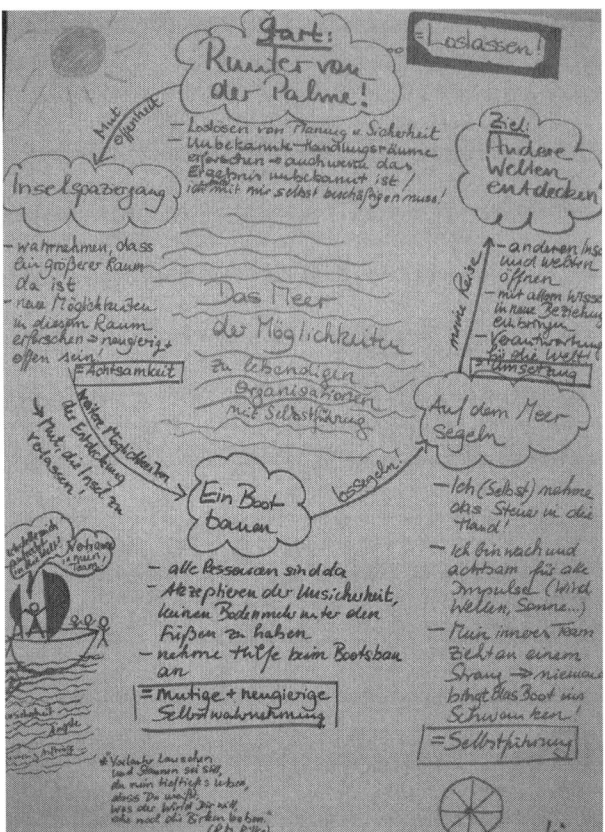

◨ **Abb. 5.4**   Das Meer der Möglichkeiten. (Foto: Lüneburg)

5.5.1 Das Meer der Möglichkeiten

Einen anderen Weg zur Selbstführung schlägt Torsten Schrör vor: Ein Modell mit fünf Stufen „um als Führungskraft wieder das Meer der Möglichkeiten zu segeln" (Schrör 2016, S. 110) – möglicherweise mit einem neuen Boot.

Dieser Weg hat einer Coachee sehr gut gefallen und sie zu einem Bild inspiriert, das im Coaching zum Thema Selbstführung entwickelt wurde (◨ Abb. 5.4). Ergänzt wurden eigene Gedanken der Coachee auf dem Boot („Ich stelle mich aufrecht in die Welt", und „Ich vertraue meinem Team"), während im Meer die Unsicherheit, die Ängste und Sorgen schwimmen. Die Intuition sorgt für rechtzeitiges Ankern bei echter Gefahr bzw. sorgt dafür, dass Gefahren vermieden werden.

Zum besseren Verständnis sollen die fünf Stufen nach Schrör vorgestellt werden:

- **Stufe 1 „Runter von der Palme"**
- Loslösen von Planung und Sicherheit
- Unbekannte (Handlungs)räume erforschen
- auch wenn das Ergebnis unbekannt ist und ich mich mit mir selbst beschäftigen muss

In der heutigen komplexen Welt gibt es kaum Sicherheiten. Durch die hohe Dynamik und schnellen Veränderungen müssen Führungskräfte „runter von der Palme", also ihr Führungshandeln überprüfen und an neue Entwicklungen anpassen. Das ist umso leichter, je besser sie sich selbst kennen und Handlungsoptionen haben. Daher lassen sie auch ihr mechanistisches Weltbild los, in dem es nur richtig oder falsch und nur eine Wirklichkeit gibt – und dass es nur bestimmte Werkzeuge gibt, mit denen Probleme erkannt und gelöst werden können. Sie erkennen die Systeme von Organisationen, die nicht von klassischen Führungs- oder Management-Tools verändert werden können.

- **Stufe 2 „Inselspaziergang"**
- Hilfreich: Mut, Neugier und Offenheit
- Der Gedanke „Da ist noch mehr – Raum, Fähigkeiten, Ideen…."
- Neue Möglichkeiten sehen

Mit Werten wie Mut, Neugier im Sinne von Wissenserweiterung und Offenheit wird der Handlungsraum größer, man kann neue Möglichkeiten sehen und dadurch Neues für sich und das Unternehmen entwickeln. Die Wege, Pflanzen und Tiere „auf der Insel" sind ein Bild für das Innere der Führungskraft, das er oder sie jetzt kennenlernt. Durch den „Spaziergang" wird Zeit und Kraft gewonnen sowie das Wissen über sich selbst und seine oder ihre Potenziale erweitert.

- **Stufe 3 „Ein Boot bauen"**
Aus den Möglichkeiten werden Wege zu meinem Boot, meiner Persönlichkeit:
- Wer bin ich eigentlich? Und wie wirke ich auf andere?
- Alle Ressourcen, die ich zum Bootsbau brauche, sind da und ich lerne meine inneren Teammitglieder kennen
- Ich akzeptiere, dass Unsicherheit und Ängste zur Führung und zum Mensch-Sein dazu gehören – und zur Fahrt auf dem Meer
- Ich bin mutig und probiere neue Wege aus
- Ich bin offen und nehme Hilfe beim Bootsbau an
  =Ich nehme mich wahr, wie ich wirklich bin

Das Boot ist das Bild der Persönlichkeit mit seiner Vielfalt: Jede Holzplanke, jede Schraube stellt ein Teil der Persönlichkeit dar – Mut und Zuversicht ebenso wie Ängste und Sorgen. Hilfreich beim „Bootsbau" ist das Coaching oder Mentoring, denn dann wissen Führungskräfte, wie sie wirklich sind und lernen, sich so anzunehmen.

- **Stufe 4 „Auf dem Meer segeln"**
- Ich nehme das Steuer in die Hand, kenne und nutze meine Ressourcen
- Ich bin wach und achte auf alles, was auf meinem Weg passiert
- Mein inneres Team zieht an einem Strang und begleitet mich zu allen Zielen
- Vor Entscheidungen halte ich einen Moment inne und prüfe in Ruhe
  =ich bin in der Lage, mich selbst zu führen

Durch die Erfahrung des „Bootsbauens" ist eine neue Sicherheit entstanden, die zu guten Segelkompetenzen führt. Das „Team" der unterschiedlichen

Persönlichkeitsfacetten ist bekannt und arbeitet als Einheit. So können Führungskräfte besser mit hoher Dynamik und komplexen Anforderungen sowie Unsicherheiten umgehen.

- **Stufe 5 „Andere Welten entdecken"**
- Ich öffne mich auf meinem Weg anderen Welten und Einsichten
- Mit neuen Werten und Kompetenzen erreiche ich meine Ziele
- Ich bringe mein Wissen in allen Beziehungen ein
- Ich übernehme Verantwortung für die Weiterentwicklung der Welt durch gemeinsames Handeln und gebe mein Führungswissen weiter

In der fünften Stufe haben Führungskräfte „sich neu entdeckt": Bisher unbekannte Potenziale und Werte können genutzt werden, soziale Kompetenzen wie Kommunikation und Konfliktfähigkeit wurden entwickelt und verbessern die Beziehungen zu Vorgesetzten und Mitarbeitenden. Die Führungskräfte können dann besser führen und anderen helfen, das eigene „Boot" zu bauen. Nicht zuletzt können sie sich für das Gemeinwohl engagieren, indem sich ihr Unternehmen beispielsweise für soziale oder ökologische Zwecke einsetzt und entsprechend produzieren lässt. (vgl. Schrör 2016, S. 110–113).

5.5.2 Ein alternativer Weg

Nun stellt sich die Frage, ob dieser Weg zur Selbstführung für jeden geeignet ist. Wenn eine Fach- oder Führungskraft ein hohes Sicherheitsbedürfnis hat, möchte sie vielleicht erst einmal lieber „auf der Palme" oder in einer Höhle bleiben und beobachten, was andere machen. Von der sicheren Zone aus an seinem Mut und seinem Selbst zu arbeiten, kann auch ein Weg sein, sich selbst (besser) kennenzulernen und das Steuer des Handelns zu übernehmen.

So wurden hier neue Gedanken dazu entwickelt, wie Menschen, die zunächst in der sicheren Zone bleiben möchten, sich ebenfalls auf den Weg zur Selbstführung machen können. Die fünf Stufen des „Meeres der Möglichkeiten" bilden dabei das Gerüst der Gedanken.

Sie könnten folgenden Weg zur Selbstführung wählen:

1. Ich entscheide mich, mutig zu sein, eigene Ängste zuzulassen und zu akzeptieren
2. Wer bin ich eigentlich? Und wie wirke ich auf andere?
3. Loslassen oder Verlassen der schützenden Insel oder Höhle
4. Ich bin der Kapitän und steuere selbst!
5. Weniger Planung und Sicherheitsdenken – mehr Erforschung neuer Handlungsräume
6. Neugierig und offen sein: Neue Möglichkeiten erleben
7. Andere Welten entdecken und sich neuen Eindrücken und Werten öffnen.

Die Führungskräfte auf der Palme (sie könnten auch in einer sicheren Höhle sein) beginnen dort – möglicherweise mit Begleitung -, sich selbst wahrzunehmen, ohne zunächst die Insel kennenzulernen. Mit dem Bewusstsein ihrer Stärken und Werte erhöhen sie die Stabilität ihres Selbstwertes, werden mutig und können sich Ängsten stellen. Sie erarbeiten selbst, wer sie sind und wie sie wirken und haben damit den Mut, das schützende Dach ihrer Höhle loszulassen und hinauszugehen. Dafür brauchen sie das Gefühl, dass sie selbst steuern können, dass sie entscheiden können, wohin sie gehen, was sie sich ansehen und welche Tiere und Pflanzen sie entdecken wollen.

Bei ihrem Spaziergang entdecken sie, wie gut neue Handlungsräume tun, in die sie sich aufgrund ihres neuen Wissens über ihre Stärken und Werte trauen – und mit der Sicherheit, dass sie aufgrund ihrer Selbststeuerung jederzeit wieder zurückkommen. Sie werden immer mutiger, neugieriger und offener und erleben so neue Möglichkeiten – sogar an den Strand haben sie sich getraut und blicken aufs Meer. Andere bauen dort ein Boot, um in See zu stechen – so weit sind sie noch nicht. Aber wer weiß, wie bald schon sie den Mut haben und sich neuen Welten erobern – vielleicht, wenn die anderen zurückkommen und von ihren neuen Eindrücken erzählen….

5.6 Wegbegleitung durch Coaching

Um seine Persönlichkeit besser kennenzulernen und sich selbst gut zu führen, ist das Coaching sehr hilfreich. Wie ▶ Abschn. 4.5 beschrieben, findet Coaching im geschützten Raum, im vertrauensvollen Verhältnis zwischen Coachee/Klient und Coach und unter Verschwiegenheit statt.

Das Kapitel Selbstführung endet mit der Vorstellung von Coaching-Beispielen, die für die Persönlichkeitsentwicklung gut nutzbar sind, während im ▶ Kap. 6 Coaching- und Kommunikationsbeispiele gezeigt werden, die gut zum Thema Sozialkompetenz passen. Mit Erfahrung und Übung, beispielsweise nach einem professionellen Coachingprozess, können manche der Beispiele auch im Selbstcoaching durchgeführt werden.

5.6.1 Johari-Fenster

Das Johari-Fenster, entwickelt von den Sozialpsychologen Joseph Luft und Harry Ingham der University of California, ist ein Coaching-Tool, das bei der Erkundung des Selbst hilfreich ist. Jeder Mensch hat ein Bild von sich selbst, das nicht immer mit dem Bild der anderen, dem Fremdbild, übereinstimmt. Gleichzeitig bildet sich das Selbst oder die Identität aus der Beobachtung und den Bemerkungen anderer.

Das Johari-Fenster (◻ Abb. 5.5) setzt die Selbst- und Fremdwahrnehmung zueinander in Beziehung und markiert Bereiche, in denen die Selbstwahrnehmung mit der Fremdwahrnehmung übereinstimmt sowie Bereiche, in denen beide Wahrnehmungen voneinander abweichen. Manche Teile der Persönlichkeit ist anderen nicht bekannt; manchmal teilen Menschen jedoch Persönlichkeitsanteile unbewusst mit – d. h. andere kennen Anteile, die die Betroffenen nicht wahrnehmen.

Menschen spielen neben ihrer einzigartigen Persönlichkeit unterschiedliche Rollen in ihrem Leben (Abteilungsleiterin, Ehefrau, Mutter, Kassenwartin im Verein etc.), in denen Erwartungen an sie gestellt werden (Vorbild, Ziele erreichen, Lehrerin, Buchhalterin, die Empathische etc.). Daher öffnen sie sich in manchen Rollen, in anderen jedoch nicht.

5

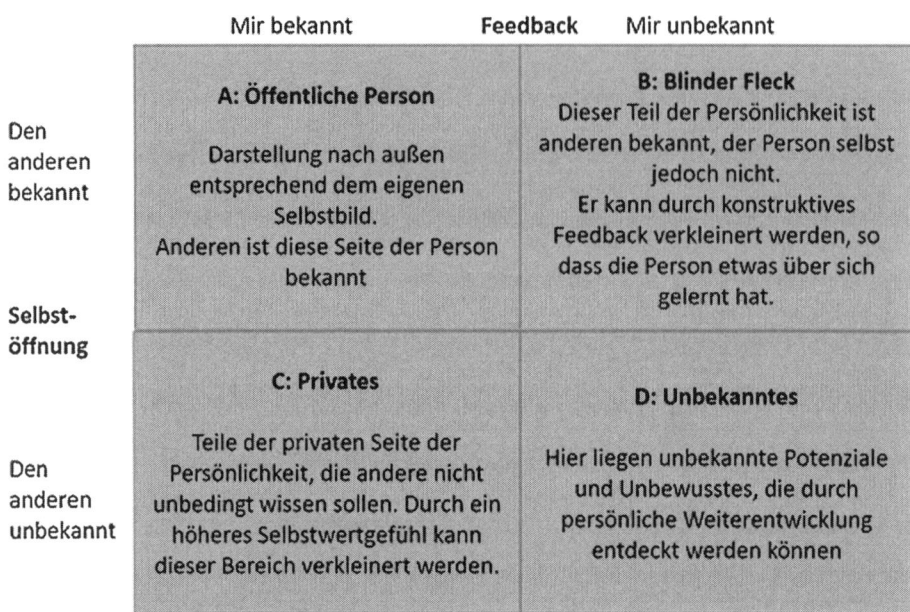

○ **Abb. 5.5**   Das Johari-Fenster. (Eigene Darstellung in Anlehnung an Hintz 2016, S. 296)

Feld A   ist der Verhaltensbereich, der sowohl dem betroffenen Menschen selbst als auch anderen bekannt ist. Das eigene Verhalten ist offen und authentisch, frei von Ängsten und Befürchtungen: so stellt sich der Kontakt zu anderen Menschen dar. Im genannten Beispiel ist die Abteilungsleiterin in ihrer Rolle als Mutter von zwei Kindern oder als Vereinsmitglied fröhlich, fürsorglich, zuverlässig und empathisch.

Feld B   ist der „blinde Fleck". Das ist der Verhaltensbereich, den Menschen selbst nicht, andere jedoch klar wahrnehmen. Dazu gehören unbewusste nicht erkannte Verhaltensweisen, Vorurteile, Zu- oder Abneigungen. Sie werden anderen durch Mimik, Gestik, Kleidung, Stimmklang oder Haltung deutlich. Hat sich die Abteilungsleiterin bisher als empathische Persönlichkeit wahrgenommen (siehe Feld A), so wird sie irritiert sein, wenn beispielsweise Mitarbeitende das Fremdbild einer harten und ungeduldigen Chefin haben, die ständig in Zeitnot zu sein scheint. Durch achtsame und wertschätzende Hinweise könnte z. B. ihr Vorgesetzter oder ein Coach sie dabei unterstützen, ihren blinden Fleck zu verkleinern.

Feld C   ist das private Verhalten, das gern vor anderen verborgen wird. Dazu gehören Werte oder Normen, die ggf. nicht mit denen des Unternehmens oder dem Verhalten einer Führungskraft übereinstimmen, empfindliche Stellen, die als unangenehm wahrgenommen werden (Schwächen) oder heimliche Wünsche. Im Beispiel der Abteilungsleiterin könnten diese Seiten ihrer Persönlichkeit, von denen niemand etwas ahnt, beispielsweise ein politisches Engagement sein, das nicht mit den Werten ihres Unternehmens übereinstimmt oder eine innere Unsicherheit, ob sie in ihrer Position gut genug ist und sich ausreichend engagiert, da sie auch noch Mutter von zwei Kindern ist.

Feld D ist das Unbekannte und Unbewusste, das weder der Person noch anderen unmittelbar zugänglich ist. Hierzu gehören Potenziale und Talente, die im Coaching wie ein Schatz „gehoben" werden könnten, aber auch Ängste und Verdrängtes, das bei Notwendigkeit durch tiefenpsychologische Unterstützung bearbeitet werden kann. Bei der Abteilungsleiterin könnte ein Glaubenssatz wie „du kannst das nicht" zu unbewussten Ängsten führen, obwohl sie fachlich sehr gut ist und sich ständig weiterbildet.

Ziel im Coaching oder auch im Mitarbeitergespräch ist es, dass sich das Feld A vergrößert, indem mit der Abteilungsleiterin aus dem Beispiel an der Stabilisierung des Selbstwertgefühls gearbeitet wird, sodass sie lernt, „ich bin gut". So wird sie sich beispielsweise trauen, ihren Mitarbeitenden ausgewählte private Dinge zu erzählen (Verringerung Feld C). Mit einem konstruktiven, wertschätzenden Feedback von Vorgesetzten, Kollegen oder Coaches kann der blinde Fleck verringert werden (Feld B), sodass die Führungskraft beispielsweise ihre harte Stimme und ihre Ungeduld wirklich wahrnimmt, die sich durch Fingertrommeln auf dem Tisch bemerkbar macht, wenn Mitarbeitende mit ihr sprechen wollen und sie meint, keine Zeit zu haben. Durch das Feedback kann die Führungskraft sich selbst beobachten und ihr Verhalten ändern. Mit etwas Mut kann sie ihre Mitarbeitenden bitten, sie darauf hinzuweisen, wenn es wieder geschehen sollte – und gemeinsam darüber lachen. Damit hat sie sich persönlich weiterentwickelt.

Nach erfolgreichen Gesprächen oder Coachings würden sich die Felder wie in ❒ Abb. 5.6 dargestellt verschieben:

Das Ziel, den blinden Fleck zu verringern, kann im Coaching beispielsweise durch die Transaktionsanalyse erreicht werden, die im ▶ Abschn. 6.6.4 vorgestellt wird. Im Selbstcoaching kann die Verringerung durch die Bitte an andere erfolgen, ein konstruktives,

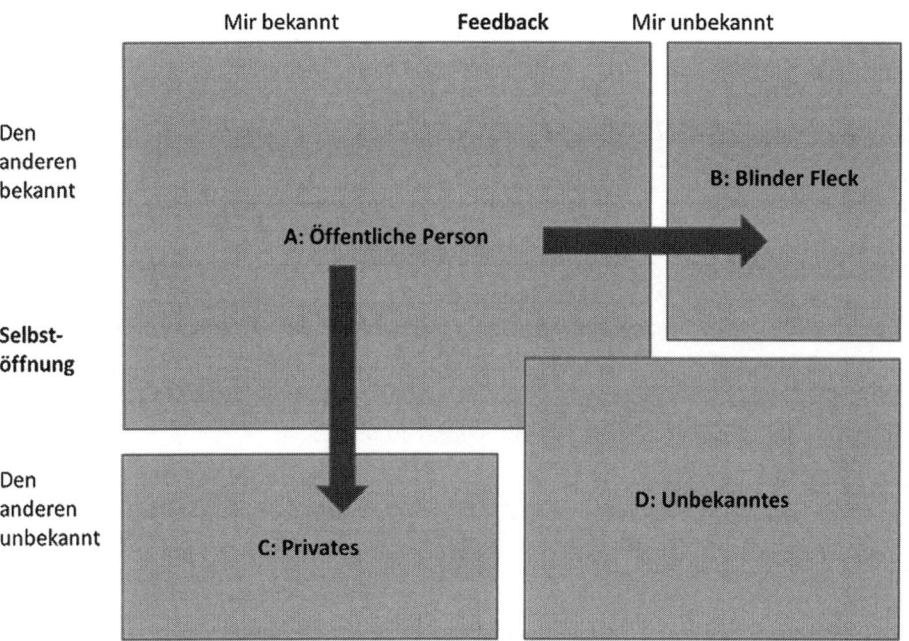

❒ **Abb. 5.6**   Das Johari-Fenster nach konstruktivem wertschätzenden Feedback und Coaching. (Eigene Darstellung)

wertschätzendes Feedback zu geben, eigene Gefühle zu schildern, einen Perspektivwechsel vorzunehmen oder eigene Grenzen aufzuzeigen.

5.6.2 Ressourcenorientierte Techniken

Es gibt verschiedene Möglichkeiten, Klienten an ihre Ressourcen zu „erinnern", die sie nur (noch) nicht kennen oder wieder vergessen haben. Dazu gehören beispielsweise Achtsamkeits- oder Dankbarkeitsübungen, das Schreiben von Freude- oder Dankbarkeitstagebüchern oder das Erfinden von Ressourcengeschichten (echte Geschichten von Klienten, die durch das Weitererfinden positiv enden). Auch eine Ressourcenlandkarte ist hilfreich: hier wird auf einer Lebenslinie eingetragen, wann der Klient welche Ressource nutzen konnte oder entwickelt hat und bei welchen Ereignissen sie geholfen haben, eine Krise zu überwinden. Dazu werden ressourcenorientierte Fragen gestellt, wie „Was hat Ihnen irgendwann Freude gemacht?" oder „Was in Ihrem Leben hat Sie besonders bewegt oder inspiriert?".

Die **Ressourcenpyramide** ist ein Coaching-Tool, dass Menschen helfen kann, über die (Neu-)Gestaltung des beruflichen Weges zu reflektieren, sich den eigenen inneren Antrieb für das berufliche Handeln bewusst zu machen oder eine eigene Vision für das Berufsleben zu entwickeln. Auch können Vision und Ziele in konkretes berufliches Handeln übersetzt werden. Die Pyramide mit ihren sieben Ebenen sieht so aus (◘ Abb. 5.7):

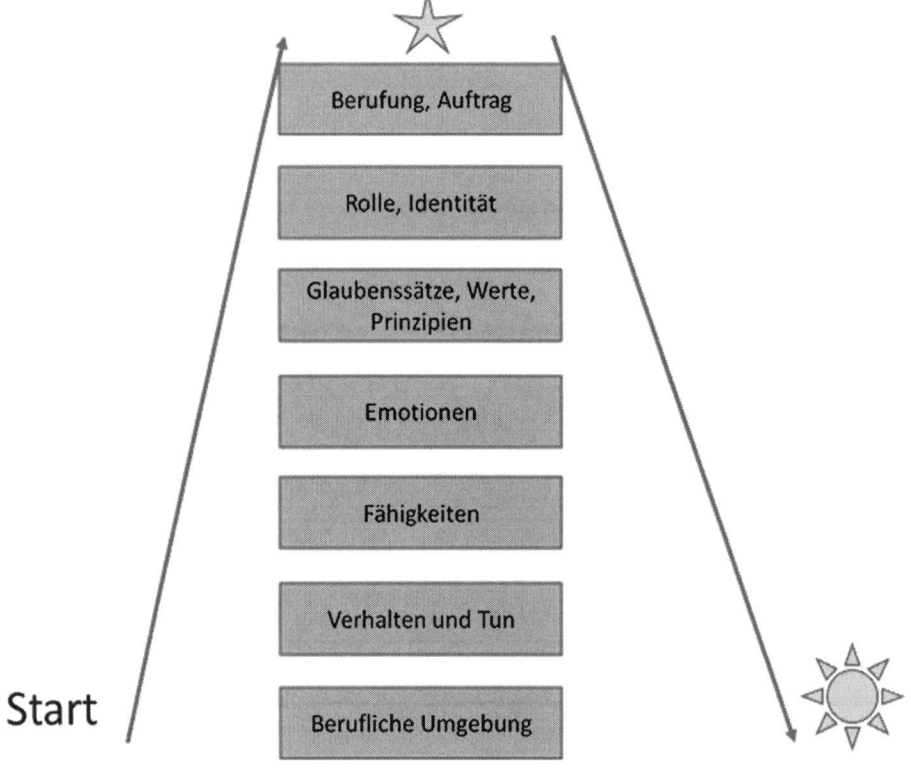

◘ **Abb. 5.7**   Die Ressourcenpyramide. (Eigene Darstellung)

Ziel ist die Bewusstmachung der Tätigkeit, der Fähigkeiten und des Verhaltens, bevor es um die Emotionen geht, die der Klient am Arbeitsplatz empfindet und schließlich über seine Werte, Rolle und Berufung nachdenkt. Durch systemische Fragen (siehe ▶ Abschn. 6.6.2) lernt der Klient, sich „Stufe für Stufe" mit seinem Tun und schließlich seinem Sein auseinanderzusetzen. Ihm werden seine Lebensziele ebenso bewusst wie die Dinge, die ihm Freude machen und ihn erfüllen, sodass dann konkret sein weiteres Berufsleben von ihm gestaltet werden kann.

5.6.3 Lösungsorientiertes Kurzzeitcoaching

Seit den 1980er Jahren beschäftigen sich Psychologen mit dem lösungsorientierten Ansatz (z. B. Erickson, De Shazer). Nach der Annahme, dass Menschen die meisten Ressourcen, die sie zur Lösung ihrer Probleme brauchen, in sich tragen, ist es Aufgabe der Coaches, diese Ressourcen und Kompetenzen (wieder) zu entdecken und zu entwickeln. Sie sind somit „Ressourcen-Aktivierer" oder „Prozesshelfer".

Der lösungsorientierte Ansatz soll mit den Arbeitshypothesen von Meier und Szabo, die auf der Arbeit von de Shazer basieren, vorgestellt werden:

- **Annahme 1: Statt Probleme zu lösen, (er-)finden wir Lösungen:** Es wird nicht nach Gründen für Probleme gesucht, sondern aktiv an Lösungen gesucht. Klienten werden durch den Coach animiert, sich mit ihren Zielen und mit früheren Lösungswegen zu beschäftigen, sich in ihren gewünschten Zustand hineinzudenken oder zu träumen, im Sinne von „Kein Problem kann durch dasselbe Bewusstsein gelöst werden, welches das Problem geschaffen hat." (Albert Einstein zugeschrieben).
- **Annahme 2: Klienten haben bereits Erfahrung mit der Lösung:** Auch Klienten mit schweren Probleme erleben diese nicht ständig in der gleichen Intensität, d. h. sie haben es zu bestimmten Zeiten geschafft, eine Lösung zu finden. Hier ist der Coach gefragt, mit viel Interesse herauszuarbeiten, wie sie das geschafft haben – und zu verstärken, basierend auf einer Grundregel von de Shazer „Wenn etwas funktioniert, mache mehr davon!"
- **Annahme 3: Der Klient ist der Experte:** Coaches sind keine Berater oder Experten für das Leben ihrer Klienten, sondern sie stehen den Klienten zur Seite, bis sie ihre ganz zu ihnen passende Lösungen gefunden haben. Dazu gehört die nächste Grundregel von de Shazer: „Repariere nicht, was nicht kaputt ist!" Sie respektieren also die Welt und das subjektive Wissen der Klienten und helfen ihnen, ihre eigenen Ziele zu finden und ihre Fähigkeiten auszubauen. Das erfordert Vertrauen des Coaches in die Fähigkeiten und Ressourcen der Klienten, dass sie ihren Weg finden; das Coaching schafft den Rahmen, in dem das ermöglicht wird.
- **Annahme 4: Nichtwissen ist nützlich:** Im lösungsorientierten Coaching arbeiten die Klienten an der Lösung – nicht die Coaches. Sie konzentrieren sich auf ihre Coachingkompetenzen, in dem sie den Prozess gestalten, einen Rahmen bereitstellen, Fragen stellen (gern unkonventionell), wertschätzend zuhören und ressourcenorientierte Feedbacks geben. Manchmal ist es hart, sich mit Ideen oder Ratschlägen zurückzuhalten oder eine Situation nicht zu analysieren, um „die" Wahrheit zu finden. Hier hilft es, sich daran zu erinnern, dass jeder Mensch einzigartig ist und seine eigen Wahrheit konstruiert (vgl. Meier und Szabo 2008, S. 17 ff.).

Menschen verändern sich durch Sprache: Wer gewohnt ist, immer „das Problem ist…" zu sagen, fühlt sich regelrecht von Probleme umgeben oder sogar überrollt. Wer stattdessen oft Worte wie „Unterstützung", „Weg" oder „Lösung" in den Mund nimmt oder sich angewöhnt „die Situation ist…." zu sagen, wird merken, dass sich die Wahrnehmung verändert – und damit verändert er oder sie sich selbst.

Beispiel

In einem Unternehmen fühlte sich eine Projektleiterin zunehmend unwohl, weil alle Kolleginnen und Kollegen mit den Worten „Das Problem ist…." In ihr Büro kamen. Sie sah sich bildlich nur noch von Problemen umgeben. Eines Tages begann sie, jeden zu unterbrechen und sagte: „Das ist kein Problem, sondern eine Situation. Echte Probleme sind Dinge, die wir nicht ändern können. Bitte ändere von nun an deine Sprache." Es wirkte – nach und nach kamen alle in ihr Büro und eröffneten ihr Gespräch mit „die Situation ist…". Damit veränderte sich die Atmosphäre im Unternehmen, denn die Kollegen begannen, in anderen Abteilungen ebenso zu kommunizieren.

Zu veränderter Wahrnehmung tragen auch lösungsorientierte Fragen bei, beispielsweise
- Fragen an den Klienten: „Wozu wollen Sie das Problem lösen?" oder „Ist es Ihr eigenes Problem? Hat noch jemand das Problem?"
- Fragen nach dem Ziel: „Was soll anders werden?" oder „Wohin soll es gehen?"
- Fragen nach Hindernissen: „Mal angenommen, Ihre Hindernisse hätten eine Schutzfunktion. Vor was wollen Ihre Hindernisse Sie schützen?" oder „Welche Auswirkungen auf Ihr Team hätte es, wenn Ihr Problem bereits gelöst wäre?"
- Fragen nach ungenutzten Ressourcen: „Welche Ihrer Fähigkeiten könnte Ihnen bei der Lösung helfen?" oder „Was haben Sie bereits unternommen, um Ihr Problem zu lösen? Und was war bereits in Ansätzen erfolgreich?"
- Fragen nach dem Hilfreichen im Problem: „Wofür könnte das Problem derzeit noch nützlich sein?" „Wer profitiert am meisten von dem Problem?"
- Fragen nach künftigen Aufgaben: „Was kommt nach der Lösung des Problems?" „Welche Aufgaben stellen sich, wenn Sie das Problem bereits gelöst hätten?"

▶ Hinweis: In den Fragen wird häufig das Wort „Problem" verwendet. In der Praxis empfiehlt es sich, nach Möglichkeit das Problem zu benennen, z. B. „der Konflikt mit Ihrem Vorgesetzten" oder „die Versetzung in die Zentrale". Es soll auch kein „Fragefeuerwerk" auf die Klienten „abgeschossen" werden, sondern es ist wichtig, ihnen viel Zeit für Antworten zu lassen („die heilige Zeit der Klienten"). Möglicherweise haben sie sich noch nie mit einer solchen Frage auseinandergesetzt…

5.6.4 Das berufliche Genogramm

Das Genogramm ist ein Familienstammbaum über mindestens drei Generationen. Durch das Aufzeichnen des Stammbaums gewinnen Klienten einen Überblick über komplexe Familienstrukturen und können ihre eigene Position in der Familie besser wahrnehmen. Es lassen sich Muster aufdecken und emotional besetzte Themen wie „der Sohn muss immer die Firma übernehmen" können versachlicht werden. Klienten lernen, woher ihre eigenen Muster kommen und wie diese innerhalb einer Familie von Generation zu Generation weitergetragen werden, bis ein Mitglied diese transgenerationale Weitergabe möglicherweise beendet.

Das berufliche Genogramm kann helfen, die berufliche Biografie besser kennenzulernen und entweder den passenden Beruf zu finden oder im Beruf effektiver arbeiten zu können. Manchmal geht es auch um das Erkennen eigener innerer Aufträge, die man aus der Familie übernommen hat, wie unten stehendes Beispiel zeigt.

Beispiel

Eine Coachee erstellte das berufliche Genogramm ihrer Familie, da sie überprüfen wollte, ob sie weiterhin in ihrem Beruf tätig sein möchte. Sie erzählte besonders viel von ihrer Mutter und ihrer Großmutter, die eine Gastwirtschaft führten. Dort war es üblich, dass die Stammgäste auch bei den Familienfeiern oder Weihnachten dabei waren; viele Gäste besprachen ihre privaten Probleme am Tresen mit den Wirtinnen und fühlten sich dort gut aufgehoben. Durch das Genogramm stellte die Coachee fest, dass all ihre Geschwister helfende Berufe ergriffen hatten: Ärztin, Pädagogen – und sie selbst war Sozialarbeiterin geworden. So hatten sie das Muster von Mutter und Großmutter (für Menschen da sein, zuhören, helfen) fortgesetzt. Die Klientin war versöhnt mit ihrer Tätigkeit und entschloss sich, sie fortzuführen.

Ein Genogramm sieht im Grundmuster aus wie in ◘ Abb. 5.8 dargestellt; in der Arbeit mit dem Genogramm werden verschiedene Zeichen und Symbole für die Verbindungen unter den Familienmitgliedern verwendet, die hier jedoch nicht vorgestellt werden sollen, um die Übersichtlichkeit sicherzustellen.

Klienten werden gebeten, nach diesem Muster ihr eigenes Genogramm aufzustellen, indem sie drei Generationen zurück sowie eine Generation nach vorn, ggf. fiktiv, aufzeichnen und zu jeder Person das Geburtsdatum oder -jahr, erlernte und ausgeübte Berufe, (vermutete) Kompetenzen, Fähigkeiten und Eigenschaften im Genogramm notieren.

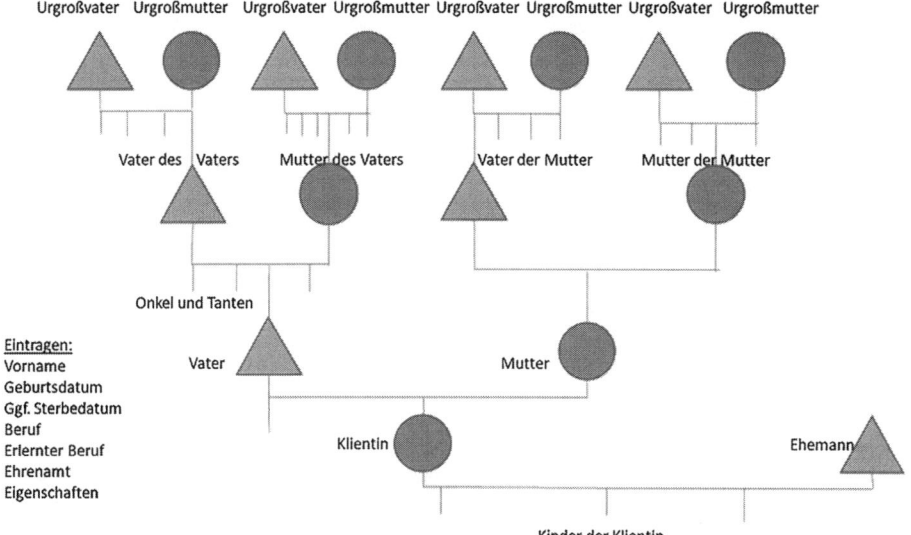

◘ Abb. 5.8 Muster-Genogramm. (Eigene Darstellung)

Auch Sterbedaten, Heiraten, Trennungen, Scheidungen, eheliche, adoptierte oder uneheliche Kinder, Herkunftsorte, Ortswechsel, Krankheiten oder schwere Symptome sind interessant für Hypothesen. Es wird nach Familiengeschichten, Mythen oder Tabus gefragt und vom Coach in den zeitgeschichtlichen und gesellschaftlichen Kontext gesetzt. Häufig erinnern sich Klienten im Coaching an Geschichten über die Urgroßelterngeneration, auch wenn sie sie nicht mehr kennengelernt haben. Auch ist es sehr interessant, was möglicherweise die (Ur-)Großmütter oder (Ur-)Großtanten beruflich (anders) gemacht hätten, wenn sie heute gelebt hätten oder welche Kompetenzen sie als Flüchtende oder Trümmerfrauen entwickelt haben. Es gibt auch den unbewussten Auftrag der Großmütter und Mütter an die Frauen der Familie, einen guten Beruf zu lernen, um unabhängig zu sein, der zu einer (zu) starken Karriereausrichtung einer Frau mit Nachteilen für das Privatleben führen kann.

Auf diesem Wissen aufbauend können Klienten durch systemische Fragen nach Ressourcen, Kompetenzen, beruflichen Themen, beruflicher Zufriedenheit oder Selbstständigkeit Anregungen für den eigenen Beruf entwickeln.

5.6.5 Das innere Team

Schulz von Thun hat sich ebenso wie Satir mit der „inneren Pluralität" (Schulz von Thun in Schulz von Thun und Stegemann 2012, S. 15) des Menschen, also seinem Seelenleben auseinandergesetzt. Er nennt es „das innere Team", bei Satir sind es die „vielen Gesichter" (Satir 2014).

> Das Modell des inneren Teams, auch Ego-State-Therapie (Arbeit mit inneren Persönlichkeitsanteilen) genannt, wurde ab ca. 1980 von Helen und John Watkins zunächst für die Traumatherapie entwickelt, die deutsche Trauma-Therapeutin Dr. Luise Reddemann hat es für ihr Modell PITT weiterentwickelt. Es handelt sich dabei hauptsächlich um eine Kombination von tiefenpsychologischen Grundsätzen mit hypnotherapeutischen und systemischen Ansätzen.

Jeder Mensch hat verschiedene Anteile in sich, die sich vom Selbst „dirigieren" oder moderieren lassen, wenn der Mensch ausgeglichen und mit sich im Reinen ist. In schwierigen Situationen „widersprechen" sich die einzelnen Anteile, sodass der Mensch sich innerlich zerrissen fühlt. Durch die Methode des inneren Teams können im Coaching alle seelischen Anteile „zu Wort" kommen, auch die, die ggf. von Klienten nicht geschätzt und daher unterdrückt werden. Die Methode dient somit der Selbstklärung wie auch der Diagnose und Lösung innerer Störungen oder der Persönlichkeitsentwicklung.

Die oben beschriebenen inneren Anteile entstehen durch die Persönlichkeitsentwicklung (das innere Kind ist der bekannteste Anteil) und durch die Verinnerlichung der wichtigsten Bezugspersonen aus der Kindheit wie den „inneren Vater" oder die „innere Mutter". Innere Anteile können auch durch Traumatisierungen durch Gewalt, Vernachlässigung, Abwertungen oder Instabilität in der Kindheit entstehen, die im damaligen Erleben „stecken geblieben" sind: Verletzte innere Kinder.

Die inneren Stimmen resultieren aus Einstellungen, Überzeugungen, Gefühlen, Bedürfnissen, Erfahrungen und Kenntnissen, die sich im Laufe des Lebens entwickelt haben. Durch unterschiedliche Bedürfnisse der einzelnen Stimmen oder Teammitglieder kann es zu internen Konflikten kommen, die im Coaching gelöst werden können. Typische Konflikte im Coaching sind komplexe Lebensfragen wie eine Entscheidung zwischen Lebenspartnerschaft oder Annahme eines neuen Arbeitsangebots in einer anderen Stadt oder die Wahl zwischen der derzeitigen Anstellung in einem Unternehmen oder der Aufnahme einer selbstständigen Tätigkeit.

Das innere Team kann jedoch auch helfen, die eigene Persönlichkeit zu stärken, indem eine Klientin lernt, innere Blockaden zu überwinden, die beispielsweise durch Glaubenssätze entstanden sind. Ziel ist es, dass das Selbst (wieder) die Führung über das innere Team übernimmt und so (wieder) handlungsfähig wird. Gleichzeitig ist es wichtig, alle Teammitglieder „anzuhören", da sie ihre Berechtigung haben und ihre Stimme entsprechend wertschätzen.

Beispiel

Eine Coachee steht vor der Entscheidung, ob sie ein Jobangebot annehmen soll oder nicht. Es wirken verschiedene innere Meinungen auf sie ein, ihre inneren Mitglieder, die sich uneins sind und auf ihr Selbst Einfluss nehmen wollen. Im Coaching versammeln sich folgende „Personen", die jeweils einen passenden Kernsatz äußern:

- die „Gemütlichkeit": „Ist doch so nett mit den Kollegen in dieser Firma",
- die „Ängstliche": „Wer weiß, wie die Leute da sind – vielleicht ist alles viel schlimmer als jetzt?"
- die „Kritikerin": „Ob ich den Job überhaupt kann? Mein Wissen reicht bestimmt nicht"
- die „Private": „Was sagen denn meine Familie und meine Freunde dazu, wenn ich jeden Tag so weit fahren muss?"
- die „Kluge": „Du willst doch weiterkommen. Wenn du diese Stelle annimmst und zwei Jahre durchhältst, hast du Chance auf eine bessere Stelle hier im Heimatort!"

Sie wird von der Coach gebeten, diesen Stimmen Namen geben, z. B. „Couch Potato" für die Gemütlichkeit, „Angsthase" oder „Püppchen" je nach Größe für die Angst, oder „Professorin" für die kluge Person. Auch echte Namen sind denkbar. Das Malen der Stimmen trägt zur Vorstellungskraft bei: Ein Sofa, ein Hase, ein Gesicht mit Brille. Die Coachee „hört" allen Stimmen zu und findet durch systemische Fragen der Coach heraus, was ihr wirklich wichtig ist (◨ Abb. 5.9).

Manche „Wortbeiträge" können die „Stimmen" der Eltern oder anderer Persönlichkeiten sein, die sich zu Wort melden. Das kann der Mut sein („du schaffst es, die neue Stelle gut zu machen") oder auch Angst („für eine solche Aufgabe reicht dein Wissen doch gar nicht").

Der „Streit" zwischen den Stimmen kann anstrengend und sogar belastend sein, trägt jedoch entscheidend zur Selbstklärung bei, denn jede Stimme hat ihre Berechtigung und Aufgabe, die durch ihr Wissen und ihre Weisheit zu einer Entscheidung beiträgt. Die Herausforderung besteht darin, alle Stimmen zu Wort kommen zu lassen, auch die „unauffälligen" und „leisen" Stimmen, um Einigkeit herzustellen. Ebenso wichtig ist es, alle Stimmen in der „inneren Ratsversammlung" willkommen zu heißen, auch die, die möglicherweise nicht dem eigenen „Idealbild" des Selbst entsprechen. Gerade diese haben eine wichtige Funktion; werden sie nicht gehört, können sie eine psychische

5

◘ Abb. 5.9   Die Entscheidungsfindung zum Jobangebot. (Foto: Lüneburg)

Belastung auslösen. Durch die Übung kann eine Stimmigkeit aller Stimmen hergestellt werden: Der „Chaosclub" wird teamfähig gemacht.

Die Klärung der inneren Stimmen ist ein wichtiger Schritt: Um nach außen klar und eindeutig kommunizieren zu können und damit professionell aufzutreten, müssen Menschen, insbesondere Führungskräfte, nach innen stimmig sein.

Satir wählt als Bild für die Ausgeglichenheit der Gesichter (oder der inneren Teammitglieder) das Mobilé. Auch mit unterschiedlichen Gegenständen (Farbe, Gewicht, Material, Form) kann ein ausgeglichenes, harmonisches Ganzes geschaffen werden. Das Mobilé muss immer wieder bei Veränderungen von innen und außen neu austariert werden. Satir nennt es Lebenskunst: Das Leben besteht aus unterschiedlichen Phasen des Gleichgewichts und des Ungleichgewichts; ins Ungleichgewicht geraten Menschen, wenn sie andere Dinge tun möchten als andere ihnen vorgeben. Um wieder ins Gleichgewicht zu kommen, haben sie die Wahl, ihren eigenen Weg zu verfolgen oder sich nach vorgegebenen Regeln zu verhalten (vgl. Satir 2014, S. 99 ff.).

5.6.6 Systemische Strukturaufstellung

Die systemische Strukturaufstellung ist eine räumliche Darstellung von Themen, die Klienten beschäftigt. Es werden **Holzfiguren** benutzt, mit denen die Klienten ihren aktuellen Ist-Zustand auf einer begrenzten Fläche, meist einem Tisch oder einem **Systembrett,** aufbauen. Es kann auch mit Dingen gearbeitet werden, die gerade zur Verfügung stehen: Salz- und Pfefferstreuer, Tassen, Löffel, Kugelschreiber, Knöpfe, Tierfiguren oder Steine. Holzfiguren, besonders in unterschiedlichsten Farben und Größen, sind besonders wirkungsvoll, da Klienten häufig bestimmten Menschen, die sie darstellen wollen, bestimmte Farben und Größen zuordnen.

Ziel ist es, Beziehungen und Gruppensituationen visuell zu verdeutlichen, Handlungsalternativen erlebbar zu machen, Konfliktsituationen anschaulich darzustellen und sie experimentell zu verändern. Durch die Aufstellung gewinnt der Klient inneren Abstand zur eigenen Position, er kann die Situation „von außen" betrachten. Der Blick auf die Figuren unterstützt die gewünschte Veränderung, deren Auswirkungen und mögliche Wege dahin.

Die Arbeit mit den Figuren reduziert eine komplexe und ggf. für den Klienten nicht mehr überschaubare Situation auf das Wesentliche und zeigt eine bisher unsichtbare Beziehungsdynamik auf. Gerade bei Konflikten in Teams oder mit Vorgesetzten kann der Klient durch die Betrachtung der Figuren aus verschiedenen Blickwinkeln einen neuen Weg, eine Lösung und/oder eine andere Sichtweise gewinnen

Aufstellung mit Figuren funktioniert so gut, da Probleme visuell dargestellt werden und Lösungen somit intuitiv erfasst werden können. Das menschliche Gehirn ist auf die visuelle Erfassung von Problemen ausgerichtet und kann durch Erfahrungen, gespeicherte Emotionen, Handlungsmuster und Gedanken eine Lösung finden, wenn es das Problem **sieht** (vgl. Breiner und Polt 2012, S. 8 ff.). Im Coaching wird der Prozess mit systemischen Fragen vom Coach geleitet; ausschließlich die Coachee stellt die Figuren oder bewegt sie. Auch hier bekommt die Coachee alle Zeit, die sie braucht. Während des Coachings kann der Coach die Coachee bitten, verschiedene Perspektiven einzunehmen, die Figuren und ihre Position zueinander zu beobachten oder zu fragen, ob noch jemand fehlt.

Gerade bei organisationalen Anliegen kann die Figurenaufstellung hilfreich sein, denn manchmal ist der Konfliktauslöser ein Kollege oder eine Vorgesetzte, die das Unternehmen verlassen haben, aber noch unsichtbar „wirken". In einem anderen Beispiel wird durch die Aufstellung deutlich, welche Mitarbeitenden sich in welchen „unsichtbaren" Teams zusammengetan haben und welche Handlungsmöglichkeiten die Coachee als Führungskraft dann hat (◼ Abb. 5.10).

5

◘ **Abb. 5.10**   Beispiel einer Figurenaufstellung auf einem Systembrett

5.6.7 Achtsamkeit

Achtsamkeit ist zwar kein Coaching-Tool, jedoch eine Übungspraxis, die für Führungskräfte hilfreich sein kann. Sie ist bekannt geworden durch Jon Kabat-Zinn und sein Programm *„Mindfulness-Based Stress Reduction", kurz MBSR:*

» **Achtsamkeit** beinhaltet, auf eine bestimmte Weise aufmerksam zu sein: Bewusst, im gegenwärtigen Augenblick und ohne zu urteilen. Diese Art der Aufmerksamkeit steigert das Gewahrsein und fördert die Klarheit sowie die Fähigkeit, die Realität des gegenwärtigen Augenblicks zu akzeptieren (Jon Kabat-Zinn 1994, S. 18).

An dieser Stelle kann das Programm nicht in der erforderlichen Tiefe vorgestellt werden (es gibt inzwischen in vielen Städten Acht-Wochen-Programme von zertifizierten Trainern, siehe: ▶ http://www.mbsr-verband.de/).

Hier soll kurz die Rolle der Achtsamkeit, die sie für die Entwicklung von Kompetenzen in Führung und Selbstführung spielen kann, gezeigt werden. Durch die Grundhaltung der Achtsamkeit kann die Vielfalt der Persönlichkeit und das darauf basierende eigene Verhalten erfahren werden. Werte wie Vertrauen, Geduld, Innehalten, Nicht-Bewerten und Loslassen bilden die Haltung der Achtsamkeit. Achtsames Handeln kann beispielsweise ein kurzes Innehalten im Berufsalltag bedeuten, bevor Entscheidungen getroffen werden (vgl. Schrör 2016, S. 29 ff.; Kabat-Zinn 1994, S. 51 ff.).

5.6.8 Wirksamkeit von Einzelcoaching

Exemplarisch wurden einige Coaching-Tools vorgestellt, die bei der Selbstführung unterstützen können. Hier ist jedoch nicht die eigene Anwendung durch Coachees selbst gemeint, sondern es sollte gezeigt werden, welche Instrumente Coaches anwenden könnten, um ihre Coachees beim Kennenlernen ihres Selbst, beim (Wieder)finden von Ressourcen und Kompetenzen zu unterstützen. Jeder Coachingprozess ist einzigartig, so wie die Menschen und ihre Anliegen, mit denen sie ins Coaching kommen. Daher soll abschließend in diesem Kapitel auf wichtige Faktoren verwiesen werden, die völlig unabhängig von Tools für einen erfolgreichen Coachingprozess wichtig sind:

- „Wertschätzung und emotionale Unterstützung
- Affektreflexion und -kalibrierung
- Ergebnisorientierte Problemreflexion
- Ergebnisorientierte Selbstreflexion
- Zielklärung
- Ressourcenaktivierung und Umsetzungsunterstützung
- Evaluation der Fortschritte im Verlauf
- Individuelle Anpassung und Analyse" (vgl. Webers 2015, S. 133–134, nach Greif und Grawe).

5.7 Aufgaben für Ihr Lerntagebuch

1. Stellen Sie die Begriffe Selbstführung, Selbstkompetenz, Selbstwahrnehmung und Selbstmanagement mithilfe der ◘ Abb. 5.3 zusammen und füllen Sie sie für sich persönlich mit Inhalten (Stärken, Werte etc.). Wie gut kennen Sie sich schon? Gibt es Bereiche, wo Sie gern noch etwas über sich lernen möchten?

2. Notieren Sie persönliche Maßnahmen aus dem Zeitmanagement, mit dem Sie Ihren Berufsalltag besser strukturieren können bzw. mehr Zeit für strategische oder kreative Aufgaben zur Verfügung haben. Prüfen Sie in 3 und 6 Monaten, ob Sie die Maßnahmen umsetzen konnten.

3. Mein inneres Team: Die Anwendung des Tools erfordert Übung; meist wird es in einem Coaching angewendet. Wenn Sie möchten und etwas Zeit haben, um sich in Ruhe und ungestört mit Ihren Stimmen zu beschäftigen, können Sie sich zur Selbstreflexion schon jetzt ein Anliegen überlegen, das bei Ihnen aktuell ansteht, z. B. „Wenn ich an die bevorstehende Präsentation/Aufgabe/… denke, welche Stimmen melden sich dann bei mir?". Nehmen Sie sich ein Blatt Papier und malen Sie sich mit einem großen Bauch gemäß der Vorlage. Malen Sie dann Ihre Teammitglieder. Welche Stimmen melden sich? Sind sie groß oder klein? Sind sie mehr im Vordergrund oder im Hintergrund? Achten Sie darauf, wie sie zueinanderstehen: Dicht nebeneinander, gegeneinander, hintereinander, am Rand… Was sagen sie (ein typischer Satz) und wie heißen sie? Arbeiten die Stimmen miteinander oder gegeneinander? Denken Sie nach, ob es weitere Mitglieder gibt als nur die, die Ihnen sofort einfallen (◘ Abb. 5.11).

4. Erstellen Sie Ihr eigenes Johari-Fenster nach ◘ Abb. 5.5 und füllen Sie alle vier Felder aus. Wie könnte sich Ihr blinder Fleck oder das Feld C verringern? Wessen Hilfe bräuchten Sie? Erstellen Sie ein weiteres für jemanden, den Sie gut kennen und lassen Sie ihn eines für Sie erstellen. Was stellen Sie beim Vergleich fest? Woran möchten Sie arbeiten?

5. Probieren Sie das „Meer der Möglichkeiten" aus! Vielleicht nehmen Sie ◘ Abb. 5.4 als Vorbild, oder Sie malen ein eigenes Bild und füllen es mit Ihren Inhalten. Was steht auf jeder der fünf Stufen bei Ihnen? Wie geht es Ihnen auf jeder Stufe? Notieren Sie Ihre Gedanken und tauschen Sie sich mit anderen aus!

5

◘ Abb. 5.11   Vorlage Inneres Team

Mein Lerntagebuch

? **Fragen**

1. Stellen Sie die Begriffe Selbstführung, Selbstkompetenz, Selbstwahrnehmung und Selbstmanagement mithilfe der ◘ Abb. 5.3 zusammen und füllen Sie sie für sich persönlich mit Inhalten (Stärken, Werte etc.). Wie gut kennen Sie sich schon? Gibt es Bereiche, wo Sie gern noch etwas über sich lernen möchten?

- **Meine Gedanken/Fragen**

_____

_____

_____

_____

- **Fragen an die anderen Teilnehmer**

_____

_____

_____

_____

? **Fragen**

2. Notieren Sie persönliche Maßnahmen aus dem Zeitmanagement, mit dem Sie
   Ihren Berufsalltag besser strukturieren können bzw. mehr Zeit für strategische oder
   kreative Aufgaben zur Verfügung haben. Prüfen Sie in 3 und 6 Monaten, ob Sie die
   Maßnahmen umsetzen konnten.

■ **Meine Gedanken/Fragen**

_____

_____

_____

_____

■ **Erlebnisse dazu aus meinem Führungsalltag**

_____

_____

_____

_____

■ **Lösungsvorschläge**

_____

_____

_____

_____

■ **Fragen an die anderen Teilnehmer**

_____

_____

_____

_____

❓ Fragen

3. Mein inneres Team: Die Anwendung des Tools erfordert Übung; meist wird es in einem Coaching angewendet. Wenn Sie möchten und etwas Zeit haben, um sich in Ruhe und ungestört mit Ihren Stimmen zu beschäftigen, können Sie sich zur Selbstreflexion schon jetzt ein Anliegen überlegen, das bei Ihnen aktuell ansteht, z. B. „Wenn ich an die bevorstehende Präsentation/Aufgabe/… denke, welche Stimmen melden sich dann bei mir?". Nehmen Sie sich ein Blatt Papier und malen Sie sich mit einem großen Bauch gemäß der Vorlage. Malen Sie dann Ihre Teammitglieder. Welche Stimmen melden sich? Sind sie groß oder klein? Sind sie mehr im Vordergrund oder im Hintergrund? Achten Sie darauf, wie sie zueinanderstehen: Dicht nebeneinander, gegeneinander, hintereinander, am Rand… Was sagen sie (ein typischer Satz) und wie heißen sie? Arbeiten die Stimmen miteinander oder gegeneinander? Denken Sie nach, ob es weitere Mitglieder gibt als nur die, die Ihnen sofort einfallen (◻ Abb. 5.11).

- **Meine Gedanken/Fragen**

_____

_____

_____

_____

- **Fragen an die anderen Teilnehmer**

_____

_____

_____

_____

❓ Fragen

4. Erstellen Sie Ihr eigenes Johari-Fenster nach ◨ Abb. 5.5 und füllen Sie alle vier Felder aus. Wie könnte sich Ihr blinder Fleck oder das Feld C verringern? Wessen Hilfe bräuchten Sie? Erstellen Sie ein weiteres für einen Teilnehmer des Kurses oder Ihrer Ausbildung und lassen Sie ihn eines für Sie erstellen. Was stellen Sie beim Vergleich fest? Woran möchten Sie arbeiten?

- **Meine Gedanken/Fragen**

_____

_____

_____

_____

- **Fragen an die anderen Teilnehmer**

_____

_____

_____

_____

? **Fragen**

5. Probieren Sie das „Meer der Möglichkeiten" aus! Vielleicht nehmen Sie ◨ Abb. 5.4 als Vorbild, oder Sie malen ein eigenes Bild und füllen es mit Ihren Inhalten. Was steht auf jeder der fünf Stufen bei Ihnen? Wie geht es Ihnen auf jeder Stufe? Notieren Sie Ihre Gedanken und tauschen Sie sich mit Ihren Kolleg/innen aus!

▪ **Meine Gedanken/Fragen**

_____

_____

_____

_____

▪ **Fragen an die anderen Teilnehmer**

_____

_____

_____

_____

Literatur

Bücher

Breiner,G., & Polt,W. (2012). *Lösungen mit dem Systembrett. Ein umfassendes Handbuch für Aufstellungen mit dem Systembrett in Unternehmensberatung UND persönlicher Beratung. Praxisnah und auf den Punkt gebracht.* Münster: Ökotopia Verlag.

Bruch, H., Krummaker, S., & Vogel, B. (Hrsg.). (2012). *Leadership – Best Practices und Trends* (2. Aufl.). Wiesbaden: Springer Gabler.

Crisand, E. (2002). *Soziale Kompetenz als persönlicher Erfolgsfaktor. Arbeitshefte Führungspsychologie* (Bd. 41). Heidelberg: Sauer-Verlag.

Crisand, E., & Rahn, H.-J. (2010). *Psychologische Grundlagen im Führungsprozess. Arbeitshefte Führungspsychologie* (3. überarbeitete Aufl., Bd. 19). Hamburg: Windmühle.

Kabat-Zinn, J. (1994). *Im Alltag Ruhe finden. Das umfassende praktische Meditationsprogramm* (4. Aufl.). Freiburg: Verlag Herder.

Meier, D., & Szabo, P. (2008). *Coaching – erfrischend einfach. Einführung ins lösungsorientierte Kurzzeit-coaching.* Luzern: Solutionsurfers.

Satir, V. (2014). *Meine vielen Gesichter. Wer bin ich wirklich?* (14. Aufl.). München: Kösel-Verlag.

Schrör, T. (2016). *Führungskompetenz durch achtsame Selbstwahrnehmung und Selbstführung. Eine Anleitung für die Praxis.* Wiesbaden: Springer Fachmedien.

Schulz von Thun, F., & Stegemann, W. (2012). *Das innere Team in Aktion. Praktische Arbeit mit dem Modell* (6. Aufl.). Reinbek: Rowohlt.

Webers, T. (2015). *Systemisches Coaching. Psychologische Grundlagen.* Wiesbaden: Springer Fachmedien.

Wüthrich, H. A., Osmetz, D., & Kaduk, S. (2009). *Musterbrecher. Führung neu leben* (3. überarbeitete und erweiterte Aufl.). Wiesbaden: Gabler.

Online-Dokument

MBSR-Verband (Informationen über Achtsamkeit/Mindfulness Based Stress Reduction). ▶ http://www.mbsr-verband.de/. Zugegriffen: 15. März 2018.

Soziale Kompetenzen

© Springer Fachmedien Wiesbaden GmbH, ein Teil von Springer Nature 2019
A. Lüneburg, *Auf dem Weg zur Führungskraft*,
https://doi.org/10.1007/978-3-658-21986-4_6

6

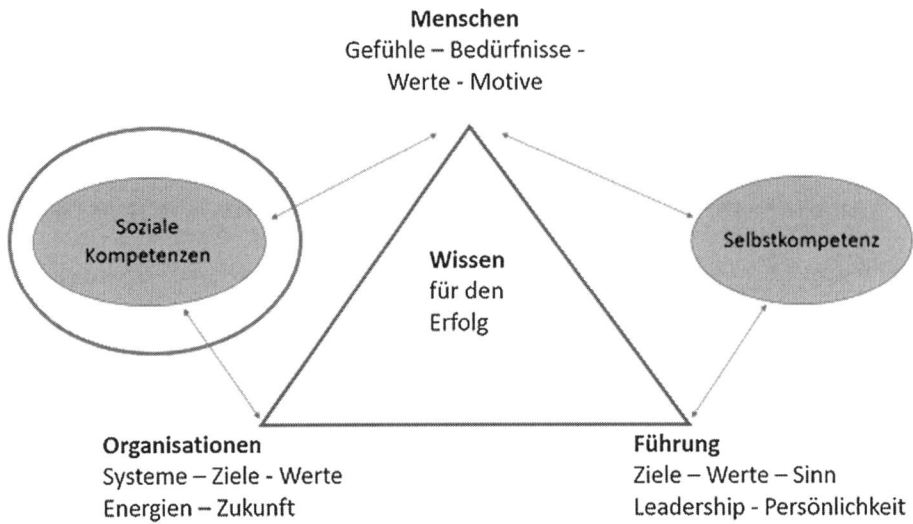

● **Abb. 6.1**   Das Wissensdreieck des Erfolges. (Eigene Darstellung)

Um das Wissen für die Erarbeitung eines eigenen Profils als Führungskraft zu vervollständigen, fehlen noch die sozialen Kompetenzen, wie die schon bekannte Grafik (● Abb. 6.1) zeigt.

Viele Voraussetzungen für den Erwerb sozialer Kompetenzen wie Teamfähigkeit, Empathie oder Kooperationsfähigkeit stecken in der Selbstkompetenz, die im letzten Kapitel erarbeitet wurde. Somit sind entscheidende Schritte geschafft und es geht jetzt zum einen um Erwartungen an soziale Kompetenzen – schließlich werden von Führungskräften immer mehr soziale Kompetenzen erwartet – und zum anderen um emotionale und spirituelle Intelligenz. Im zweiten Teil des Kapitels geht es um verschiedene Ansätze in der Kommunikation mit Hinweisen auf die Kunst der Gesprächsführung sowie um Konfliktursachen und -lösungen. Es werden bewusst verschiedene Ansätze gezeigt, die die Leserinnen und Leser möglicherweise animieren, das zu ihrem Führungsprofil passende Modell auszusuchen und auf Wunsch vertiefende Literatur dazu zu nehmen.

Abschließend folgen wieder Coachingbeispiele mit besonderem Schwerpunkt auf der Transaktionsanalyse, da sich deren Modelle gut im Führungsalltag nutzen lassen.

Zu Beginn sollen kurz einige bekannte Führungsfehler und ihre Gründe nach Crisand (vgl. Crisand 2002, S. 63–67) dargestellt werden, um die Bedeutung der sozialen Kompetenzen in der Führung mehr hervorzuheben:

- Unzureichende Weitergabe an Informationen
- Zu wenig soziale Kontakte, zu wenig Kommunikation
- Konflikte ignorieren oder aussitzen
- Kontrolle statt Vertrauen
- Einseitiges Durchsetzen von Unternehmens- oder Mitarbeiterinteressen
- Nicht beachtete Einflussfaktoren
- Keine Selbstreflexion über das eigene Führungsverhalten
- Falsches Bild vom Vorgesetzten bieten.

■ **Unzureichende Weitergabe an Informationen**

Informationen sind Wissen – ohne Wissen können Mitarbeitende ihre Aufgaben nicht ziel- und zweckgerichtet sowie in der gewünschten Zeit erfüllen. Gleichzeitig neigen Menschen mit Informationsdefizit dazu, darüber nachzudenken, eigene Erklärungen zu suchen und sich darüber mit Kollegen auszutauschen. Diese Zeit fehlt wiederum zur Erfüllung ihrer Aufgaben. In vielen Unternehmensleitbildern steht „Kommunikation" und „Information" als Unternehmensziele, werden aber in der Praxis wenig oder nicht umgesetzt. Die Gründe liegen in mangelnden Kommunikationsfähigkeiten oder auch im Nicht-informieren-wollen von Führungskräften, um ihren vermeintlichen Wissensvorsprung zu sichern.

■ **Zu wenig soziale Kontakte, zu wenig Kommunikation**

Mangelnde Kommunikation zwischen Vorgesetzten und Mitarbeitenden führt häufig zu Unzufriedenheit und dem Gefühl der Mitarbeitenden, nicht wahrgenommen zu werden oder sogar für ihre Arbeit nicht wertgeschätzt zu werden. In vielen Unternehmen lassen Hierarchien und/oder Termindruck soziale Kontakte und damit Kommunikation zwischen Mitarbeitenden und Führungskräften nur schwerlich zu. Führungskräfte mit geringen Kontaktfähigkeiten, –bedürfnissen oder wenig ausgeprägtem positiven Menschenbild suchen den Kontakt nicht und verstecken sich hinter den hierarchischen Gegebenheiten.

■ **Konflikte ignorieren oder aussitzen**

Konfliktfähigkeit gehört zum Handwerkszeug jeder Führungskraft. Konflikte lösen sich nicht von allein, Aussitzen ist keine funktionierende Variante. Konflikte bedürfen häufig der Lösung durch die Führungskraft, um nicht eine Gruppe oder Abteilung über Monate zu lähmen, die Zielerreichung zu gefährden und ggf. eine Trennung von fachlich guten Mitarbeitenden auszulösen. Auch die Wahrnehmung von sich anbahnenden Konflikten gehört zu den Aufgaben einer Führungskraft. Voraussetzung für eine Konfliktfähigkeit ist das Wissen über das eigene Selbst, ein gutes Selbstwertgefühl, Empathie sowie Wissen über die Bedürfnisse der Mitarbeitenden, um Konflikte gar nicht erst entstehen zu lassen.

■ **Kontrolle statt Vertrauen**

Wenn eine Führungskraft Mitarbeitenden nicht vertraut, sondern sie stetig kontrolliert, so werden die Mitarbeitenden diese Einstellung ihres Vorgesetzten spiegeln: Die sich selbst erfüllende Prophezeiung tritt ein. Eine Führungskraft, die überzeugt ist, dass ihre Mitarbeitenden „nichts taugen" und „zu dumm sind", wird nach allem suchen, was ihre Vorurteile bestätigt und nicht in der Lage sein, die Fähigkeiten und Potenziale zu sehen. Die Mitarbeitenden reagieren mit Auflehnung, Anpassung oder Flucht. Ein negatives Menschenbild sollte zum Anlass für ein Coaching genommen werden, um zunächst am Selbstkonzept zu arbeiten. Eine Vorgesetzte, die dagegen ihren Mitarbeitenden vertraut und ihnen Freiraum gestattet, ihre Potenziale entdeckt und diese fördert, wird gute Arbeit mit ihrer Abteilung oder ihrem Unternehmen leisten, denn die Mitarbeitenden werden sich loyal verhalten, Verantwortung übernehmen und sehr gute Leistungen erbringen.

- **Einseitiges Durchsetzen von Unternehmens- oder Mitarbeiterinteressen**

Einer Führungskraft mit geringer Sozialkompetenz gelingt der Ausgleich zwischen beiden Seiten wenig oder gar nicht. Ohne Kompromiss- und Durchsetzungsfähigkeit kann sie ihre Führungsaufgaben nicht angemessen erfüllen. Eine gute Führungskraft dagegen wägt ab, wessen Interessen im jeweiligen Fall wie hoch zu bewerten sind und entscheidet sich danach für einen Kompromiss oder setzt das Interesse der einen Seite durch. Dabei helfen ihr gute Kommunikations- und Konfliktfähigkeiten.

- **Nicht beachtete Einflussfaktoren**

Empathie ist eine wichtige Eigenschaft einer guten Führungskraft. Ist sie nicht in der Lage, das Verhalten von Mitarbeitenden wahrzunehmen und einzuschätzen, so hat sie Defizite in ihrer zwischenmenschlichen Kompetenz. Nimmt eine Führungskraft das Verhalten eines Mitarbeitenden wahr, vor allem, wenn es sich ändert, dann führt dieses zu weniger Missverständnissen bzw. mehr Verständnis und sorgt dafür, Konflikte gar nicht erst entstehen zu lassen.

- **Keine Selbstreflexion über das eigene Führungsverhalten**

Das Wissen über das eigene Selbst (siehe ▶ Kap. 5) und damit über das eigene Führungsverhalten ist unabdingbar für hohe Führungsqualität. Hier kann ein Mitarbeitergespräch mit dem eigenen Vorgesetzten, das (von der Führungskraft zugelassene) Feedback mit Mitarbeitenden oder ein professionelles Coaching helfen.

- **Falsches Bild vom Vorgesetzten bieten**

Ein Führungsfehler ist das Verstellen der eigenen Persönlichkeit. Wie bereits in dargestellt, führt eine „Fassade" beim Vorgesetzten zu Missverständnissen und möglicherweise zu Konflikten.

6.1 Begriffsverständnis soziale Kompetenzen

Soziale Kompetenzen bilden sich aus der Persönlichkeit eines Menschen und aus dem Wissen über das menschliche Verhalten und über Emotionen. Die Kenntnis der eigenen Emotionen ist Voraussetzung für die Veränderung des Verhaltens, wie in den vergangenen Kapiteln gezeigt werden konnte.

Sozial kompetente Menschen verhalten sich kooperativ, können und wollen gut mit anderen in Beziehung treten, Konflikte erkennen und lösen und Verantwortung übernehmen. Die wichtigsten Fähigkeiten sind Kommunikations- und Teamfähigkeit sowie Entscheidungs- und Durchsetzungskraft, die Fähigkeit Ziele zu vereinbaren und zu organisieren. Auch Motivations- und Überzeugungskraft, eine Feedback-Kultur sowie Mentoring gehört dazu: Die Potenziale von Mitarbeitenden zu erkennen, ihre Karriere zu fördern und passende Weiterentwicklungsmöglichkeiten aufzuzeigen – selbst wenn es manchmal gegen die eigenen Interessen geht, indem man eine/n gute/n Mitarbeitenden verliert, da er oder sie sich anderswo besser entwickeln kann. Eine weitere hilfreiche soziale Kompetenz ist systemisches Denken: Damit versteht eine Führungskraft, dass Organisationen wie Systeme funktionieren (siehe ▶ Abschn. 3.7) und ist in der Lage, daraus Rückschlüsse auf Einflussfaktoren, Abhängigkeiten, organisationale Energien und menschliches Handeln zu ziehen.

Soziale Kompetenz bildet sich nur, wenn ein Mensch eine „Persönlichkeit" ist bzw. seiner Persönlichkeit weiterentwickelt.

» Persönlichkeit hat nichts mit dem Alter zu tun, denn auch ein Kind kann schon eine Persönlichkeit sein (Crisand 1996, S. 19).

Daher ist es unerlässlich, dass (zukünftige) Führungskräfte

» neben der Persönlichkeit psychologisches Fachwissen besitzen, denn man kann nicht über Zusammenhänge reden, von denen man nichts versteht (Crisand 1996, S. 20).

Soziale Kompetenzen sind somit Voraussetzung für gute Gesprächsführung in Mitarbeitergesprächen, Sitzungen mit Teams und Kunden, Moderationsfähigkeiten sowie echtes Zuhören und Zeit für die Mitarbeitenden.

6.2 Erwartungen an soziale Kompetenzen

In einer Hays-Studie von 2015 werden folgende wichtige Aufgaben von Führungskräften genannt, die auf sozialen Kompetenzen basieren:
- Etablieren einer Feedback-Kultur (71 % der Befragten)
- Motivation der Belegschaft (69 %)
- Aufzeigen der Entwicklungsmöglichkeiten (66 %)
- Regelmäßige Mitarbeitergespräche (60 %)
- Ansprechpartner sein (56 %)
- Freiräume gewähren (53 %).

Mit der Umsetzung der genannten Aufgaben sollen Herausforderungen wie Veränderungen in der dynamischen Unternehmenswelt sowie der steigenden Komplexität im Führungsbereich erfolgreich angenommen werden (vgl. Hays HR-Report 2015, S. 11–12, nach Franken 2016, S. 248–249).

Unternehmensleitungen erwarten soziale Kompetenzen, damit ihre Führungskräfte mit unterschiedlichen Teammitgliedern gut zusammenarbeiten können, die neben ihrer immer schon vorhandenen Einzigartigkeit zunehmend aus unterschiedlichen Kulturen kommen und/oder an verschiedenen Orten weltweit tätig sind. Das heißt, Führungskräfte sollen unterschiedliche Menschen als Gewinn und Erweiterung des Potenzials ihrer Teams sehen und nicht als Belastung. Auch sollen ihre sozialen Kompetenzen helfen, Veränderungen in Organisationen zu erkennen, um daraus Strategien und Maßnahmen abzuleiten.

Die oben genannten Punkte sind gleichzeitig Erwartungen von Mitarbeitenden, nicht nur Erwartungen an Führungskräfte aus Sicht der Unternehmensleitung. Die Erwartungen richten sich auch an die Unternehmensleitung, dass sie Menschen in Leitungspositionen holen, die anders als sie selbst sind – und dieses Anderssein produktiv zum Wohle des Unternehmens nutzen.

Es ist nicht zielführend, die so häufig üblichen einmal jährlichen Mitarbeitergespräche zu „verordnen", wenn Führungskräfte nicht wissen, wie man Mitarbeitergespräche führt, sie diese Gespräche als Zeitfresser und möglicherweise überflüssig empfinden – und ansonsten im gesamten restlichen Jahr kaum ansprechbar sind.

Die aus der Selbstkompetenz erarbeiteten Säulen der inneren Haltung als Führungskraft (Werte, Stärken, Verantwortung für gute Beziehungen) sind Basis für die Erarbeitung sozialer Kompetenzen. Erwartungen der Mitarbeitenden, aber auch des Unternehmens, betreffen auch Qualität der Beziehungen untereinander. Dazu gehört, dass eine Führungskraft ihre Mitarbeitenden kennt und sie durch ihr Empathievermögen versteht, um richtig handeln zu können. Dadurch gehen Mitarbeitende gern zur Arbeit, sind engagiert und motiviert und fühlen sich mit den Worten von Virginia Satir (siehe ▶ Abschn. 4.2.2) gesehen, gehört und wahrgenommen.

6.3   Emotionale und spirituelle Intelligenz

Zum Thema soziale Kompetenzen gehören auch die Begriffe „emotionale Intelligenz" und „spirituelle Intelligenz". Emotionale Intelligenz hat in den 1990er Jahren für Änderungen in Unternehmen gesorgt; inzwischen ist der Begriff umstritten, da „Intelligenz" nicht unbedingt notwendig ist, wenn jemand die zugeschriebenen Eigenschaften besitzt. „Emotionale Kompetenzen" ist möglicherweise eine passendere Beschreibung. Trotzdem soll das Konzept hier vorgestellt werden, da es damals bahnbrechend war. Es ist davon auszugehen, dass die neuen Erkenntnisse aus der spirituellen Intelligenz ähnliche Veränderungen im Sinne dieses Buches bewirken werden – auch wenn nicht jeder diese Intelligenz nutzen kann oder möchte.

6.3.1   Emotionale Intelligenz

Daniel Goleman, ein amerikanischer Psychologe und Publizist, hat 1995 mit seinem Buch „EQ – Emotionale Intelligenz" den Begriff der „Emotional Quality", der emotionalen Intelligenz, bekannt gemacht. Das Konzept war bereits seit den 1920er Jahren bei Therapeuten bekannt.

> **》**   David Goleman versteht unter **„emotionaler Intelligenz"** u. a. die Fähigkeit, Gefühle
> bei sich und anderen richtig einschätzen und beeinflussen zu können. Er sieht darin
> eine Voraussetzung für beruflichen Erfolg und gute Führungspersönlichkeiten
> (▶ http://lexikon.stangl.eu/3239/emotionale-intelligenz/).

Die emotionale Intelligenz beruht auf den fünf Säulen Selbstvertrauen, Selbststeuerung, Selbstmotivation, Empathie und soziale Kompetenz.

Selbstvertrauen durch Selbstkompetenz

Hier kann direkt an die Inhalte von ▶ Abschn. 5.2 angeknüpft werden. Es wird noch einmal die Wichtigkeit deutlich, das eigene Selbst zu erkennen und sich selbst gut wahrzunehmen. Durch Selbstreflexion entsteht ein stabiles Selbstwertgefühl, das gestattet, eigene Gefühle zu benennen und in einer Situation, in der es angebracht ist, Empathie herstellen.

Vertrauenswürdigkeit durch Selbststeuerung

Wenn Menschen Zugang zu ihren Gefühlen haben, behalten sie die Kontrolle über sich und schaffen durch das Erkennen und Benennen ihrer Gefühle emotionale Distanz und

Abstand zu der entsprechenden Situation. Selbststeuerung heißt, dass eine Führungskraft keinen Gefühlsausbruch bekommt oder dass ein Mensch auch unter Stress oder in Krisen ruhig bleibt. Es heißt nicht, seine echten Gefühle zu unterdrücken, sondern sie wahrzunehmen und angemessen zu handeln. Dauerhaft unterdrückte Gefühle sorgen für negative physische Auswirkungen, z. B. Bluthochdruck oder Magenbeschwerden. Selbststeuerung ist eine gute Selbstwahrnehmung der eigenen Stimmungen verbunden mit Selbstfürsorge („was brauche ich jetzt?") und einer hohen Frustrationstoleranz. Sich an neue Situationen anpassen können, flexibel auf solche zu reagieren und offen sein für neue Ideen gehört ebenfalls zur Selbststeuerung.

Positive Einstellung zur eigenen Leistung durch Selbstmotivation

Menschen brauchen etwas, das sie antreibt, sie motiviert. Intrinsisch motivierte Menschen beschäftigen sich mit Herausforderungen, um an die bestmögliche Lösung zu kommen – und nicht, um eine Vorgabe von Vorgesetzten zu erfüllen. Sie sind hoch engagiert, leben Visionen und Ziele einer Organisation und zeigen Optimismus und Initiative. Manche geraten bei der Beschäftigung mit ihrer Aufgabe in einen „Flow", d. h. in einen Zustand des Fließens: Sie sind ganz bei sich, vertieft in ihre Aufgabe und vergessen Zeit und Raum. „Flow" wurde erstmals 1992 von Mihaly Csikszentmihalyi vorgestellt. Er beschreibt in seinem Buch „Flow" Menschen, die ihre schwere und unattraktive Arbeit in komplexe Aktivitäten verwandelten, indem sie sich auf ihre Tätigkeit konzentrierten und sich im Arbeitsprozess regelrecht verloren haben, sodass auf diese Weise ihr Selbst gestärkt wurde. Sie haben ihre eintönige Arbeit reichhaltiger gemacht oder sogar den Beruf verändert, um so „Flow" zu erzeugen (Csikszentmihalyi 2010). Motivierte Menschen glauben an sich und an ihren Erfolg, setzen sich realistische Ziele, finden immer wieder Kraft zum Weitermachen und vergleichen sich nicht mit anderen. Sie sehen neue Herausforderungen als Chance zum Lernen und zum Verbessern der eigenen Fähigkeiten. Zur Selbstmotivation gehören der Wille zum Erfolg, Engagement sowie die Bereitschaft, neue Chancen zu ergreifen.

Menschenorientierung durch Empathie

Eine Säule der emotionalen Intelligenz ist das Verstehen von Menschen und ihrer Vielfalt sowie der Wunsch, ihnen bei ihrer Weiterentwicklung zur Seite zu stehen. Dazu gehört das bereits bekannte humanistische Verständnis für Menschen, auch wenn ihr Verhalten nicht immer gutgeheißen wird, und ein Verständnis für andere Kulturen sowie die Unterstützung interkultureller Zusammenarbeit.

Veränderungen durch Kommunikations- und Beziehungsfähigkeiten

Zur fünften Säule der emotionalen Intelligenz gehören all die Fähigkeiten, die den sozialen Kompetenzen zugeordnet werden: Gute Kommunikation, Kontakt- und Teamfähigkeiten, mit Menschen umgehen und Konflikte bewältigen können. Diese Säule ist die Essenz der emotionalen Kompetenzen für Führungskräfte: Nur mit Kommunikations- und Beziehungsfähigkeiten können Menschen Teams führen und leiten. Erfolgreiche Führungskräfte haben nicht nur das notwendige Fach- und Methodenwissen, sondern zeichnen sich durch hohe Selbst- und Sozialkompetenz aus.

6.3.2 **Spirituelle Intelligenz**

Die Beschäftigung mit der spirituellen Intelligenz und ihrer Nutzbarkeit für Unternehmen stammt aus Erkenntnissen der Quantenphysik und der Hirnforschung Ende der 1990er Jahre, als die Forschung erkannte, dass das Gehirn nicht mechanisch funktioniert und weitere Funktionen des Gehirns entdeckte.

Laut Danar Zohar, Quantenphysikerin und Hirnforscherin der Universität Oxford, ist die spirituelle Intelligenz unabdingbar für Unternehmen: Ohne Innovationen, Visionen, Sinn und Selbstentfaltung werden sie nicht überleben. Sie zeigt die drei Arten des heutigen Denkens auf:

6

» Erstens das **rational-logische, problemlösende Denken,** eine Fähigkeit des Großhirns, das mit dem **IQ** gemessen wird. Dazu verschaltet sich das Gehirn linear und seriell, vergleichbar mit Glühlampen auf einer Lichterkette. (…)
Zweitens das **assoziative Denken,** das auf eher stillschweigendem Erfahrungswissen beruht. Es ruft unsere Gefühle hervor und steuert entsprechendes Verhalten. Dazu verschaltet sich das Gehirn parallel und netzwerkartig. Das ist die emotionale Intelligenz, gemessen als **EQ.** Die emotionale Intelligenz hat ihr Zentrum im limbischen System, das unter dem Großhirn sitzt und evolutionär älter ist. (…)
Die Forschung ist heut so weit, das Gehirn als **Quantensystem** zu betrachten. (…) Die 40-Hz-Wellen laufen in 40 Zyklen pro Sekunde über das ganze Gehirn und haben vermutlich die Funktion, einzelne Bilder und Informationen zu einem Ganzen zusammenzufassen. (…) Um kreativ zu sein, brauchen wir unsere 40-Hz-Hirnwellen und unsere „God-Spots". Nur mit ihrem **spirituellen Denken** können Menschen innovativ sein. (Zohar im Interview mit Gründler, in: Jäger und Kohtes 2009, S. 64–65).

Die „God Spots" sitzen in den Schläfenlappen und erzeugen lt. Zohar das Ich-Bewusstsein, also den Sinn für die eigene Identität. Durch die God Spots und die 40-Hz-Wellen, die älter sind als Religionen, werden grundlegende Fragen des Lebens gestellt wie „Was ist der Sinn meines Lebens?" oder „Was ist meine Aufgabe in der Welt?" Mit dem **SQ** können Menschen Situationen verändern und Dinge neu denken, also innovativ sein. Es hat jedoch nichts mit Religion oder Esoterik zu tun, sondern das „S" steht für „Sapientia" (lateinisch) oder „Sophia" (griechisch) und bedeutet Weisheit.

Spirituell intelligente Menschen sind sich ihres Selbst bewusst, sind spontan und mitfühlend. Sie schätzen die Vielfalt der Menschen und wollen Dinge bis in die Tiefe verstehen. Dadurch erkennen sie Muster und Beziehungen und können alles in einen neuen Zusammenhang stellen. Spirituelle Menschen haben Werte und eine innere Haltung, von der sie sich leiten lassen. Sie sehen Widerstände als Möglichkeit zu wachsen.

Alle drei Intelligenzarten arbeiten unabhängig voneinander, sie können sich jedoch gegenseitig verstärken, wenn die Fähigkeiten bei den Menschen vorhanden sind.

Auch Unternehmen können von der Nutzung aller drei Intelligenzarten zugleich profitieren. Dieses funktioniert jedoch nur in Organisationen, die veränderungsbereit sind und Raum lassen für Kreativität und Innovationen, d. h. für Selbstorganisation der Mitarbeitenden. Wichtig sind Phasen der Ruhe, Erholung und Routine, damit Menschen und ihre Gehirne sich wieder erholen können, bevor sie in neue Phasen der Kreativität eintreten. Diese Phasen müssen Unternehmen ermöglichen.

Die Ruhe hatte schon die Transaktionsanalytikerin Fanita English als ein Grundbedürfnis von Menschen definiert. Basis der erfolgreichen Arbeit von Organisationen muss eine Vision sein, die trägt: Sie muss sinngebend sein, Menschen leiten können und die Welt verbessern. Dazu gehören beispielsweise die Ideen von „postmodernen", „fluiden" oder „lernenden" Organisationen sowie die Betrachtung von Organisationen als „lebendige Systeme" (vgl. Zohar im Interview mit Gründler, in: Jäger und Kohtes 2009, S. 62 ff., sowie ▶ Abschn. 2.2.2, 3.2, 3.4, 3.5).

Die folgenden zwölf Merkmale spiritueller Intelligenz zeigen, wie sie Führungskräfte beim Entwickeln ihrer inneren Haltung unterstützen können – manche Punkte wie 1, 3 und 4 werden durch das Selbstkonzept erarbeitet, andere bilden eine Einstellung und schon ein Teil der Haltung:

- Wer will ich als Führungskraft sein?
- In wessen Dienst will ich mein Leben und meine Fähigkeiten stellen?

Es ist ein Geschenk, wenn sich Führungskräfte für eine Zeit zurückziehen können und allein oder mit Begleitung über diese Merkmale reflektieren und diskutieren können. Sie werden dann sehr klar zurückkommen und diese Klarheit wird sich in ihrer Führungsqualität widerspiegeln.

„Die zwölf Merkmale spiritueller Intelligenz:

1. **Self-Awareness – Bewusstsein seiner selbst:** Wissen, woran man glaubt, was man wertschätzt und was einen zutiefst motiviert.
2. **Spontaneity – Spontanität:** Den Augenblick leben und auf dessen Erfordernissen antworten.
3. **Vision and value led – geführt von Visionen und Werten:** Handeln aufgrund von Prinzipien und innerer Überzeugung, die man glaubwürdig lebt.
4. **Holism – Ganzheitlichkeit:** Übergreifende Muster, Beziehungen und Verbindungen wahrnehmen, einen Sinn für Zugehörigkeit haben.
5. **Compassion – Mitgefühl:** Mitfühlen können und tiefe Empathie empfinden
6. **Celebration of diversity – Unterschiedlichkeit wertschätzen:** Menschen aufgrund ihrer Andersartigkeit wertschätzen.
7. **Field independence – Gegen-den-Strom-Schwimmen:** Sich gegen die Masse stellen und die eigene Überzeugung vertreten.
8. **Humility – Demut:** Einen Sinn dafür haben, dass man Mitspieler in einem größeren Drama ist und welchen Platz man in der Welt hat.
9. **Tendency to ask fundamental why – Fragen nach den Ursachen stellen:** Das Bedürfnis, die Dinge verstehen und ihnen auf den Grund gehen zu wollen.
10. **Ability to reframe – die Fähigkeit, die Dinge in einen neuen Kontext zu stellen:** Die Situation oder das Problem mit Abstand betrachten, das größere Bild wahrnehmen; Probleme in einem größeren Kontext sehen.
11. **Positive use of adversity – Widerstand positiv nutzen:** Aus Fehlern, Rückschlägen und Leid lernen und daran wachsen.
12. **Sense of vocation – sich berufen fühlen:** Sich berufen fühlen, zu dienen und etwas zu geben." (Zohar im Interview mit Gründler, in: Jäger und Kohtes 2009, S. 69)

6.4 Kommunikation

Eine der wichtigsten Säulen der inneren Haltung als Führungskraft ist die Kommunikation. Diese soll nicht nur qualitativ gut sein, sondern auch quantitativ: Gegenseitige und ausreichende Kommunikation sind Voraussetzung für gute Beziehungen zwischen Vorgesetzten und Mitarbeitenden, helfen Konflikte und Führungsfehler zu vermeiden. Nun ist es natürlich erforderlich, das qualitative und quantitative „Gut" in der Kommunikation näher zu beleuchten.

Die meisten kennen den Kommunikationspsychologen Paul Watzlawick; ihm gelang es durch seine witzigen Geschichten zu zeigen, was in der zwischenmenschlichen Kommunikation alles misslingen kann. Unter anderem hat er gezeigt, dass **Menschen nicht nicht kommunizieren können (eines seiner fünf Axiome)**.

Stetig senden Menschen Botschaften aus, durch Körpersprache, Mimik und Gestik. Gerade durch das Schweigen eines Gesprächspartners kann eine ganz andere Kommunikation entstehen als wenn beide sprechen. Wenn also eine Führungskraft häufig an seinen Mitarbeitenden mit gesenktem Kopf und ohne etwas zu sagen vorbeiläuft, um in sein Büro zu gelangen und schnell die Tür zu schließen, so nehmen die Mitarbeitenden seine Kommunikation als „er mag uns nicht" oder „er ist wütend auf uns" o. ä. wahr. Watzlawick zeigt darüber hinaus, dass die sogenannte Wirklichkeit das Ergebnis von Kommunikation ist. Damit kann die Verbindung zum systemischen Weltbild gezogen werden, denn er weist ausdrücklich auf die Entstehung unterschiedlicher „Wirklichkeiten" hin, die durch die gegenseitige Beeinflussung von Menschen durch die Art und Weise von Kommunikation entstehen (vgl. Watzlawick 1999, S. 7–8, siehe auch ▶ Abschn. 3.7).

Das zweite Axiom von Watzlawick ist ebenfalls beachtenswert:
Jede Kommunikation hat eine Inhalts- und eine Beziehungsebene.

Hat man früher nur den Inhalten eines Gesprächs oder einer Verhandlung Beachtung geschenkt, so fand Watzlawick heraus, dass es bei jeder Kommunikation immer auch um die Beziehung zwischen zwei oder mehr Gesprächspartnern geht.

Schulz von Thun hat zusammen mit weiteren Wissenschaftlern ein sogenanntes Kommunikationsquadrat entwickelt, das auf den Ergebnissen von Watzlawick und weiteren Psychologen wie Rogers, Adler, Cohn und Perls basiert. Er zeigt auf, dass menschliche Kommunikation unter den vier Aspekten Inhalt, Beziehung, Selbstoffenbarung und Appell betrachtet werden sollte, um seine Komplexität zu verstehen (vgl. Schulz von Thun 1993, S. 13–14).

Am Beispiel eines Produktionsleiters, der seinen Mitarbeiter auf die anstehende Wartung einer Maschine anspricht, sollen die vier Aspekte vorgestellt werden. Seine Aussage ist: „Die Maschine muss <u>dringend</u> gewartet werden!"

1. **Sachaspekt:** Um welche sachlichen Inhalte geht es und wie sage ich sie dem Gesprächspartner?
   „Die Maschine muss bis…. (Termin) gewartet werden."
2. **Beziehungsaspekt:** Wie gehe ich mit meinen Mitmenschen durch meine Ausdrucksweise um? Abwertend oder voll akzeptiert? Bevormundet oder ernst genommen? Was halte ich von meinem Gesprächspartner? Wie stehen wir in Beziehung zueinander?
   „Haben Sie nicht daran gedacht, dass die Maschine dringend gewartet werden muss? Sie denken überhaupt nicht mit! Wofür werden Sie eigentlich bezahlt??"

3. **Selbstoffenbarungsaspekt:** Was teile ich von mir selbst mit? Jeder, der etwas sagt, teilt etwas von seinem Selbst mit. Wenn Menschen sich stetig hinter einer Maske verstecken, verbergen sie ihre eigentliche Persönlichkeit und sind nicht authentisch, was sich jedoch langfristig auf ihre seelische Gesundheit auswirken wird.

   „Wenn ich nicht an alles denken würde – kein Mensch kümmert sich hier! Ich bin der Einzige, der mitdenkt und dafür sorgt, dass die Produktion nicht zum Stillstand kommt!"

4. **Appellaspekt:** Was will ich mit meiner Nachricht erreichen? Die häufigsten Gründe sind Einfluss nehmen, Macht ausüben, Menschen lenken und eigene Ziel erreichen

   „Nun kümmern Sie sich mal endlich! Und das nächste Mal denken Sie mit und kümmern sich gefälligst früher!"

Wichtig bei jeder Nachricht ist nicht die Intention des Absenders, sondern wie die Nachricht beim Empfänger ankommt. Je nach Betonung einzelner Worte oder je nach Mimik oder Gestik des Senders kommt der Inhalt an. Das ist insbesondere beim Versenden von Inhalten per Mail oder über soziale Medien wichtig, da hier die Bedeutung einzelner Worte missverstanden werden kann. In vielen Situationen empfiehlt sich daher ein persönliches Gespräch, auch wenn man dazu in andere Büros gehen muss.

Wenn sich Führungskräfte das Wissen von Watzlawick, Schulz von Thun und anderen zu eigen machen, so können sie ermessen, wie wichtig eine klare Kommunikation ist. Sie sind durch Kenntnis ihres eigenen Selbst und durch Wissen über Menschen, Gefühle und unterschiedliche Bedürfnisse in der Lage, ihre Mitarbeitenden einzuschätzen und ihre Kommunikation entsprechend anzupassen. Sie geben klare Ziele mit verbindlichen Deadlines vor und teilen, wenn nötig, auch inhaltlich mit, wie ihre Erwartungen an die Mitarbeitenden aussehen. Gleichzeitig haben sie eine Methodenkompetenz entwickelt, wie Mitarbeitergespräche, Sitzungen, Verhandlungen etc. zu führen sind. Neben den offiziellen Gesprächen sind sie je nach Bedarf Ansprechpartner für ihre Mitarbeitenden. Hier sind sie in der Lage einzuschätzen, wer ein regelmäßiges Gespräch braucht, wem ein freundlicher Gruß morgens reicht oder wem es wichtig ist, dass zum Geburtstag gratuliert wird. Gleichzeitig erkennen sie Kommunikationsmuster bei ihren Mitarbeitenden und bemühen sich durch konstruktive Feedback-Gespräche, ggf. unterstützt von externen Coachings, diese zu unterbrechen.

■ **Die vier Kommunikationsmuster nach Virginia Satir**

Die bekannte Familientherapeutin Virginia Satir zeigt in ihrem Werk, wie wichtig es ist, die Verantwortung für die eigene Kommunikation und Kontaktaufnahme zu anderen zu übernehmen. Die Voraussetzung dafür ist ein stabiles Selbstwertgefühl.

》 Bei einem echten Kontakt übernehmen wir selbst die Verantwortung für das, was wir dazu beitragen. Dies ist das Ergebnis von Kongruenz. Wenn wir jedoch davon ausgehen und uns so verhalten, dass die andere Person für uns verantwortlich ist, geben wir unsere Macht aus der Hand (Satir 2008, S. 34).

Satir hat vier Kommunikationsmuster herausgearbeitet, die bei Menschen verbal und physisch sichtbar werden, die sich in ihrem Selbstwert bedroht fühlen, das jedoch nicht zeigen bzw. nicht zurückgewiesen werden wollen:

1. **Beschwichtigen,** damit der andere nicht wütend wird: Menschen haben dann häufig eine gebückte Haltung, sprechen mit gedämpfter Stimme, ihre Sätze beginnen mit „Entschuldigen Sie…", „Vielleicht könnten Sie…" oder „Ich meine nur….". Sie glauben, dass sie immer alles falsch machen und haben das Gefühl, sie müssten alle zufrieden stellen. Sie versuchen, sich einzuschmeicheln, zu harmonisieren, sagen hilflos-versöhnlich Ja zu allem, entschuldigen sich ständig. Damit **werten sie sich selbst** ab, arbeiten gegen die eigene Selbstachtung.

2. **Beschuldigen,** damit der andere ihn als stark ansieht: Menschen haben eine sehr aufrechte, „aufgeplusterte" Körperhaltung mit hartem Gesichtsausdruck und Drohgebärden („wehe!"), die aussagen „Ich bin einsam, aber mächtig!". Ihre Sätze beginnen mit „Hör auf!", „Ihnen fehlt wohl…", „Wir sind hier nicht…." oder „Benehmen Sie sich immer so…?". Sie suchen Fehler bei anderen oder klagen sie an, verallgemeinern (immer, nie,…), beschimpfen oder beschuldigen. Ihre Aussage ist „Sie machen nie was richtig", wollen damit jedoch ausdrücken, dass sich niemand um sie kümmert und sie erst laut werden müssen, bevor jemand etwas tut. Sie zeigen Härte, treten diktatorisch auf und **werten damit die anderen ab, greifen deren Selbstachtung an.** Bekannt ist das Verhalten auch als „Du- oder Sie-Botschaft", das wie ein ausgestreckter Zeigefinger wirkt: „Du solltest mal…", „Immer müssen Sie…", sodass beim anderen Widerspruch entsteht und er sich rechtfertigt, verletzt fühlt oder ärgert.

3. **Rationalisieren,** wobei die Person das als bedrohlich Empfundene als harmlos darstellt und den eigenen niedrigen Selbstwert hinter Belehrungen, Ratschlägen, rationalen Argumenten und Analysen versteckt. Sie glauben, dass sie den anderen zeigen müssen, wie klug sie sind oder wie logisch sie denken können. Solche Personen wirken betont unbeteiligt, äußern sich abstrakt trocken und fragen andere aus. Sie sitzen oder stehen mit erhobenem Kopf und aneinander gelegten Fingern und sagen Sätze wie „Es gibt Personen, die…", „Ich empfehle Ihnen…", „Man kann sagen…" oder „Natürlich ist…" und zeigen damit, dass **sie sich und andere verleugnen und missachten, da sie sich ausgeliefert fühlen.**

4. **Ablenken** durch Ignorieren der Situation: Wegsehen, die Aufmerksamkeit auf sich ziehen, etwas anderes tun, Themen wechseln, sinnlos und unklar reden, unpassende Bemerkungen machen oder an unpassender Stelle lachen. Der Körper ist abgewandt und unruhig, typische Sätze beginnen mit „Sagen Sie…", „Was meinen Sie…?", „Ja, wo war ich nochmal…" oder „Könnte ja….hmmmm….,nicht wahr?". Damit **verleugnen Menschen sich selbst, andere und den Kontext, da sie sich nirgendwo zugehörig fühlen** (vgl. Satir 2008, S. 36 ff.).

Alle vier Kommunikationsmuster lassen sich ins Positive verwandeln, indem man im Coaching bzw. in der Konfliktvermittlung die Rolle und das Verhalten der kommunizierenden Person in einen neuen positiven Rahmen setzt (Reframing):

1. Muster: Die Person kann vermitteln und hat Verständnis für andere, sie kann sich durch diese Fähigkeit aufwerten.
2. Muster: Die Person hat Überblick über die Situation und sieht die Konfliktquelle, kann also helfen, den Konflikt zu beseitigen und muss andere nicht mehr abwerten.

3. Muster: Die Person zeigt, dass sie eine Metaebene einnehmen kann und damit ebenfalls zur Beseitigung des Konflikts beitragen kann.
4. Muster: Die Person kann zwar aktiv nichts tun, jedoch zeigt sie den anderen durch ihr Verhalten, dass etwas nicht stimmt und bringt damit Bewegung in die Sache.

Auch konstruktive Feedback-Gespräche helfen, den Betroffenen ihren blinden Fleck (siehe Johari-Fenster, ▶ Abschn. 5.6.1) zu zeigen, damit sie sich dieses Teils ihrer Persönlichkeit bewusst werden und daran arbeiten können. Im Coaching geht es um die Steigerung des Selbstwertgefühls und als Ergebnis wird sich im Unternehmen die Kommunikation unter den Kollegen und zwischen Mitarbeitenden und Führungskraft verbessern. Eine erste Lösung bei häufigen Du/Sie-Botschaften wie „Sie haben schon wieder die Akten nicht weggeräumt" oder „Du erstellst nie ein korrektes Protokoll" kann das Üben von Ich-Botschaften sein, um in eine konstruktive Kommunikation zu kommen: Durch Sätze wie „Es hat mich geärgert, dass….", „Ich wünsche mir, dass…" oder „Mir ist aufgefallen…" zeigt der Sender seine eigene Wahrnehmung und beschuldigt nicht. Damit erzeugt er beim Empfänger Nachdenklichkeit, Betroffenheit und hoffentlich die Bereitschaft zur Klärung.

Führungskräfte haben viele Gespräche und Verhandlungen zu führen, sie leiten Sitzungen, moderieren Veranstaltungen und lösen Konflikte. Daher sollen im Folgenden einige Grundlagen der Gesprächskompetenz als Inspiration betrachtet werden, die zur eigenen Profilbildung als Führungskraft beitragen.

6.4.1 Grundlagen der Gesprächsführung

90 % des Erfolges ist eine gute Vorbereitung – das gilt für alle Arten von Gesprächen. Dazu gehört
- das benötigte Fachwissen über den Gegenstand des Gesprächs oder der Verhandlung sowie Grundwissen über verwandte Themen
- Nachdenken über die Gesprächsstrategie
- Erfahrungen aus anderen Gesprächen oder Verhandlungen in Überlegungen einfließen lassen (Hinweis: Nachwuchskräfte können sehr gut von erfahrenen Kollegen bzw. Führungskräften lernen!)
- Vorbereiten auf die Argumente der Gesprächspartner
- Vorbereitung der Präsentationen oder Unterlagen, die vorgestellt oder übergeben werden sollen
- Gespräch vorab strukturieren und klare Stellungnahmen entwickeln
- Gespür für die Situation und die Gesprächspartner entwickeln

Im Gespräch dann helfen folgende Fähigkeiten:
- Zu Beginn das gemeinsame Ziel formulieren
- zeitlichen Rahmen festlegen
- Fragen stellen (wer fragt, führt; siehe ▶ Abschn. 6.6.2)
- Genau zuhören, ggf. aktiv zuhören (siehe ▶ Abschn. 6.6.3) und die Interessen der anderen wahrnehmen
- Gut formulieren: Kurz, sachlich, keine Wiederholungen und Monologe, themen- und gesprächspartnerbezogen verständlich

— Gesprächsverlauf und (Zwischen-)Ergebnisse notieren, Ergebnisse kurz und knapp
   am Ende des Gesprächs zusammenfassen und das OK des Gesprächspartners für die
   Formulierung einholen
— Objektiv und unabhängig entscheiden
— Klare Position beziehen und sich trotzdem verhandlungsbereit zeigen.

6.4.2 Mitarbeitergespräche

Hier trägt die Führungskraft die Verantwortung für die Kommunikation. Daher ist es
sehr hilfreich, wenn sie sich vorab ihre Werte und Stärken ins Gedächtnis ruft, um diese
als „Gerüst" für das Gespräch zu nutzen.

Je schwieriger der Anlass des Gesprächs ist, desto wichtiger ist die Vorbereitung auf
eventuelle emotionale Ausbrüche des betroffenen Mitarbeitenden. Dazu gehören schriftliche Notizen über

— Das Ziel des Gesprächs
— Inhalte/Themen
— mögliche Argumente des Mitarbeitenden
— eigene Argumente
— Stärken des Mitarbeitenden und Entwicklungsmöglichkeiten
— Mögliche Kompromisse

Unabdingbar ist ein ruhiger Ort, an dem man während der vereinbarten Zeit nicht
gestört wird. Dass Mobiltelefone während des Gesprächs ausgeschaltet bleiben, ist selbstverständlich. In einer ruhigen Atmosphäre wird das Gespräch nach einigen Einstiegs-
sätzen sowie Getränkeangebot begonnen. Durch gut durchdachte Fragen und aktives
Zuhören lassen Führungskräfte den Mitarbeitenden Stellung nehmen zu Situationen und
Prozessen sowie ihre eigene Wahrnehmung schildern. Ein Austausch von Argumenten
für und gegen ein Projekt, einen Anlass o. ä. sowie Vorschläge für das weitere Vorgehen
können ein Mitarbeitergespräch zum Abschluss bringen. Je selbstkompetenter eine
Führungskraft ist, desto leichter kann sie solche Gespräche führen – sie kennt sich selbst
gut, respektiert und erkennt die Andersartigkeit von Mitarbeitenden an.

6.4.3 Teams moderieren

Moderieren ist eine der wichtigsten Aufgaben von Führungskräften. Zur Moderation
gehören Besprechungen, Sitzungen – und vor allem die Moderation eines Teams.

Teams sind immer öfter auf Zeit zusammengestellt – beispielsweise für ein Projekt.
Projekte können eine unterschiedliche Zeitdauer haben und unterschiedlich groß sein –
sie haben jedoch alle ein festes Ziel und damit verbundene Aufgaben, die im Team klar
verteilt sind.

Spezialisten, die eine Projektleitung für eine bestimmte Dauer bis zur Zielerreichung
übernehmen, haben fachliche Leitungsaufgaben, jedoch meist keine Personalver-
antwortung. Daher sind folgende Punkte für eine erfolgreiche Projektleitung mit motivierten Teammitgliedern zu empfehlen:

— Stetige Informationen an alle Mitglieder
— Vertrauen in den Projektleiter

- Respektvoller, akzeptierender Umgang aller Mitglieder untereinander, ohne persönliche Abneigungen
- Grundsätzliche Einigkeit über die Zielerreichung und den Weg dorthin
- Glauben an die Zielerreichung
- Kooperationsfähigkeiten
- Aktive Teilnahme im Projekt mit inhaltlicher und persönlicher Beteiligung
- Gemeinsame Leistungen werden höher bewertet als Einzelaktivitäten, auch wenn es einzelne Aufgaben gibt.
- In vielen Unternehmen laufen mehrere Projekte parallel und die notwendigen Mitarbeitenden werden aus den jeweiligen Abteilungen punktuell dazu geholt – und nicht immer ist es die fachlich beste Person, sondern jemand, der zur Verfügung steht. Häufig unterbleibt eine Absprache unter den Projektleitern, wer wen wann und wie lange braucht. Auch werden die Projekte untereinander bzw. von der Geschäftsleitung möglicherweise nicht priorisiert, sodass jeder Projektleiter nur sein Projekt im Fokus hat und alles andere ausblendet. Die betroffenen Mitarbeitenden haben dann weder ein Verantwortungs- und Zugehörigkeitsgefühl zu irgendeinem Projekt – und haben meist auch noch ihre Aufgaben in der Abteilung zu erledigen – noch haben sie Kraft, Zeit und Möglichkeiten, sich engagiert in das Projekt einzubringen und mitzudenken.

Somit wird deutlich, was Moderation von Teams bedeutet:
- Die Geschäftsleitung bespricht mit den Projektleitern in bestimmtem Turnus, z. B. wöchentlich, welches Projekt welche Priorität hat, welche Mitarbeitenden wo wie lange benötigt werden. Ebenso werden die Bereichs- oder Abteilungsleiter einbezogen, um die Verfügbarkeit und Kapazitäten von Mitarbeitenden zu vereinbaren.
- Die Projektleiter kennen die Kompetenzen und Fähigkeiten aller infrage kommenden Mitarbeitenden aus früheren Projekten oder erkennen in Gesprächen oder durch Beobachtungen, wer sich für das zu bildende Team eignen würde.
- Der jeweilige Projektleiter plant das Projekt auf der Basis seines Projektmanagementwissens und legt besonderen Wert auf das Kick-off-Meeting.
- Vor diesem ersten Meeting stellt er sicher, dass die wichtigen Mitarbeitenden teilnehmen können. Im Kick-off-Meeting stellt er Thema, Ziele, Inhalte, voraussichtliche Dauer und den Wissensbedarf vor und macht Mitarbeitende miteinander bekannt, falls sie sich noch nicht kennen. Sein Ziel sollte es sein, die Betroffenen für das Projekt zu begeistern, in dem er den Nutzen für das Unternehmen vorstellt o. ä. Gleichzeitig fragt er Kapazitäten ab, um zu erfahren, wo die Mitarbeitenden noch engagiert sind und stellt klar, dass ihm Doppelfunktionen bewusst sind. Gemeinsam werden wichtige Projektmeilensteine festgelegt sowie wöchentliche oder monatliche Besprechungstermine mit vorab zu verschickenden Agenda, Zeitrahmen und ggf. notwendigen Berichten. Dabei hört der Projektleiter auf Argumente und Einwände der Mitarbeitenden und berücksichtigt sie in seiner Planung.
- Durch seine Erfahrung und seine Kenntnisse ist ein guter Projektleiter in der Lage, die Fähigkeiten aller Projektmitarbeiter zu vernetzen und dafür zu sorgen, dass jeder seine Stärken ins Projekt einbringen kann.
- Er sorgt für gute Arbeitsbedingungen durch eine gute Gesprächskultur und vertrauensvolle Zusammenarbeit, um Konflikte zu vermeiden und durch eine

Arbeitsorganisation, die die Mitarbeitenden unterstützt und nicht behindert. Das gilt insbesondere dann, wenn die Teammitglieder in unterschiedlichen Gebäuden, Orten oder sogar Ländern sitzen.

▬ Seine Hauptaufgabe ist es somit, die Mitarbeitenden mit seinen methodischen Kompetenzen zu unterstützen, ihnen zu vertrauen, die Projektziele und den Zeitrahmen stetig zu überblicken und sich immer wieder mit seinen Projektleiterkollegen auszutauschen, damit es nicht zu Kapazitätsengpässen kommt, weil Mitarbeitende zweimal „gebucht" wurden.

6.4.4 Sitzungen moderieren

Sitzungen erfordern eine gute Vorbereitung, um sie effektiv und effizient durchzuführen. Auch hier kann eine Führungskraft gemäß ihrem entwickelten Führungsprofil agieren, beispielsweise kann sie für sich definieren, wie lange Sitzungen maximal dauern dürfen, welche Kriterien für einen erfolgreichen Verlauf für sie wichtig sind und welche Werte sie zeigen will: Beispielsweise Verlässlichkeit durch gute Planung und Durchführung oder Pünktlichkeit hinsichtlich Beginn und Ende.

Folgende Kriterien können die Überlegungen unterstützen:

▬ Festlegen des Termins nach vorheriger Abstimmung mit anderen Teams, damit es nicht zu Terminkollisionen kommt.
▬ Die Dauer der Sitzung von vorn herein begrenzen, damit alle Teilnehmer ihre Zeitplanung darauf abstimmen können
▬ Wenn ein Meeting länger als zwei Stunden dauern wird, sollten entsprechend viele Pausen eingeplant werden, da die Konzentrationsfähigkeit abnimmt
▬ Festlegung eigener und Abfragen weiterer Themen bei allen Mitgliedern
▬ Festlegen, wie tief einzelne Themen behandelt werden sollen oder ob Vorarbeiten in anderen Sitzungen erforderlich sind
▬ Erstellung einer Agenda für einen effizienten Verlauf
▬ die Sitzung auf Basis der Agenda strukturieren, damit klar ist, welches Thema maximal wie viel Zeit bekommt
▬ pünktlicher Beginn und ein pünktliches Ende, auch wenn die Agenda nicht abgearbeitet wurde
▬ Bereitstellung von Technik und Visualisierungsmöglichkeiten
▬ Klärung, ob spezielle Unterlagen benötigt werden.

Hilfreich ist eine nette Begrüßung, die Klärung, wer Protokoll führt, ein Hinweis auf den Verlauf der Sitzung und lockere Bemerkungen zwischendurch. In Sitzungen, in denen es um die Entwicklung neuer Projekte oder Produkte geht, können externe Moderatoren oder Kollegen aus anderen Abteilungen, die bisher nichts mit den handelnden Personen zu tun hatten, frischen Wind einbringen.

Während der Sitzung müssen Führungskräfte als Moderatoren darauf achten, dass der Zeitplan eingehalten wird. Hat ein Thema unerwarteterweise mehr Beratungsbedarf, so ist gemeinsam abzustimmen, ob ein Agenda-Punkt gestrichen oder auf das nächste Meeting geschoben werden kann oder ob eine zeitnahe neue Sitzung erforderlich ist. Es darf jedoch nicht passieren, dass eine Agenda zu viele Themen beinhaltet, sodass die Themen am Ende der Agenda kein Gehör mehr finden oder in zu kurzer Zeit abgehandelt werden. Damit wertet man Mitarbeitende und ihr Engagement ab.

Ein guter Moderator regt Diskussionen an, fragt nach, bezieht alle Teilnehmer ein, lässt auch die schweigsamen Mitglieder zu Wort kommen und bleibt möglichst in einer neutralen Position. Er hat alle Zeiten im Blick, verhindert lange Monologe und Profilierungsversuche (auch eigene!), sorgt für eine Fokussierung auf das Thema und auf faire und sachliche Diskussionen. Zu jedem Punkt der Agenda, der abgeschlossen wird, fasst er die wichtigsten Ergebnisse und Verantwortlichkeiten zusammen (wer macht was bis wann und mit wem?). Ggf. werden durch ein Teammitglied einzelne Punkte visuell auf Flipcharts oder Moderationswänden dargestellt. Zum Schluss werden nochmals alle Ergebnisse zusammengefasst und der Zeitpunkt der nächsten Sitzung wird möglichst mit Themen festgelegt.

6.4.5 Verhandlungen führen

In Verhandlungen kommen Menschen in einen internen Konflikt: Sollen sie hart oder weich bleiben? Wie reagiert der Verhandlungspartner? Oder ist er der Gegner, ein regelrechter Feind? Wer hart verhandelt, also kämpft, gewinnen will, gewinnt möglicherweise eine Verhandlung, hat jedoch an Ansehen hinsichtlich zukünftiger Geschäftspartner verloren oder finanzielle Verluste gemacht. Wer andererseits weich verhandelt, wird möglicherweise nicht ernst genommen oder „über den Tisch gezogen", indem er Zugeständnisse macht, die sein Unternehmen möglicherweise Geld kostet. In beiden Fällen ist eine langfristige, auf Vertrauen beruhende Zusammenarbeit schwer umsetzbar. Daher haben vor über 30 Jahren Wissenschaftler der Harvard-University ein Konzept entwickelt, mit dem sachbezogen verhandelt wird, also hart und weich zugleich (vgl. Fisher et al. 2004, S. 20); das sehr gut zu einer inneren Haltung als Führungskraft passt, die auf Respekt und Wertschätzung basiert, jedoch Konfrontation zulässt, wenn darunter nicht Kampf oder Krieg, sondern Ehrlichkeit, Offenheit, Fairness und Klarheit („Dinge auf den Punkt bringen") bedeutet.

Vier Prinzipien liegen dem Harvard-Konzept zugrunde:
- Menschen und Probleme getrennt voneinander behandeln
- Auf Interessen konzentrieren, nicht auf Positionen
- Entscheidungsmöglichkeiten (Optionen) zum beiderseitigen Vorteil entwickeln
- Neutrale Beurteilungskriterien zur Bewertung des Verhandlungsergebnisses erstellen.

Kluge Verhandlungsführer **denken voraus,** indem sie Beziehungen zu ihren Verhandlungspartnern frühzeitig und aktiv aufbauen. Sie sprechen über Probleme, nicht über Menschen.

Sie versetzen sich in die Lage der anderen, lassen sich nicht von eigenen Befürchtungen irritieren und unterstellen das den anderen als Absicht. Verursacher der eigenen Probleme sind nicht die anderen. Sie tauschen sich über die jeweiligen **Vorstellungen** zum Ergebnis aus und nutzen die Vorstellungen der Verhandlungspartner. Sie beteiligen sie am Ergebnis und sorgen dafür, dass beide Seiten ihr Gesicht wahren können.

Kluge Verhandlungsführer erkennen und verstehen **Emotionen** und können sie anerkennen. Sie erlauben den Verhandlungspartnern einen emotionalen Ausbruch, sehen jedoch über ihn hinweg.

Sie hören aufmerksam zu, sprechen so, dass die Verhandlungspartner sie verstehen und reden nur über sich, nicht über die anderen. Sie **kommunizieren** stets mit einer bestimmten Absicht (vgl. Fisher et al. 2004, S. 43 ff.).

6.5   Konfliktursachen und -lösungen

Ziel einer Führungskraft mit einer klaren inneren Haltung ist zwar die Konfliktver-meidung, jedoch wird es immer wieder vorkommen, dass Konflikte erkannt und gelöst werden müssen. Manchmal kommt eine Führungskraft in ein Unternehmen, wo es unterschwellige, möglicherweise jahrelange Konflikte gibt. Will sie konstruktiv arbeiten, so muss sie diese erst lösen.

Glasl spricht von **drei Grundtypen der Problem- und Konfliktlösung.** Konflikt-lösungen können unterschiedliche Ziele haben, die auf den jeweiligen Einstellungen der Konfliktpartner basieren und somit ein unterschiedliches Vorgehen auslösen. Es gibt Menschen – gerade im beruflichen Umfeld – für die es nur Sieg oder Niederlage gibt. Eine Kooperation oder eine Abstimmung der Interessen ist für sie undenkbar, da es als Schwäche ausgelegt werden könnte. Selbst finanzielle Verluste werden in Kauf genommen, um dieses Konfliktziel zu erreichen. Im Gegensatz dazu stehen Konflikt-partner, die an einer Problemlösung interessiert sind, um gemeinsam alle Stärken zu nutzen. Auch Kompromisse sind möglich, ein Geben und Nehmen. Hier werden wäh-rend der Verhandlung Stärken und Schwächen des Noch-Gegners kalkuliert und dann die Interessen beider Seiten abgestimmt. Ein Kompromiss ist jedoch nie eine gute Lösung, da beide Seiten meist zu hohe Zugeständnisse machen mussten und der Kon-flikt daher später wieder aufbrechen kann. Das Ziel sollte immer die Kooperation sein, die das Problem wirklich löst (vgl. Stroebe 2001, S. 30 nach Glasl).

6.5.1   Konfliktdefinition

Überall da, wo Menschen aufeinandertreffen und miteinander zu tun haben, können Konflikte entstehen. In der Psychologie wird der Begriff Konflikt verwendet, „wenn zwei Elemente gleichzeitig gegensätzlich oder unvereinbar sind" (Berkel 2014, S. 11). Damit wird grundsätzlich unterschieden zwischen Konflikten, die sich zwischen Systemen abspielen und solchen, die innerhalb eines geschlossenen Systems stattfinden.

6.5.2   Konfliktursachen und -lösungen

Konflikte werden oft durch unterschiedliche Erwartungen, Bewertungen, Emotionen, Einstellungen und Werte ausgelöst. Es sind eher weniger verschiedene fachliche Auf-fassungen, Ziel- oder Aufgabendifferenzen, die zu Konflikten führen, auch wenn es ober-flächlich so aussieht. Meist geht es um dahinter liegende Bedürfnisse, die nicht erfüllt oder um Werte, die nicht respektiert wurden. Oder innerhalb eines Projektes wurde nicht klar kommuniziert, wer welche Aufgaben mit wem bis wann erledigen sollte. Dann reagieren Mitarbeitenden mit verletzter Eitelkeit, Schuldzuweisungen, Unterstellungen, Rückzug oder Machtansprüchen. Die Führungskraft, die vorher nicht klar kommuniziert hat, wird nun mit viel größerem Aufwand den entstandenen Konflikt lösen müssen, um ihr Projekt zu einem guten Ende zu führen.

Wenn Konflikte im eigenen Bereich auftreten, so sollte zunächst geklärt werden, was genau passiert ist, wer beteiligt ist und welchen Hintergrund der Konflikt haben könnte.

Zur Analyse von Konfliktsituationen schlägt Berkel (vgl. 2014, S. 45–46) folgenden Ablaufplan vor:

1. Die Streitpunkte: Worum geht es?
2. Wer bringt welche Streitpunkte vor? Was steckt dahinter? Sehen alle die Streitpunkte gleich? Wie wichtig ist der Streit für wen und wie erlebt ihn jeder persönlich?
3. Der Verlauf: Wie hat sich der Konflikt entwickelt?
4. Was war der Auslöser? Gab es eine Verschärfung oder eine Abschwächung? Wodurch? Wie ist der aktuelle Stand?
5. Das Verhalten: Wie agieren die Parteien?
6. Wird manipuliert oder sachlich argumentiert? Erscheinen sie flexibel oder unbeweglich? Was bringt ihnen eine Einigung, was eine Fortsetzung des Konflikts?
7. Die Parteien: Wer steht im Konflikt gegeneinander?
8. Sind es Personen, Gruppen oder Organisationen? Bei Personen: Steht jemand dahinter? Wer hat in Gruppen die Sprecherrolle? Wo stehen die Parteien innerhalb der Organisation? Wer fühlt über-/unterlegen?
9. Erwartungen: Was erhoffen/befürchten die Parteien vom Konflikt?
10. Ist der Konflikt vermeidbar/unvermeidbar? Wer zieht Vorteile/Nachteile aus dem Konflikt? Hoffen die Parteien noch auf Beendigung?
11. Ergebnis und Folgen: Was hat der Konflikt gebracht?
12. Ist der Konflikt dauerhaft/vorübergehend beendet? Wann könnte er wieder aufflammen? Welchen Nutzen/Schaden hat er den Parteien/der Organisation gebracht?

Zum besseren Verständnis von Konflikten hilft die Einteilung in Konflikttypen, um zu lernen, dass jeder Typ eine eigene Lösung braucht. Führungskräfte neigen dazu, den sachlichen Grund klären zu wollen, denn dann sei ja „alles wieder gut". In den meisten Fällen liegen jedoch emotionale Gründe oder Wertdifferenzen hinter den Auseinandersetzungen von Mitarbeitenden. Bei lange schwelenden Konflikten wissen die Betroffenen manchmal nicht mehr, worum es einmal gegangen ist. Auch Kollegen, die einbezogen werden, kennen oft die Ursache nicht.

Sachverhaltskonflikte entstehen durch unterschiedliche, mangelhafte oder falsche Informationen oder durch die unterschiedliche Interpretation dieser Informationen. Beispielsweise bestehen unterschiedliche Sichtweisen zur Deadline und bis dahin zu liefernden Unterlagen für ein Projekt. Eine Lösung in diesem Konflikt kann nur auf der Sachebene gefunden werden:

- Informationen vervollständigen
- Fakten klären
- Übereinstimmung über die Bewertung der Tatsachen herstellen
- Ggf. unabhängige Experten hinzuziehen.

So sollte nach der Faktenklärung besprochen werden, wie zukünftig besser informiert wird, sodass es bei den Betroffenen richtig ankommt.

> **Interessenkonflikte**
>
> werden durch unterschiedliche Interessenslagen hervorgerufen.

> **Fallbeispiel**
>
> Zwei Mitarbeitende wollen beide die Leitung eines neuen Projektes übernehmen und sprechen sich gegenseitig die Kompetenz ab.
> In der Lösung muss folgendes passieren:
>
> — Herausarbeiten der unterschiedlichen Bedürfnisse und Interessen
> — Lösungen zur Befriedigung der Bedürfnisse suchen
> — ggf. Kompromisslösung anstreben

> **Fallbeispiel**
>
> Es werden Bedürfnisse und Kompetenzen beider Mitarbeitender geklärt, dann von der Führungskraft entschieden, wer die Projektleitung übernimmt. Sie sollte die Entscheidung inhaltlich begründen, dass z. B. noch Kompetenzen oder Erfahrung fehlen. Sofern vorhanden, kann ein zweites interessantes Angebot in Aussicht gestellt werden.

Die Ursache in einem **Beziehungskonflikt** liegt in emotionalen Problemen. Diese Konflikte gehen auf Gefühle wie Angst, Frustration, Neid etc. zurück oder auch auf enttäuschte Erwartungen oder wiederholte Missverständnisse.

> **Fallbeispiel**
>
> Ein junger Mitarbeiter trifft eigenständig Entscheidungen im gemeinsamen Verantwortungsbereich mit einem älteren Kollegen, da dieser „zu langsam und nicht zukunftsorientiert sei". Der ältere Kollege verweist auf seine Erfahrung im Fachbereich.

Eine Lösung auf der Sachebene ist zunächst nicht sinnvoll, sondern es sollte so vorgegangen werden:
— Eingehen auf die Gefühle der verschiedenen Parteien
— die gegenseitigen Wünsche und Bedürfnisse sollten von den Streitparteien verstanden werden
— dann erst ist die Abarbeitung von Sachthemen möglich.

Im Fallbeispiel sollten zunächst Einzelgespräche mit beiden stattfinden, dann ein gemeinsames. Beide Mitarbeitende sollten über ihre Wahrnehmungen und Gefühle sprechen und sie gegenseitig anerkennen. Die Führungskraft sollte dann zum Tempo und zu den Zielen des Bereichs Stellung nehmen.

In einem **Wertekonflikt** prallen unterschiedliche Wertvorstellungen und Grundsätze aufeinander.

> **Fallbeispiel**
>
> Eine Mitarbeiterin ist bei Budgetkalkulationen und –abrechnungen sehr korrekt, ihre Werte sind Präzision, Struktur und Zuverlässigkeit. Ihre Kollegin ist eher flexibel und spontan und empfindet ihre Kollegin als „Erbsenzählerin".

Hier kann nur eine Lösung gefunden werden, wenn eine gemeinsame Wertebasis gefunden wird. Das heißt, wenn beide Mitarbeitende aufeinander zugehen und Kompromisse machen. Sonst muss die Führungskraft entscheiden.

> **Fallbeispiel**
>
> Die Vorgesetzte muss entscheiden, wie korrekt sie die Budgets haben möchte.

Strukturkonflikte entstehen nicht durch Differenzen zwischen Personen, sondern aufgrund struktureller Gegebenheiten, wie beispielsweise unterschiedliche Sparten oder Aufgabenfelder im Unternehmen, welche (naturgemäß) verschiedene Prioritäten setzen, beispielsweise Vertrieb und Produktion. Die Konflikte sind systemimmanent.
- Endgültige Lösungen sind kaum möglich, es sei denn, man ist bereit am Organisationssystem zu arbeiten.
- Die Entwicklung von Abstimmungsprozessen hilft, die dauerhafte Anspannung konstruktiv zu handhaben

Bei **inneren Konflikten** geht es um die Gedanken- und Gefühlswelt einer Mitarbeitenden. Unterschiedliche Wünsche, Ziele oder Rollenanforderungen geraten in Widerspruch.

> **Fallbeispiel**
>
> Ein junger Mann ist Führungskraft. Er ist stolz auf seinen Status, fühlt sich aber überfordert.

Eine Lösung könnte sein, dass er jeden Tag neu überlegt, was ihm wichtiger ist. Klüger wäre das Gespräch mit einem Mentor oder einer professionellen Coach (vgl. auch Berkel 2014, S. 22 ff.).

Konflikte sind manchmal so tief, dass sie eine professionelle externe Begleitung brauchen oder trennende Maßnahmen notwendig sind, um gelöst werden zu können. Grundsätzlich gibt es folgende Möglichkeiten, mit Konflikten umzugehen:

- Die Konfliktparteien werden getrennt (z. B. Kündigungen, Versetzung in verschiedene Abteilungen in größeren Unternehmen). Hier ist jedoch zu berücksichtigen, dass Konflikte manchmal in Abteilungen bleiben, auch wenn die offensichtlichen Haupt-Konfliktpartner getrennt wurden.
- Die beiden Mitarbeitenden bekommen getrennte Unterstützung, um die jeweiligen Ursachen zu finden und zu bearbeiten (persönliche Gespräche mit der Führungskraft und Personalabteilung, ggf. mit dem Betriebsrat, externes Coaching)
- Neue Möglichkeiten entwickeln (z. B. neue Büroaufteilung, Deadlines in Projekten, interne Kommunikation anders organisieren etc.)
- Die Organisation sucht nach einer Fehleranalyse eine technische oder organisatorische Lösung, um zukünftig Konflikte zu vermeiden
- Beide Konfliktparteien erarbeiten nach gemeinsamer Bearbeitung des Konfliktes mit Unterstützung von Teamentwicklern oder Mediatoren eine gemeinsame Lösung.

6.5.3 Konfliktmediation

Abschließend soll Mediation als Methode zur Konfliktlösung vorgestellt werden. Mediation ist eine Weiterbildung, die auch für Führungskräfte angeboten wird. Von Hertel hält Konfliktlösung mit Mediationskompetenz aus zwei Gründen für sinnvoll:

1. Geschwindigkeit: Je mehr Mediationskompetenz vorhanden ist, desto schneller werden Konfliktkerne erreicht;
2. Innovationspotenzial: Jeder Teilnehmer mit Mediationskompetenz trägt dazu bei, dass der Konflikt nicht weiter eskaliert, sondern dass alle Betroffenen lösungsorientiert handeln (vgl. von Hertel 2013, S. 7).

Ihr Konzept aus neun Bausteinen, das auf systemischem Coachingverständnis basiert, soll hier vorgestellt werden, da es gut zur eigenen Haltung als wertschätzende Führungskraft passt:

▪ Baustein 1: Die eigene Aufmerksamkeit und den eigenen Zustand steuern

Eine Führungskraft kann eine Mediation nur erfolgreich durchführen, wenn sie zuerst für sich selbst und ihre eigene gute Verfassung sorgt. Sie sollte mit Empathie in die Mediation gehen, jedoch nicht mit Mitleid, denn Probleme sollen gelöst und nicht bedauert werden. Eine Mediation erfordert hohe Aufmerksamkeit für die Konfliktparteien und für sich selbst und die eigene Rolle. Dafür sind Kenntnisse über das eigene Selbst unerlässlich.

▪ Baustein 2: Deeskalieren

Menschen reagieren in kritischen negativen Situationen mit drei Verhaltensarten: Kampf, Erstarrung oder Flucht. Sie führen zu Emotionen in unterschiedlicher Form, die einen Konflikt leicht verschärfen können und somit zur Eskalation führen können. Die vierte menschliche Verhaltensart, die Kooperation, ist das einzige Verhalten, das ein Miteinander darstellt.

Von Hertel schlägt u. a. vor, Mitarbeitende zu Beginn streiten zu lassen und in der entstehenden Pause zu fragen, ob ihnen das Streitmuster geläufig ist und ob es so bleiben soll. Wichtig ist, das Vertrauen der Mitarbeitenden in die Mediations-Führungskraft vorab zu stärken, damit niemand sein Gesicht verliert. Eine andere Möglichkeit ist die Vereinbarung, dass jeder Beteiligte einmal im begrenzten Zeitraum, z. B. maximal 7 min, alles sagen darf, was er will. Durch das Zuhören entsteht Beruhigung, keine erhöhte Aggression. Die Führungskraft arbeitet die wichtigsten Wünsche aus den Wortbeiträgen heraus und baut sie zu Zielen um.

- **Baustein 3: Konflikte sichtbar und erkennbar machen**

Um die Gedanken und Werte der beiden Konfliktparteien deutlich zu machen, ist das Visualisieren durch Figuren, Bauklötze oder Dinge, die in Büros griffbereit sind (Schreibmaterial, Blöcke, Taschenrechner o. ä.) hilfreich. Jede Konfliktpartei stellt während des Erzählens die Situation anhand der Hilfsmittel dar, ohne dass sich jemand einmischt. Die Führungskraft ermutigt den betroffenen Mitarbeitenden, die Aufstellung für sich selbst zu machen und stellt systemische Fragen. Durch die Fragen und die Beobachtung gewinnt die Führungskraft Erkenntnisse aus der Sicht des aufstellenden Mitarbeitenden über den Konflikt.

- **Baustein 4: Spiegeln und strukturieren**

Die Führungskraft fasst alles zusammen, was sie gehört hat und fragt alle Beteiligten, ob die Zusammenfassung korrekt ist: Sie spiegelt die Wünsche und die Persönlichkeiten der Beteiligten.

Im zweiten Schritt strukturiert die Führungskraft alles Gehörte, bildet Hypothesen (Vermutungen) für Oberbegriffe und fragt alle Beteiligten, ob Oberbegriffe und Themen passen. So wird Schritt für Schritt alles sortiert.

- **Baustein 5: Unterschiede erkennbar machen**

Führungskräfte sollten in der Mediation die Unterschiede zwischen Mitarbeitenden wertschätzend deutlich machen: Persönlichkeit, Werte, Potenziale, Kompetenzen etc. von Mitarbeitenden müssen unterschiedlich sein, um ein Unternehmen zum Erfolg zu führen. Hilfreich ist hier das Riemann-Thomann-Modell, das in ▶ Abschn. 6.6.1 vorgestellt wird. Mithilfe des Modells können unterschiedliche Profile von Mitarbeitenden deutlich gemacht werden.

- **Baustein 6: Humorressourcen nutzen – Mediation mit Witz**

Die Konfliktparteien zum Lachen bringen – eine schwere Aufgabe für Führungskräfte, aber durch nicht-verletzenden Witz, augenzwinkernde Provokation oder Überzeichnung sehr erfolgreich. Allerdings empfiehlt sich eine langsame Gewöhnung an Witze im Bereich der Führungskraft – und Lachen über sich selbst. Sonst könnten die Mitarbeitenden an dieser Stelle überfordert sein.

- **Baustein 7: Das Prinzip der plausiblen Intention**

Jeder Mensch handelt aufgrund geerbter, erlernter und erprobter Muster. Das führt bei anderen Menschen möglicherweise zu Unverständnis und zu Fragen nach dem Grund dieses Handelns (warum?), den sie nicht nachvollziehen können. Das führt allerdings nicht zum Ziel, den Konflikt zu beseitigen, sondern eher zu weiteren Auseinandersetzungen. Besser ist es, in der inneren Haltung der Annahme zu fragen: „Wofür kann das gut sein?" oder „Angenommen, Sie würden… – wie würde sich das auf Ihr Handeln auswirken?".

- **Baustein 8: Fragt, wer führt? Die Kunst der Frage**

Auf Fragetechniken wird in ▶ Abschn. 6.6.2 eingegangen. Im Mediationsprozess sind insbesondere systemische Fragen zielführend.

- **Baustein 9: „Konfliktgefährchen" (von Hertel 2013, S. 218) rechtzeitig erkennen**

Abschließend wird empfohlen, Konflikte zu vermeiden bzw. früh zu erkennen und nicht zu ignorieren. Das lässt sich durch Beobachtung der Mitarbeitenden, durch Empathie sowie durch Zuhören umsetzen. Wer sich traut, auch nach Negativem zu fragen („Sind Sie zufrieden mit der Zusammenarbeit in unserer Abteilung? Wo gibt es aus Ihrer Sicht Verbesserungspotenzial?"), gewinnt das Vertrauen seiner Mitarbeitenden.

Einen solchen Mediationsprozess als Führungskraft durchzuführen ist nicht einfach und erfordert viel Übung, am besten sogar eine entsprechende Weiterbildung. Es ist sehr wichtig, die jeweilige Rolle (Mediator-Führungskraft) machen. Falls das schwer fällt, sollte eine externe Mediatorin dazu geholt werden, die als neutrale Expertin wahrscheinlich leichter Zugang zu beiden Konfliktpartnern findet. Für kleine Konflikte kann das vermittelte Wissen ja schon einmal ausprobiert werden.

6.6 Wegbegleitung durch Coaching II

In diesem Abschnitt werden Beispiele vorgestellt, die zur Entwicklung und Stärkung sozialer Kompetenzen genutzt werden können.

6.6.1 Riemann-Thomann-Modell

Neben dem Kommunikationsquadrat und dem inneren Team (siehe ▶ Abschn. 5.6.5) bietet das Riemann-Thomann-Modell einen weiteren Impuls für die Auseinandersetzung mit professioneller Kommunikation.

Bisher wurde über Kommunikationsfähigkeiten und deren Verbesserung gesprochen; nun soll es um Kommunikationsbedürfnisse gehen. Dabei können die Erkenntnisse zu menschlichen Grundausrichtungen von Riemann und Thomann helfen. Sie unterscheiden zwischen den Polen Nähe – Distanz sowie Dauer – Wechsel, die sie als Koordinatensystem sehen, wie ◘ Abb. 6.2 zeigt.

- Zum Bedürfnis nach **Nähe** gehören zwischenmenschliche Kontakte, Liebe, Wertschätzung, Harmonie, Geborgenheit,
- zur **Distanz** Freiheit, Unabhängigkeit oder Ruhe,
- zur **Dauer** Ordnung, Rituale, Zuverlässigkeit, Kontrolle und
- zum **Wechsel** Abwechslung, Spontanität oder Kreativität.

Je nach Unternehmenskultur, Lebensmotiven, Mentalität der Menschen in einer Region oder nach Bedürfnis der jeweiligen Führungskraft wird kommuniziert. Diese Art der Kommunikation kann sich durchaus von den persönlichen Bedürfnissen und Werten der Führungskräfte und Mitarbeitenden unterscheiden, sodass es zu Missverständnissen und sogar Konflikten kommen kann.

Wenn beispielsweise ein Mitarbeitender am besten arbeiten kann, wenn er in einem kleinen Büro sitzt, wenig redet und viele Freiräume in seinem Arbeitsfeld braucht (also

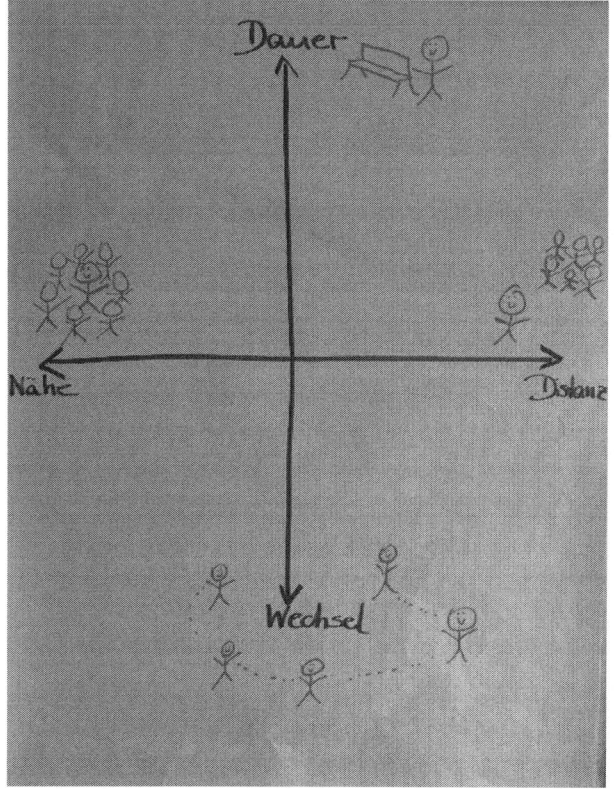

◻ Abb. 6.2   Beispiel für ein Riemann-Thomann-Modell im Coaching

Distanzausrichtung) sowie gern Neues lernt bzw. sich mit Entwicklungen auf dem Markt beschäftigt (also Wechselausrichtung), dann ist er z. B. für ein Projekt gut geeignet, in dem er selbstständig und autark arbeiten kann. Hat er jedoch einen Vorgesetzten, dessen Bedürfnisse eher Richtung Nähe und Dauer ausgerichtet ist, so wird dieser Vorgesetzte gern viel reden und kontrollieren wollen und die Kommunikation im neuen Projekt nach seiner Vorstellung aufbauen. Damit sind Schwierigkeiten vorhersehbar, die jedoch lösbar sind, wenn sie erkannt und akzeptiert werden.

6.6.2 Fragetechniken

Warum sollten Führungskräfte fragen? Dazu ein paar Worte einer Coach und Beraterin:

》 Wer fragt, ist interessiert.
   Wer fragt, ist klug.
   Wer fragt, führt das Gespräch.
   Wer fragt, schafft Bewegung.
   Wer fragt, gestaltet menschliche Begegnung (Kindl-Beilfuß 2014, S. 13).

Gute Fragesteller lassen ihren Gesprächspartnern Zeit zum Antworten, stellen immer nur eine Frage zurzeit und formulieren kurz und verständlich. Gleichzeitig wenden sie sich ihren Gesprächspartnern körperlich zu und sehen ihn oder sie an. Auch fallen sie niemanden ins Wort, sondern lassen ihre Gesprächspartner ausreden. Offene Fragen sind sinnvoll, insbesondere Präzisionsfragen wie „Wie kann ich Sie unterstützen?", „Welchen Weg schlagen Sie vor, nachdem Sie alles gründlich überlegt haben?" oder „Was können Sie ändern, damit wir das Ziel erreichen?"

Kluge Fragen zu stellen, ist eine wichtige Technik, die Führungskräfte beherrschen sollten. Damit sind keine Fragen gemeint, die aufdringlich oder abwertend/kränkend sind. Schlecht formulierte Fragen sind gemäß Kindl-Beilfuß

- Geschlossene Fragen, also Ja-nein-Fragen, da sie ein Gespräch stoppen können.
- Fragen mit trivialem Inhalt und trivialer Formulierung, da sie beim Antwortenden den Eindruck hinterlassen, dass er nicht geschätzt wird.
- Fragen, die mit einseitigen Annahmen gestellt werden (der Frager nimmt seine Sichtweise mit in die Frage), beispielsweise „ich gehe davon aus, dass Sie schon immer so langsam im Denken sind".
- Fragen, in denen dem Antwortgeber ein Problem unterstellt wird, beispielsweise „Sie verstehen bestimmt Menschen mit Despressionen, da Sie ja auch darunter leiden" (vgl. Kindl-Beilfuß 2014, S. 15–16).

Gute Fragen jedoch unterstützen Gemeinsamkeit, zeigen Interesse an anderen und den Respekt vor ihren Fähigkeiten und Leistungen. Das zeigt sich dann auch in der Sprache, die Fragende verwenden: Wohlwollend, Gutes annehmend – den Wert eines Menschen sehend.

Damit stellen Führungskräfte oder Kollegen keine Fragen wie „Wie oft mussten Sie eigentlich schon Ihren Arbeitsplatz wechseln? Ihr Verhalten hat sicherlich dazu beigetragen!", sondern „Erzählen Sie mal, Sie haben ja schon viele Erfahrungen gemacht und viele Fähigkeiten in unserem Bereich erworben – das können wir bestimmt etwas lernen!".

Ein weiteres Beispiel ist „Frau X ist immer gleich beleidigt, wenn ich ihr sage, was in der Liste fehlt." Hier könnten Fragen gestellt werden wie „Wie reagieren Sie, Herr Y, wenn Frau X Ihnen sagt dass in der Liste was nicht stimmt?" oder „In welchen Situationen erleben Sie Frau X als kooperativ?"

Führungskräfte neigen durchaus dazu, Gespräche, Sitzungen oder Meetings zu dominieren, indem sie ihren Mitarbeitenden ihre Sichtweise und ihre Meinung zu Situationen oder Themen mitteilen – ohne dass diese zu Wort kommen und ihre fachliche Meinung äußern dürfen bzw. können.

Wer seinen Mitarbeitenden wirklich Verantwortung und nicht nur Aufgaben geben will, muss dafür sorgen, dass sie auch selbst entscheiden und handeln und nicht an die Führungskraft zurückdelegieren.

Dazu gehört eine gute Vorbereitung seitens der Mitarbeitenden, bevor sie um einen Termin mit ihrer Vorgesetzten bitten – denn auch diese sollten ihre Führungskraft und deren wertvolle Zeit respektieren. Nachfolgende Punkte können jedoch auch als Fragen seitens der Führungskraft formuliert werden:

- Situation schildern, die eine Lösung braucht
- Zwei bis drei Vorschläge machen (je nach Situation)
- Vorteile und Nachteile sowie Kosten darstellen
- Präferierte Lösung mit Begründung darstellen.

Falls eine Lösung nicht möglich ist, können im Termin Informationen bei der Führungskraft abgefragt werden, um weiterarbeiten zu können. Auch der nächste Termin wird bei Bedarf schon festgelegt.

Fragen regen dazu an, den Mitarbeitenden selbst Antworten und Entscheidungen finden zu lassen, ihnen Mut zu machen, dass man auf ihre Fähigkeiten und Kompetenzen vertraut. Wer so führt, steht als Gesprächspartner zur Verfügung, aber nicht als Problemlöser, Ratgeber oder Entscheider. Eine solche Führungskraft gibt den Mitarbeitenden zu verstehen, dass sie ihnen vertraut und sie für alles, was sie sind und können, achtet – aber nicht rettet. Sie zeigt, ihnen, dass sie selbst in der Lage sind, Entscheidungen zu fällen und Probleme zu lösen – und lassen sie dann auch selbst machen. Führungskräfte haben somit die Aufgabe, geschickt Fragen zu stellen, und nicht die Falle der Rückdelegation zu gehen oder sich als Alles-Wisser in die Arbeit ihrer Mitarbeitenden einzumischen.

Systemisches Fragen

Im systemischen Coaching werden systemische Fragen genutzt, um Klienten aus destruktivem Verhalten oder für sie ausweglosen Situationen herauszuholen, Muster deutlich zu machen und zum Perspektivwechsel anzuregen oder eine Metaebene einzunehmen. Weitere Ziele sind Orientierung und Zielklärung, der Blick auf bereits Erreichtes, das Erkennen von Einflussfaktoren oder die Entwicklung von Ideen für die Zukunft.

Führungskräfte können die Fragetechnik teilweise bei Mitarbeitenden nutzen, wenn sie sie beherrschen. Zu systemischen Fragetechniken gehören u. a.

- Ziel- und Lösungsfragen: „Woran werden Sie erkennen, dass Sie Ihr Ziel erreicht haben?", „Woran werden andere das erkennen?" oder „Was wird dann anders sein?"
- Zirkuläre Fragen: „Wenn ich jetzt Ihren Kollegen fragen würde, was würde er mir über das Problem berichten?" oder „Was denkt wohl X über Ihren Konflikt mit Ihrer Chefin?"
- Hypothetische Fragen: „Nehmen wir mal an, Sie haben es trotz der Krankheitsfälle geschafft, die Aufträge abzuarbeiten, was würden Sie dann machen?" oder „Angenommen, Sie wüssten jetzt schon den ersten Schritt in Richtung Lösung, wie könnte er aussehen?"
- Skalafragen: „Wo stehen Sie heute auf einer Skala von 1 bis 10, wobei 1 der schlechteste, 10 der beste Stand ist? Wo standen Sie vor einer Woche, als die Kollegen krank wurden? Wo werden Sie in 14 Tagen stehen?"
- Kontext- und Verhaltensfragen: „Wer nimmt alles Einfluss auf die Situation?", „Was genau würden Sie tun, wenn Sie Ihrem Problem nähergekommen sind?" oder „Was würden Sie dann anders machen?"
- Bewältigungsfragen: „Was hat Ihnen damals geholfen, das durchzustehen, was Sie erlebt haben?", „Woher hatten Sie die Energie/Kraft/Hoffnung?" oder „Worauf können Sie weiterhin aufbauen?"
- Wunderfragen: „Angenommen, während Sie schlafen, passiert ein Wunder und Sie wachen morgens auf und Ihr Problem ist gelöst?", „Woran werden Sie am nächsten Tag merken, dass das Wunder passiert ist?" und „Woran an Ihrem Verhalten würden andere es bemerken, dass ein Wunder geschehen ist?"

Die Fragen helfen Menschen, aus ihrer Fokussierung auf ihr Problem herauszukommen und sich mit der Lösung, ihrer Zukunft oder ihren Ressourcen zu beschäftigen.

Am schnellsten und effektivsten können Menschen ihr Verhalten ändern, wenn Fragen gestellt werden hinsichtlich Ziel, Weg zum Ziel, Fähigkeiten zur Zielerreichung, Eigenmotivation, Entscheidung und Handeln sowie Ausdauer, damit das Verhalten dauerhaft bleibt (vgl. auch Webers 2015, S. 113–115; Kindl-Beilfuß 2014, S. 22–38).

Systemisches Fragen ist im Führungsalltag nicht immer sinnvoll. Am besten passt diese Fragetechnik in Mitarbeitergespräche, hier bieten sich die Ziel- und Lösungsfragen, die hypothetischen Fragen und die Skalafragen an.

6.6.3 Aktives Zuhören

Echtes Zuhören ist eine der größten Herausforderungen für die meisten Menschen, nicht nur für Führungskräfte. Leichte Ablenkungen durch andere Personen oder mobile Geräte; durch eigene Vorstellungen, die im Kopf eine vorherrschende Stellung einnehmen oder durch die gedankliche Verankerung in der nächsten Sitzung sind einige Gründe für Nicht-Zuhören.

» Unter aktivem Zuhören versteht man gemeinhin eine bestimmte Art auf den anderen zu reagieren, indem ich ihm nicht antworte, um meinen „eigenen Senf" zu dem Gesagten dazuzugeben, sondern um das, was ich von ihm verstanden und atmosphärisch erspürt habe, in meinen Worten prägnant wiederzugeben. Der Gedanke dahinter ist, dass sich der andere optimal verstanden weiß und das Gefühl hat, dass das, was er als Antwort erhält, seine eigenen Gedanken auf den Punkt bringt (Schulz von Thun, in: Hintz 2016, S. 273).

Aktives Zuhören ist somit eine Stufe über dem „normalen" Zuhören, denn dadurch kann eine Führungskraft zum einen sicherstellen, dass sie alles verstanden hat, was die Mitarbeiterin gesagt hat, und zum anderen kann sie die Perspektive der Mitarbeiterin einnehmen und so deren Sichtweise verstehen. Wichtig sind die Rückmeldung, also eine Wiederholung des Gesagten und ein inhaltliches Verstehen ebenso wie das Thematisieren der wahrgenommenen Gefühle – die eigenen und die der Gesprächspartnerin. Damit zeigt die Führungskraft, dass sie die Mitarbeiterin schätzt und eine Beziehungsebene zu ihr aufbauen möchte. Gleichzeitig können Missverständnisse beseitigt werden oder gar nicht aufkommen, da die Führungskraft nicht ihre eigene Bewertung einer Situation im Kopf hat, sondern wirklich zuhört. Das zeigt sie durch Blickkontakt, Verständnisfragen und eine zugewandte Körperhaltung sowie durch verbale Zustimmung („ja", „aha", „interessant").

Weitere Elemente des aktiven Zuhörens (vgl. Hintz 2016, S. 276–277) sind:

Paraphrasieren Das Gesagte wird noch einmal in eigenen Worten wiedergegeben, z. B. „Wenn ich Sie richtig verstanden habe, meinen Sie, dass Sie nicht fair behandelt werden", „Das heißt also, dass Sie uns nicht mehr zur Verfügung stehen" oder „Sie wollen wissen, was unser Unternehmen zukünftig plant".

Verbalisieren Das Gefühl, das der Gesprächspartner wahrnimmt, wird mit eigenen Worten beschrieben, z. B. als Feststellung „Sie nehmen unsere Entscheidung als ungerecht wahr", als Vermutung „Ich vermute, Sie möchten die Entscheidung überdenken" oder als Nachfrage „Ist Ihnen das jetzt zu viel?".

Aktives Zuhören erfordert eine bestimmte Einstellung, die der eigenen inneren Haltung entsprechen kann: Interesse am Menschen, Respekt und Wertschätzung:

- sich in den Mitarbeitenden hineinversetzen, ihm zuwenden, sich ganz auf den anderen einstellen – also keine eigenen Geschichten („als ich so jung war wie Sie…"), Bewertungen („das habe Sie schon mal besser hinbekommen"), Abqualifizierung, Kritik, Ratschläge, Belehrungen oder Bagatellisierung
- sich für den Mitarbeitenden als Mensch interessieren und die Gefühle und das Verhalten zu verstehen
- den Mitarbeitenden als Mensch respektieren und seinen Wert schätzen.

6.6.4 Transaktionsanalyse

Die Transaktionsanalyse (TA) ist eine Methode, die vom kanadisch-US-amerikanischen Psychiater Eric Berne als psychotherapeutisches Verfahren in den 1950er und 1960er Jahren entwickelt wurde. Sie wurde von unterschiedlichen Schülern weiterentwickelt, u. a. von Bernd Schmid, der die TA mit der Systemik verknüpfte. Im Unternehmensalltag kann sie der Verbesserung der Kommunikation und der Beziehungen zwischen Führungskräften und Mitarbeitenden dienen, denn die TA ist ein Weg, sich mit dem eigenen Verhalten und den zugehörigen Gefühlen und Einstellungen zu beschäftigen. Wie in bereits benannten Methoden hat auch die TA einen respektvollen und wertschätzenden Ansatz.

In Organisationen kann die TA die Entwicklung der Organisation selbst als System ebenso unterstützen wie die Entwicklung der Mitarbeitenden. Durch die Förderung und das daraus entstehende Wachstum der Mitarbeitenden verbessert sich Effektivität und Effizienz, beispielsweise durch Vermeidung oder Verringerung von Konflikten zwischen Abteilungen oder Mitarbeitenden, durch Verbesserung der Kommunikation zu größerer Klarheit sowie der Beziehungen zwischen Vorgesetzten und Mitarbeitenden.

Durch die Transaktionsanalyse erfahren Menschen, was sie antreibt und welche Werte ihnen wichtig sind. Das unterstützt

- ihre Selbstkompetenz, in dem sie erkennen, welches Verhalten ihre Professionalität unterstützt und was in ihnen vorgeht, wenn sie mit ihrem Verhalten nicht erfolgreich sind
- die Erkenntnis, ob und wann ihr Verhalten selbst gesteuert oder fremdgesteuert ist (Autonomie)
- ihre Entscheidung, sich bewusster zu verhalten oder ihr Verhalten zu ändern, d. h. ob und inwieweit sie bereit sind, Verantwortung für sich zu übernehmen (vgl. Rüttinger 1999, S. 10–12).

Die Philosophie und das Menschenbild der TA

» Jeder Mensch ist im Kern in Ordnung. Gleichgültig wie er sich verhält, hat er einen Teil in sich, der liebenswert ist und der wachsen kann (Mohr 2008, S. 29).
Menschen sind gleichwertig und gleichberechtigt. „Das heißt, jeder Mensch kann über sich selbst entscheiden. (…) Jeder Mensch ist für sich selbst und letztlich nur für sich selbst verantwortlich." (Hagehülsmann 1998, S. 144–145)

Diese Philosophie zeigt sich in dem Ansatz „Ich bin ok – du bist ok", der etwas später gezeigt wird. Das bedeutet grundsätzliche Wertschätzung gegenüber anderen und sich selbst und dass Menschen so sein dürfen, wie sie sind. Das Verhalten einer Person kann jedoch nicht in Ordnung sein und das soll dann auch bewusst gemacht werden.

Menschen sollen über sich selbst entscheiden können, denn nur sie kennen sich selbst so gut, dass sie wissen, was für sie richtig ist. Damit sind sie auch für sich verantwortlich und können die Verantwortung für ihr Leben oder ihren Beruf nicht anderen Menschen oder „dem Schicksal" zuschieben. Jeder Mensch kann sein Leben ändern, wenn er es will – er ist Experte für sein Leben. Dieser Ansatz ist auch aus dem systemischen Coaching bekannt.

Die beschriebene Selbstbestimmung über das eigene Leben wird in der TA mit Autonomie beschrieben. Sie bedeutet einen wertschätzenden Umgang mit Mitarbeitenden im Führungsalltag. Als Führungskraft habe ich verstanden, dass eine Assistentin den gleichen Wert wie ein Ingenieur hat, da sie ebenso zum Unternehmenserfolg beiträgt. Damit hat sie das gleiche Recht, gehört und wahrgenommen zu werden wie andere Teammitglieder. Das bedeutet für Führungskräfte, sich auf ihre Mitarbeitenden im Gespräch einzulassen, bei ihrem Anliegen zu bleiben und sich nicht gedanklich bereits mit dem nächsten Termin zu beschäftigen. Führungskräfte sollen ihre Empfindungen im Kontext einer bestimmten Situation oder einer Herausforderung durchaus ausdrücken, beispielsweise Enttäuschung über zu spät gelieferte Unterlagen oder Freude über einen gewonnenen Auftrag. Eine gute Beziehung zu Mitarbeitenden zeigt sich durch echte Sympathie, Vertrauen und Freude an der Zusammenarbeit. So handelnde Führungskräfte sind der Überzeugung, dass sie die besten Mitarbeitenden haben und ihre Zusammenarbeit gut funktioniert – auch wenn es Situationen gibt, wo Aufgaben nicht rechtzeitig erledigt werden oder das Verhalten einzelner Mitarbeiter nicht akzeptabel ist.

Das Struktur-Modell der Ich-Zustände

Um nun zu verstehen, warum Menschen in unterschiedlichen Situationen unterschiedlich handeln, sollen die sogenannten Ich-Zustände von Berne vorgestellt werden. In ▶ Abschn. 2.2.2 wurden die drei psychologischen Grundbedürfnisse des Menschen nach Berne vorgestellt: Das Bedürfnis nach Zuwendung (Strokes), nach Stimulation (Anregung) und nach Struktur. Auf dieser Basis hat Berne sogenannte Ich-Zustände herausgearbeitet, die die Gesamtstruktur unserer Persönlichkeit abbilden und sich durch unterschiedliche Einstellungen, Gefühle und Verhalten auszeichnen.

Die drei Ich-Zustände lassen sich wie folgt beschreiben, wobei darauf hingewiesen werden muss, dass sich die Bezeichnungen bei den einzelnen Autoren unterscheiden. Die Autorin hat die ihr vertrauten Begriffe gewählt.

Das **Kind-Ich (K)** beschreibt den ursprünglichen Zustand des Denkens, Fühlens und Verhaltens, den Menschen als Kind hatten und leben konnten und der jetzt wieder eintritt. Dazu gehören alle Impulse, die ein Kind hat.

Man unterscheidet drei Ausdrucksformen beim Kind-Ich: Das freie, das angepasste und das rebellische Kind-Ich.

Das freie Kind-Ich (fK) ist durch den Zustand elementarer Empfindungen gekennzeichnet, wie Spontanität, Neugierde oder Kreativität. In diesem Ich-Zustand wird impulsiv, gefühlvoll-lustig und unkontrolliert gehandelt, Wünsche müssen sofort erfüllt werden. Aus dem natürlichen Kind-Ich kommt die Freude am Tun, aber auch rücksichtsloses, gefährdendes und destruktives Verhalten. In diesem Zustand sind Menschen voller Ideen und Einfälle, kümmern sich jedoch weder um Konsequenzen noch um Umsetzungsmöglichkeiten.

Das angepasste Kind-Ich (aK) ist der Ich-Zustand des sinnvollen gesellschaftlich und sozial angepassten Verhaltens, jedoch destruktiv des Leidens und Erduldens. Das ist ein Zustand, indem Menschen tun, was von ihnen erwartet wird und versuchen, sich unauffällig bis überangepasst zu verhalten. Sie bleiben passiv und warten auf etwas, was nicht eintreten wird.

Das rebellische Kind-Ich (rK) wird im konstruktiven Sinne durch angemessene Widerstandsaktivitäten und Mut sichtbar; im destruktiven Sinne zeigt es sich durch unangemessene Proteste, Auftrumpfen oder verstocktem Verhalten. In diesem Zustand agieren Menschen gegen vermeintlich unsinnige Regeln „bockig" oder lassen sich nicht helfen, auch wenn sie allein nicht weiterkommen.

Das Eltern-Ich (EL) stellt den Ich-Zustand aus Sicht der eigenen Eltern oder anderer Bezugspersonen aus der Kindheit dar. Menschen denken, fühlen und verhalten sich in diesem Ich-Zustand wie ihre Eltern, da sie deren Regeln, Verbote und Prinzipien unreflektiert und meist automatisch benutzen. Es wird zwischen zwei Eltern-Ichs unterschieden:

Das **kritische Eltern-Ich (kEL)** kritisiert konstruktiv im positiven Fall, erscheint jedoch meist überkritisch: Es wertet ab, denkt in Gut-Schlecht- oder Richtig-Falsch-Kategorien, erteilt Befehle, bestraft, verallgemeinert und stellt inquisitorische Fragen. Es ist vergangenheitsorientiert und äußert sich in unreflektierten Wertungen. Dieses Ich kann Fehler oder Unwahrheiten nicht akzeptieren, trägt aber durch seine Schuldsuche nicht zu einer Lösung bei. Negative Beispiele sind Äußerungen wie „Das tut man nicht" oder von oben herab „In diesem Unternehmen werden Regeln eingehalten – haben Sie keine Kinderstube?"; positive sind „Ich zeige Ihnen mal, wie hier Akten richtig abgelegt werden."

Das **fürsorgliche Eltern-Ich (fEL)** hört zu, unterstützt, hat Geduld und Verständnis, tröstet, ermutigt und gleicht aus. Dieses Ich möchte vor Schäden bewahren und ist sehr beschützend und zugeneigt. Dadurch kann es jedoch in überfürsorgliches Verhalten münden, das Ängste auslösen kann bzw. Verantwortung nicht abgibt. Negativ-Beispiele sind Eltern, die ihre Kinder nichts ausprobieren und sogar überwachen lassen („Helikopter-Eltern"), positive Beispiele sind wie dieses:

Beispiel

Eine junge Frau ohne Ausbildung und mit zwei Kindern bewarb sich um eine Stelle als Reinigungskraft. Die Leiterin stellte sie ein und unterhielt sich immer wieder mit ihr über ihr Leben und ihre berufliche Planung. Es stellte sich heraus, dass die junge Frau gern eine Ausbildung gemacht hätte. Sie interessierte sich sehr für die Aufgaben des Betriebes, war jedoch wegen ihrer Kinder mutlos, dass sie eine Chance bekommt. Die Leiterin schlug ihr eine Teilzeitausbildung mit sechs Monaten Probezeit vor, machte ihr jedoch klar, dass sie dann ein entsprechendes Engagement erwartete. Die junge Frau ergriff die Chance und hat die Ausbildung in Teilzeit in drei Jahren erfolgreich abgeschlossen.

Das **Erwachsenen-Ich (ER)** wird durch sachliche, informative und logische Antworten oder Sätze sichtbar. Menschen, die auf der ER-Ebene kommunizieren, befinden sich in der Gegenwart und in der realen Umwelt (z. B. im Unternehmen und nicht in der Kindheit). Informationen werden verarbeitet und bewertet, daraus dann Schlüsse gezogen und entsprechend gehandelt.

Das ER beobachtet objektiv, nimmt das wahr, was wirklich „ist", denkt in Alternativen, differenziert und trifft auf dieser Basis Entscheidungen, um Probleme konstruktiv zu lösen. Möglicherweise setzen sich Menschen aus dem ER heraus mit dem kritischen Eltern-Ich auseinander, indem sie die mitgegebenen Normen und Prinzipien überprüfen, ob sie für sie heute noch gelten sollen. Hier stellt sich das ER beispielsweise die Frage, welchen Preis es für die Aufrechterhaltung einer Norm zahlen muss.

Zusätzlich gibt es den Begriff „kleiner Professor" im Sinn von „pfiffig sein". Hier können Menschen eine Fähigkeit aus der Kindheit nutzen: Intuition. Manche Menschen haben sich diese Fähigkeit bewahrt und können Situationen intuitiv einschätzen und entsprechend handeln; ahnen, wenn „etwas nicht stimmt" oder nutzen die Intuition im Beruf, indem sie Kundenwünsche, Medien oder Marktchancen intuitiv einschätzen können. Manche Menschen können auch die (negative) Atmosphäre in einem Team oder in einem Raum stark wahrnehmen (vgl. Mohr 2008, S. 31 ff.; Rüttinger 1999, S. 18 ff.; Hagehülsmann 1998; S. 16 ff.).

Das Funktionsmodell der Ich-Zustände (❏ Abb. 6.3) wird so dargestellt:

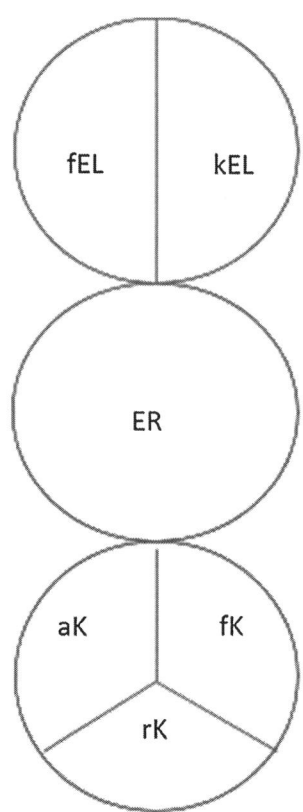

❏ **Abb. 6.3**   Funktionsmodell der Ich-Zustände. (Eigene Darstellung in Anlehnung an Hagehülsmann 1998, S. 21)

Kein Mensch ist stetig im Erwachsenen-Ich, denn es ist durchaus wünschenswert, sich auf Zeit in einem anderen Ich zu bewegen. Beispielsweise ist bei der Entwicklung neuer Produkte das freie Kind-Ich zur Entwicklung von kreativen und innovativen Ideen hilfreich. Eine reflektierte Persönlichkeit ist jedoch nach der Kreativphase in der Lage, in das Erwachsenen-Ich zurückzukehren, um dann beispielsweise zu prüfen, was für eine Umsetzung benötigt wird. Das kritische Eltern-Ich kann bei der Überprüfung von Finanzierungen unterstützen; das fürsorgliche Eltern-Ich bei der Fürsorgepflicht des Arbeitgebers oder bei wahrgenommenen Sorgen von Mitarbeitenden.

Führungskräfte führen meist aus dem Erwachsenen-Ich und gehen nur je nach Anlass in einen anderen Ich-Zustand; es gibt jedoch (immer noch) eine große Zahl, die aus dem kritischen Eltern-Ich oder aus dem angepassten-Kind-Ich herausführen (vgl. Rüttinger 1999, S. 25–26):

Führen aus dem kritischen Eltern-Ich

Das Führen aus dem kritischen Eltern-Ich führt zu angepasstem-Kind-Ich-Verhalten der Mitarbeitenden, sodass der Vorgesetzte seine Überlegenheit darstellen kann und den Mitarbeitenden ihren Platz als Untergebenen zuweisen kann. Dieses beschriebene Verhalten ist aus dem Unternehmensalltag traditioneller, stark hierarchisch organisierter Unternehmen bekannt. Die so handelnden Vorgesetzten geraten selbst häufig in der Rolle des angepassten Kindes, wenn sie sich gegenüber eigenen Vorgesetzten angepasst verhalten und zu Mitarbeitenden über Entscheidungen sagen „das will der Chef so, da kann man nichts machen". Bei Führungskräften, die häufig aus diesen Ich-Zuständen führen, finden sich Einstellungen wie „ein Chef hat streng und unnahbar zu sein, er darf nichts von sich preisgeben". Damit fehlen Empathie, Vertrauen und Offenheit im Umgang mit Mitarbeitenden.

Führen aus dem angepassten Kind-Ich

Führungskräfte, die aus dem angepassten Kind-Ich heraus agieren, nehmen Anordnungen der Unternehmensleitungen hin und hinterfragen sie nicht. Bitten Mitarbeitende die Führungskraft um Unterstützung, z. B. um Informationen über eine Veränderung im Unternehmen, so sprechen sie das fürsorgliche Eltern-Ich des Vorgesetzten an. Diese Rolle kann eine Führungskraft, die nicht aus dem Erwachsenen-Ich heraus handelt, jedoch nicht erfüllen; die Mitarbeitenden bleiben somit allein mit ihren Sorgen.

In beiden Fällen ist es der Führungskraft nicht möglich, authentisch und offen zu handeln. Um freier handeln zu können, können durch Coachings die Ich-Zustände verdeutlicht und das Erwachsenen-Ich erarbeitet werden.

Kommunikation: Die Analyse von Transaktionen

Bei jedem Gesprächspartner können alle drei ICH-Zustände „sprechen" und innerhalb eines Gespräches auch wechseln. Dies kann zu zahlreichen Missverständnissen und schwierigen Kommunikationssituationen führen. Wenn es gelingt, die verschiedenen Transaktionen aufzuschlüsseln und zu verstehen, können diese durchbrochen werden und gemeinsame Lösungen in der Kommunikation erarbeitet werden.

Berne unterscheidet drei Arten von Transaktionen: Parallele Transaktionen, gekreuzte Transaktionen und verdeckte Transaktionen.

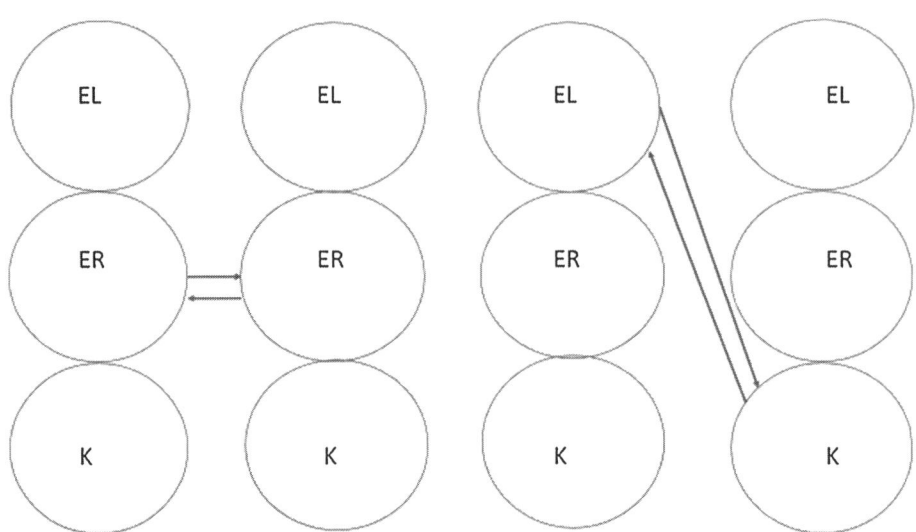

6

● **Abb. 6.4**   Parallele Transaktionen. (Eigene Darstellung in Anlehnung an Rüttinger 1999, S. 43; Hagehülsmann 1998, S. 54; Mohr 2008, S. 43)

Parallele Transaktionen oder komplementäre Transaktionen (● Abb. 6.4), sind stimmige Botschaften zwischen zwei Personen. Bei **parallel-symmetrischen Transaktionen** tauschen sich Menschen beispielsweise

- von Eltern-Ich zu Eltern-Ich aus („Wann ist die Konferenz?" „Am 10.Juni.") oder
- beide im kritischen Eltern-Ich („Der neue Lehrer ist total überfordert." „Ja, der beherrscht noch nicht mal die Grundlagen.") oder
- von Kind-Ich zu Kind-Ich aus: „Immer kommt der Bus zu spät!" „Ja, und die Busfahrer werden auch immer unfreundlicher!".

Die parallele Transaktion kann auch zwischen dem Eltern-Ich und dem Kind-Ich stattfinden: Der eine Gesprächspartner spricht beispielsweise aus dem kritischen Eltern-Ich heraus; der andere antwortet aus dem angepassten Kind-Ich:

- „Mit Ihrer Arbeitsweise werden Sie den Abschluss nie schaffen."
- „Ja, aber was soll ich nur tun?".

Auch umgekehrt funktioniert die Transaktion: Der eine ist im angepassten Kind-Ich, die Antwort kommt aus dem fürsorglichen Eltern-Ich:

- „Ich werde diese Aufgaben nie bis morgen schaffen!"
- „Warte, ich helfe dir!".

Gekreuzte Transaktionen

In dieser Art des Austausches (● Abb. 6.5) überkreuzen sich die Aussagen, sie sind nicht stimmig. Manchmal kreuzen sich die Aussagen zwar nicht, sie sind jedoch trotzdem nicht stimmig, beispielsweise bei einer Aussage, die aus dem Eltern-Ich getroffen wird und das Eltern-Ich des anderen anspricht. Dieser spricht jedoch in seiner Antwort das Kind-Ich des ersten an. Beispiele für gekreuzte Transaktionen sind Fragen oder

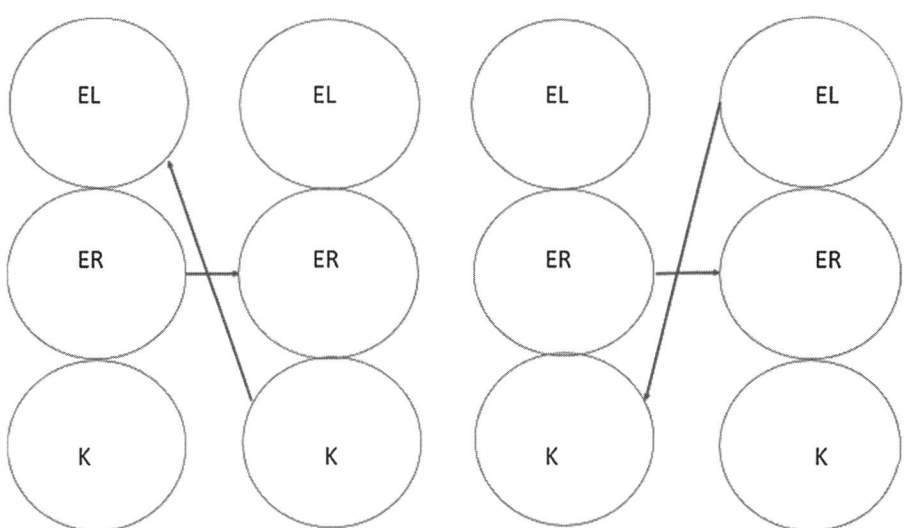

Abb. 6.5 Gekreuzte Transaktionen. (Eigene Darstellung in Anlehnung an Rüttinger 1999, S. 44–45; Hagehülsmann 1998, S. 56; Mohr 2008, S. 43)

Aussagen aus dem Erwachsenen-Ich, das entweder aus einem Kind-Ich oder aus einem Eltern-Ich beantwortet werden:

▬ „Sollen wir heute die Daten aus dem Probelauf auswerten?" (ER)
▬ „Du weißt doch genau, dass ich noch nicht soweit bin!" (K)

Oder
▬ „Sollen wir heute die Daten aus dem Probelauf auswerten?" (ER)
▬ „Wenn du glaubst, dass du wirklich alle Daten bereits erhoben hast…" (EL)

Diese Art der Transaktion stellt eine Zurückweisung dar, sie führt im Gegensatz zu parallelen Transaktion zu einer Störung in der Kommunikation.

Häufig kommen Antworten auf Aussagen aus einem Eltern- oder Kind-Ich aus dem gleichen Ich, beispielsweise wenn sich Mitarbeitende gegenseitig bestätigen, dass die Software einfach zu kompliziert ist oder die Vorgesetzte viel zu wenig Zeit für das Projekt angesetzt hat (Kind-Ich). Im Eltern-Ich befinden sich zwei Personen, die sich gern „vorführen": „Sie haben das und das gemacht, das war völlig falsch" – „Davon haben Sie doch gar keine Ahnung!".

Für Führungskräfte ist es wichtig, diese Transaktionen einschätzen zu können, damit sie sich nicht aus dem Erwachsenen-Ich drängen lassen, wie es beispielsweise bei der Rückdelegation passiert. Wenn der Mitarbeitende den Auftrag hat, die Aufgabe umzusetzen, dann auch mit Verantwortung. Das Bewusstsein für die Transaktionen lässt die eigene innere Haltung klar werden.

Verdeckte Transaktionen

Mit verdeckten Transaktionen (■ Abb. 6.6) sind Kommunikationen gemeint, die eine unterschwellige Botschaft oder doppelbödige Hintergedanken enthalten.

6

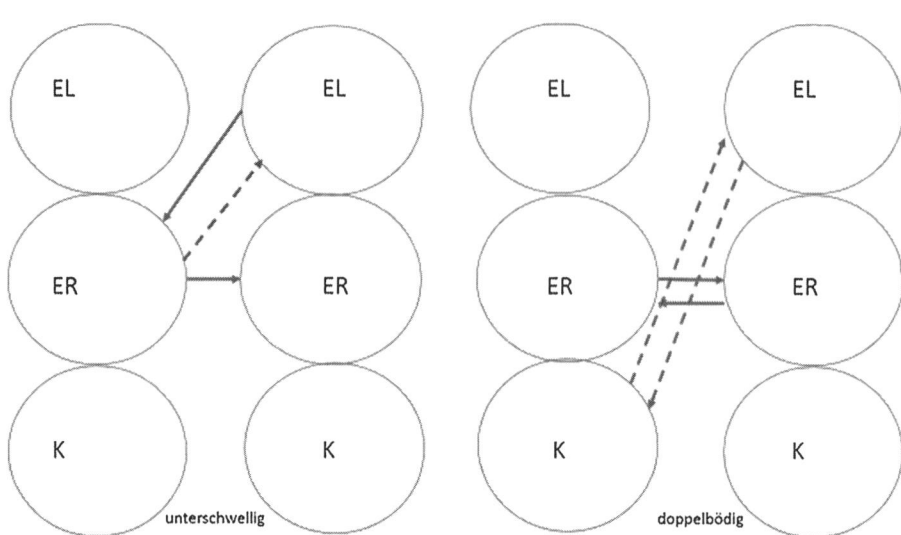

⬛ Abb. 6.6   Verdeckte Transaktionen. (Eigene Darstellung in Anlehnung an Rüttinger 1999, S. 46; Hagehülsmann 1998, S. 59; Mohr 2008, S. 43)

Unterschwellige verdeckte Transaktionen liegen vor, wenn beispielsweise ein Kollege den anderen fragt:
– „Die Bank ist heute beim Geschäftsführer." (ER mit Verbindung zu EL)
– „Ja, ich habe meine Unterlagen zusammengestellt." (EL an ER, denn die Botschaft lautet „Seien Sie vorbereitet, der Geschäftsführer könnte Sie dazu holen.")

Doppelbödige verdeckte Transaktionen sind beispielsweise Fragen nach dem Befinden, die jedoch nicht positiv gemeint sind, oder Bitten um Unterstützung:
– „Ich glaube, ich schaffe es nicht, bis heute Abend alles für die Chefin zu erledigen."
– „Das kriegen Sie schon hin."

Die erste Botschaft: „Bitte unterstützen Sie mich!"
Die zweite: „Ich kenne das schon von Ihnen, erst lassen Sie alles schleifen und dann soll ich helfen – sehen Sie zu, wie Sie klarkommen."

Bei verdeckten Transaktionen läuft neben der Sachaussage eine verdeckte Aussage mit, die viel über die Beziehung der beiden Gesprächspartner aussagt. Hier fehlen oft Wertschätzung und Respekt bei den Antwortenden; bei den Fragenden fehlt Klarheit, wenn sie nicht aus dem Erwachsenen-Ich heraus fragen.

Das Erkennen von Transaktionen trägt zur Verbesserung von Kommunikation bei, denn Führungskräfte können so die Beziehungsebene (siehe Watzlawick und Schulz von Thun, ▶ Abschn. 6.4) verbessern, der sie möglicherweise vorher wenig Beachtung geschenkt haben. Wer nur den Inhaltsaspekt einer Nachricht beachtet, wird seine Mitarbeitenden nicht richtig verstehen, Missverständnisse oder sogar Konflikte auslösen. Gleichzeitig kann eine gut geschulte Leitung erkennen, auf welcher Ebene ein Mitarbeitender ist und ihn durch gute Fragen auf die Erwachsenen-Ebene bringen. Voraussetzung ist die eigene Kommunikation als „Erwachsener".

Lebenspositionen

Eine Weiterentwicklung der Transaktionsanalyse sind die vier Lebenspositionen. Lebenspositionen sind Grundeinstellungen sich selbst und anderen gegenüber (vgl. Rüttinger 1999, S. 63 ff.; Hagehülsmann 1998, S. 146 ff.).

1. **Ich bin nicht ok, du bist nicht ok. (−/−)**
   Menschen mit dieser Lebensposition denken von sich und anderen negativ, resignieren schnell und haben eine hoffnungslose Grundhaltung. Sie empfinden ihr Dasein als sinnlos und sind ohne Antrieb. Sie betrachten sich als Verlierer und nutzlose Zeitgenossen, typische Aussagen sind „das nutzt ja doch nichts" oder „was soll das bringen?". Andere nehmen solche Menschen nicht als negativ wahr, weil sie in der Lage sind, sich unauffällig zu verhalten oder oberflächlich betrachtet erfolgreich sind. Diese Position kann ihre Ursache in der Kindheit haben, wenn einem Kind vermittelt wird, es sei überflüssig oder zu nichts zu gebrauchen.

Beispiel

Eine Frau in den Fünfzigern ist seit ihrer Jugend davon überzeugt, dass es allen anderen besser geht als ihr selbst. Anderen „fällt der Erfolg in den Schoß", nur sie verliert ihre Arbeit und hat unzuverlässige Freunde, die nicht hinter ihr stehen. Wenn Menschen sich um sie kümmern, so tun sie das „nur aus Pflichtgefühl", denn in Wirklichkeit mag sie niemand. So ziehen sich gut meinende Menschen nach einer gewissen Zeit wieder zurück, was sie wiederum in ihrer Auffassung über das Leben bestätigt.

2. **Ich bin ok, du bist nicht ok. (+/−)**
   Hier verbirgt sich eine arrogante, egozentrische und überzogene Lebensposition. Diese Menschen meinen, nie Fehler zu machen oder Schuld zu haben und erwarten von ihren Mitmenschen stetige Bewunderung. Sie glauben, mehr wert zu sein als andere und fühlen sich ihnen (vermeintlich) überlegen. Im Beruf machen solche Menschen lieber alles selbst, da die Mitarbeitenden aus ihrer Sicht nicht kompetent oder genau genug sind und nehmen ihnen die Verantwortung weg. Damit erscheinen sie zum Führen geeignet, denn andere geben ihnen freiwillig die Verantwortung – dann haben sie mehr Zeit für anderes.
   Sie sind überzogen fürsorglich und hilfsbereit oder verhalten sich autoritär. Sie sind nicht so selbstbewusst, wie sie erscheinen, sondern wenig kritikfähig und suchen die Schuld bei anderen oder beim Schicksal. Wenn gelobt wird, so wird es nicht voll akzeptiert, da die Lobenden nicht ok sind. Wenn Kinder schon früh perfekt oder besser sein mussten als andere und Fehler nicht erlaubt waren, geraten sie in diese Lebensposition.

Beispiel

Hier können Menschen mit tyrannischem Verhalten allgemein als Beispiel genannt werden: In Familien mit tyrannisierenden Vätern oder Müttern, in Unternehmen mit patriarchalischen Vorgesetzten oder im Ehrenamt mit überfürsorglichen Menschen, die anderen – beispielsweise älteren oder kranken Menschen – alle Entscheidungen abnehmen und erwarten, dass all ihre Ratschläge angenommen werden.

3. **Ich bin nicht ok, du bist ok. (+/−)**
   Menschen mit geringem Selbstwertgefühl befinden sich in dieser Lebensposition.
   Sie schließen sich selbst aus und fühlen sich unterlegen. Sie begehren aber nicht auf,
   sondern finden sich damit ab und isolieren sich oder richten Aggressionen gegen
   sich selbst. Sie zweifeln an sich selbst und verhalten sich häufig überangepasst. Sie
   unterschätzen die eigenen Fähigkeiten und Potenziale und überschätzen die anderer.
   Damit verwenden sie viel Zeit und Energie auf die Suche nach Hilfe, anstatt sich mit
   den eigenen Fähigkeiten zu beschäftigen. Sie übernehmen nicht gern Verantwortung,
   weil sie glauben, es nicht zu können. In der Kindheit haben sie zu spüren bekommen,
   dass sie „zu blöd" oder faul sind, dass sie Dinge nicht schaffen oder verstehen können.
   Auch in Unternehmen kann diese Haltung Mitarbeitenden vermittelt werden.

Beispiel

Ein Mädchen bekommt in ihrer Kindheit und Jugend stets vermittelt, sie könne als Mädchen technische Zusammenhänge nicht verstehen. Sie hört die Eltern lachend erzählen,
dass „sie komplett unfähig in Mathe sei, sie wird es nie können". Ebenso werden ihre
Fähigkeiten wie Singen oder ihr Wunsch, anderen zu helfen, lächerlich gemacht. Sie übernimmt die Position der Eltern viele Jahre lang, bis sie durch Coachings ihre Stärken und
Fähigkeiten wahrnehmen kann.

4. **Ich bin ok, du bist ok**
   Diese positive Lebensposition ist das Ziel der TA: Sich selbst und anderen etwas
   zutrauen und sich für seine Ziele einsetzen, wissen, was man kann, Verantwortung
   übernehmen und andere als ebenso wertvoll ansehen wie sich selbst. Menschen
   in dieser Lebensposition sind offen, gelassen und kritikfähig. Sie können sich
   weiter entwickeln, betrachten sich selbst als Gewinner und haben ein hohes
   Selbstwertgefühl. Um sich dorthin zu entwickeln, hilft es schon, zwischen Person
   und Situation zu unterscheiden (Menschen handeln in unterschiedlichen Situationen
   unterschiedlich) sowie zwischen Person und Funktion zu unterscheiden (um seine
   Unternehmensfunktion zu erfüllen, müssen Mitarbeitende und Führungskräfte ein
   bestimmtes Verhalten zeigen, das aber nichts mit ihrer Person zu tun hat).

   ❯ **Hinweis: Je nach Lebensposition kann es zwischen Führungskräften und ebenso
   zwischen Mitarbeitenden zu Konflikten kommen (z. B. bei +/− und +/− zu
   Machtkämpfen), möglicherweise leidet die Arbeitsqualität (z. B. bei −/− und −/−
   agieren Menschen gemeinsam destruktiv und sind „vereint im Elend", ähnlich
   bei −/+ und −/+) oder es wird nicht ausgewogen mit Verantwortung umgegangen
   (−/+ und −/+ im Team). Konstruktive, verantwortungsvolle und positive
   Zusammenarbeit bzw. Problemlösungen sind mit Menschen in +/+ -Positionen
   möglich; hier ist es im Interesse von Führungskräften, ihre Mitarbeitenden dorthin
   zu geleiten, gegebenenfalls mit professioneller Unterstützung.**

Nutzen der TA-Modelle für die innere Haltung

Durch die TA kann sich eine Führungskraft noch mehr ihrer selbst bewusst werden.
Eine echte in sich ruhende Persönlichkeit, die andere Menschen wertschätzt, auch wenn
deren Verhalten nicht in Ordnung ist. Diese Führungskräfte schätzen auch die Arbeit
von Menschen, mit denen sie wenig oder gar nicht in Verbindung kommen: Beispielsweise Reinigungskräfte oder Mitarbeitende in der Produktion.

Die TA ist auch hilfreich beim Aufbau von Führungskompetenzen: Sie werden aus den drei schon bekannten „S", Strokes, Stimulation und Structure, hergeleitet.

Die Kompetenz „Strokes" bedeutet, dass Führungskräften bewusst ist, wie wichtig präzises Lob, konstruktive Kritik und gute Kommunikation ist, was sie durch die TA lernen können. Die Fürsorge für Mitarbeitende sowie die Fürsorge für sich selbst gehört ebenso dazu wie die Einführung von Ritualen wie Umgang mit Geburts- oder Feiertagen im Unternehmensalltag. Durch diese Kompetenzen können Führungskräfte einen Beziehungsraum zu Mitarbeitenden öffnen, der sich mehr auf die Qualität der Zusammenarbeit und damit auf Unternehmensergebnisse auswirkt als die reine Nutzung von Führungstools.

Durch die Kompetenz „Stimulation" sorgen Führungskräfte für die Weiterentwicklung und die Nutzung der Potenziale ihrer Mitarbeitenden. Sie lassen ihnen Freiräume, geben ihnen neue Aufgaben und Raum zum Ausprobieren neuer Ideen.

Die Kompetenz „Structure" unterstützt bei drei Herausforderungen: Klare Grenzen setzen (Wer darf was?), klare Rollenverteilung (Bin ich jetzt in der Rolle als Chefin? Oder in der professionellen Rolle als Ingenieurin oder in der privaten als Ehepartnerin und Mutter?), und Autonomie (vor)leben: Bewusstheit, Spontanität und Intimität.

Das Wissen aus der TA ergänzt die innere Haltung als Führungskraft, die bereits bis hierhin entstanden ist. Die Haltung könnte auch mit „Standing" bezeichnet werden – sie bildet den Halt oder den festen Grund der Führungstätigkeit. In ❑ Abb. 6.7 wird ein Beispiel für die Erarbeitung einer inneren Haltung als Führungskraft mit den TA-Modellen gezeigt.

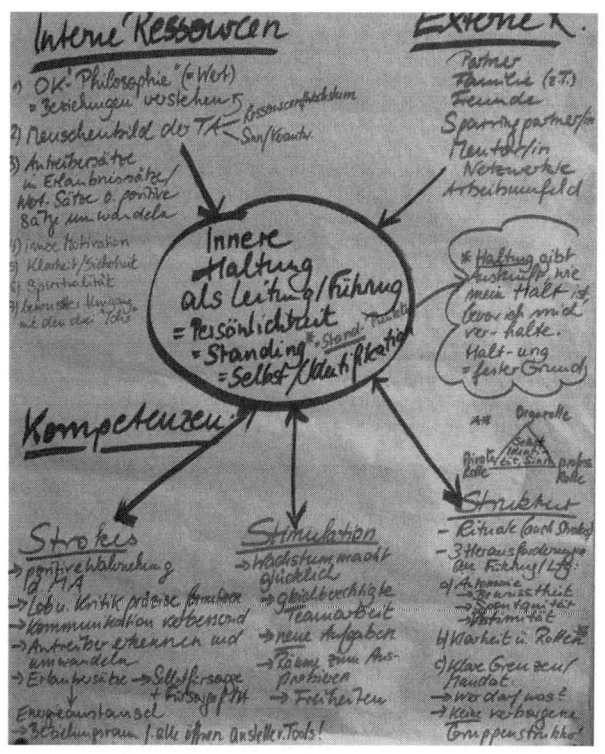

❑ **Abb. 6.7**   Innere Haltung im Coaching. (Foto: Lüneburg)

6.6.5 Das Drama-Dreieck

Das sog. Drama-Dreieck wurde von Stephen Karpman Ende der 1960er Jahre entwickelt. Es zeigt drei unterschiedliche, aufeinander bezogene Rollen, die Menschen in Konflikten oder anderen Lebenssituationen übernehmen, um eigene Ziele durchzusetzen und andere zu beeinflussen: Der Verfolger, der Retter und das Opfer, die man sich in Form eines Dreiecks vorstellen kann. Menschen spielen psychologische Spiele mit diesen Rollen, in denen verdeckte Transaktionen laufen, um zu beweisen, dass die andere/n Person/en oder die eigene Person nicht ok ist.

Auch diese Rollen resultieren aus der Kindheit: Wenn Gefühle wie Wut oder Verletzungen in der Herkunftsfamilie nicht durch Weinen gezeigt werden durften, aber „Türen knallen" und „herumschreien" akzeptiert war, übernimmt ein Mensch die Rolle des Verfolgers. Wenn ein Kind keine eigenen Bedürfnisse äußern oder haben durfte, sondern immer zugunsten der Eltern verzichten musste, wird es die Opferrolle einnehmen. Retter wiederum bekamen nur Anerkennung, wenn sie früh Verantwortung übernommen haben, z. B. für jüngere Geschwister oder kranke Angehörige.

Gemeinsam ist allen Rollen, dass echte Gefühle nicht gezeigt und gelebt werden durften, sondern Anerkennung oder Beachtung erfolgte nur durch sogenannte „Gefühlsmaschen" (Rüttinger 1999, S. 51), also emotionale Manipulierung.

Die Rolle des Verfolgers

- Verhalten: Wirft vor, übt Kritik, schüchtert ein, macht sich lustig, weist zurecht, taktiert, geht auf Distanz und setzt herab
- Thema: Kritik und Anklage
- Abwertung des Wertes und der Würde der anderen, Bedürfnis nach Nähe

Die Rolle des Opfers

- Verhalten: Hilflos, verzweifelt, kindlich, devot, schüchtern und scheinbar unwissend, fühlt sich ungerecht behandelt, tut sich leid
- Thema: Ablehnung und Hilflosigkeit
- Abwertung der eigenen Lösungskompetenz

Die Rolle des Retters

- Verhalten: Hilft immer, gibt Ratschläge, tröstet und denkt für andere mit (auch ohne gebeten worden zu sein)
- Thema: Selbstgerechtigkeit
- Abwertung der Lösungskompetenz der anderen, eigenes Nähebedürfnis (◘ Abb. 6.8).

Die Ich-Zustände und die Lebenspositionen aus der Transaktionsanalyse lassen sich auf das Drama-Dreieck übertragen:

Der Verfolger: Position: „Ich bin ok, du bist nicht ok"

Er steigert sein Selbstwertgefühl durch Beschuldigung anderer, schüchtert ein und ist weder selbstkritisch noch hinterfragt er sein Handeln. Der Verfolger betont hierarchische Unterschiede und macht genaue Vorschriften. Das führt z. B. bei Mitarbeitenden zur Opferrolle und damit zur Abgabe von Verantwortung für Aufgaben und Zielerreichung.

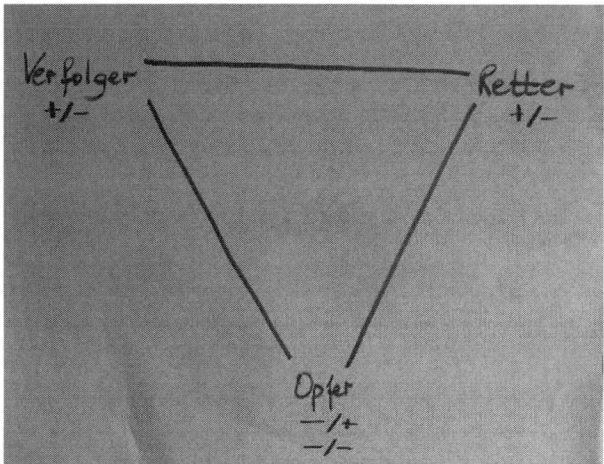

◻ Abb. 6.8   Drama-Dreieck. (Eigene Darstellung)

Das Opfer: Position „Ich bin nicht ok, du bist ok" oder „ich bin nicht ok, du bist nicht ok"

Das Opfer braucht Retter und Verfolger, um seine Rolle richtig spielen zu können. Es jammert über Benachteiligungen und Ausweglosigkeit, ist voller Selbstmitleid, aber nicht bereit, für sich und sein Handeln Verantwortung zu übernehmen. Das Opfer ist ängstlich, traut sich wenig zu und passt sich gern an. Eine vorgeschlagene Verhaltensänderung wird abgeblockt, „würde ja sowieso nichts ändern". Im Unternehmen trifft man häufig Opfer – Menschen, die lieber in ihrer Position oder in ihrem Unternehmen bleiben und ihre Lage beklagen als dass sie ihre Energie darauf verwenden, etwas zu verändern.

Der Retter: Position „Ich bin ok, du bist nicht ok"

Der Retter weiß stets, was das Beste für andere ist, mischt sich ungefragt in Gespräche und Konflikte ein, „meint es gut", gibt ständig gute Ratschläge und erwartet, dass sich andere danach richten. Der Retter macht andere von sich abhängig und kann so Macht ausüben. Nach einer gewissen Zeit lösen sich allerdings viele Opfer aus ihrer Rolle oder werden sogar zum Verfolger. Das können Retter nicht nachvollziehen und finden ihre bisherigen Schützlinge undankbar. Diese Situation kommt in Unternehmen vor, wenn Kollegen neue Mitarbeitende „unter ihre Fittiche nehmen". Sie erklären und zeigen alles und erwarten dann, dass die Neuen es genauso umsetzen, ihrem Rat also folgen. Zunächst sind neue Mitarbeitende dankbar, dass sich jemand kümmert, nach einer gewissen Zeit wollen sie jedoch ihren eigenen Weg gehen, was der Retter nicht nachvollziehen kann.

Alle drei Rollen beeinflussen sich gegenseitig. Menschen übernehmen die Rollen unbewusst, da die Muster aus der Kindheit stammen. Alle übernehmen jede Rolle, wobei jeder Mensch zu einer Rolle eher neigt als zu anderen.

Die drei Rollen können auch im Gespräch zweier Menschen übernommen werden; sie können sogar im Laufe eines Gesprächs wechseln, z. B. kann der Verfolger zum Opfer werden, wenn sich die beiden anderen plötzlich gegen ihn verbünden. Das Drama-Dreieck ist somit dynamisch zu verstehen (vgl. Hagehülsmann 1998, S. 162–165 und Rüttinger 1999, S. 50–56).

Insbesondere im beruflichen Kontext wird das Drama-Dreieck häufig (unbewusst) genutzt, denn Führungskräfte und Mitarbeitende füllen in der Organisation Rollen aus, die denen des Drama-Dreiecks entsprechen. Wenn eine Führungskraft z. B. die Rolle des Verfolgers einnimmt („Warum ist das Projekt nicht fertig, wir haben heute Deadline!"), übernimmt ein Mitarbeiter automatisch die Rolle des Opfers („Wir hatten so viele andere dringende Aufgaben!"). Kommt eine zweite Mitarbeiterin dazu, um zum Thema Stellung zu nehmen, könnte sie die Rolle der Retterin übernehmen: „Sie selbst haben doch am letzten Freitag entschieden, dass wir erst die Kundenaufträge fertigstellen sollen, bevor wir dieses Projekt weiterbearbeiten!" Wenn die Führungskraft diese Aussage bestätigen muss, wechselt sie in die Opferrolle; die beiden Mitarbeitenden werden zu Verfolgern.

6.6.6 Psychodrama

Das Psychodrama (Psyche = Seele, Drama = Handlung) wurde von J. L. Moreno entwickelt und verfolgt den Ansatz „Handeln ist heilender als Reden". Es ist ein Gruppeninstrument, das innere oder zwischenmenschliche Konflikte und konkrete Lösungen über die Inszenierung von vergangenen, aktuellen und zukünftigen Situationen erlebbar macht. Die Teilnehmer im Psychodrama spielen spontan Rollen „auf der Bühne" und nehmen so das eigene Innenleben ebenso wahr wie das der anderen. Psychodrama wirkt im Handeln und erhellt wichtige Aspekte eines Problems. Bedürfnisse und Gefühle werden schnell erkannt. Handlungsblockaden und eingefahrene Muster werden im geschützten Raum überwunden, dadurch können Selbstwertgefühl, Lebensfreude und Lebensqualität steigen. Techniken, die dazu gehören, sind Rollentausch (Klient und z. B. Konfliktgegner), Doppeln (die Mitspieler treten in gleicher Haltung hinter den Klienten), Spiegeltechnik (Klient wird teilweise von anderen Mitspielern abgelöst), Sharing (Feedback der Gruppe an den Klienten) und Feedback des Klienten beim nächsten Treffen (vgl. Webers 2015, S. 117).

Es ist auch möglich, dass alle Teilnehmer eine Aufgabe bekommen, z. B. den Berufsweg in den nächsten drei Jahren aufzuzeigen. Zunächst sollen alle eine Zeit lang durch den Raum laufen in der Runde, wechseln, kreuz und quer. Dann suchen alle in bereitgestellten Kisten nach passenden Stoffen, Stofftieren, Dekorationsgegenstände etc. und bauen dann wie in diesem Beispiel ihren Berufsweg, der abschließend so dokumentiert wird, dass die Teilnehmer bereits in der Zukunft stehen und „berichten". So werden Blockaden abgebaut, Hindernisse bereits jetzt beseitigt oder verkleinert und das Ziel wird erreichbar gemacht.

» Spontanität ist die angemessene Antwort auf eine neue Situation.
   Oder die neue Antwort auf eine alte Situation (J. L. Moreno).

6.7 Aufgaben für Ihr Lerntagebuch

1. Was ist für Sie sozial kompetentes Verhalten? Wodurch zeichnen sich aus Ihrer Sicht sozial kompetente Führungskräfte aus? Sammeln Sie Stichworte per Mindmapping und tauschen Sie sich mit anderen aus! Vielleicht dürfen die anderen Ihr Mindmapping weiterentwickeln? Überlegen Sie: Warum haben Sie sich für diese Begriffe entschieden? Haben Sie Beispiele?

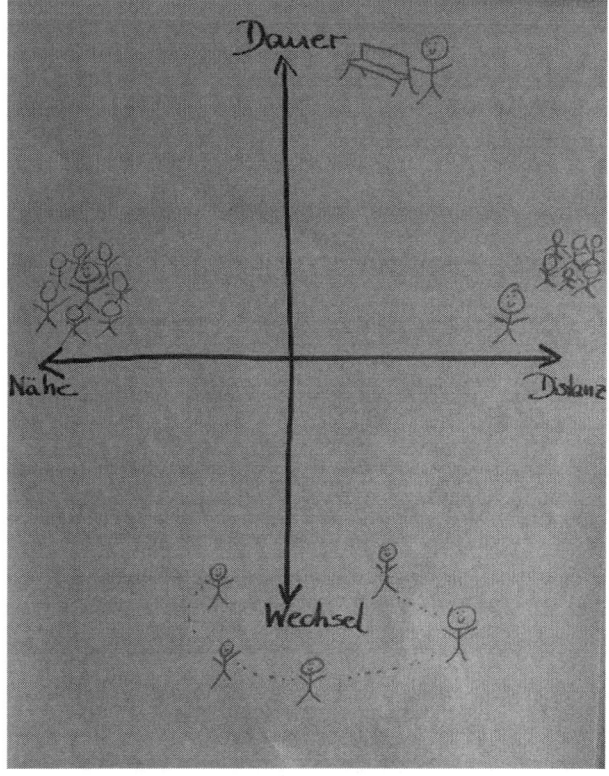

◘ Abb. 6.9   Muster Riemann-Thomann-Modell. (Eigene Darstellung)

2. Sie sind die Führungskraft einer Mitarbeiterin mit hoher Distanz-und Wechselausrichtung. Sie haben einen Projektauftrag für die Entwicklung eines neuen
   Produktes an sie vergeben, das Ihnen sehr wichtig ist und womit Sie sich bei der
   Geschäftsleitung profilieren wollen. Sie wissen, dass die Mitarbeiterin das Projekt
   fachlich umsetzen kann.
   Zunächst schätzen Sie sich selbst ein: In welchem Quadranten finden Sie sich wieder? Im nächsten Schritt überlegen Sie, was Sie tun können, um Ihre und die Werte
   der Mitarbeiterin zum Wohl des Projekterfolges in Einklang zu bringen. Nutzen Sie
   Ihr gesamtes bisheriges Wissen, beschreiben Sie in Stichworten Ihr Vorgehen und
   tauschen Sie sich mit anderen aus (◘ Abb. 6.9).
3. Reflexion von Lebenspositionen: Mit welchen drei Personen haben Sie beruflich
   Kontakt, jedoch ein eher schwieriges Verhältnis? Tragen Sie sich selbst und die
   anderen in die jeweilige Lebensposition ein und reflektieren Sie: Welche Einstellung haben Sie gegenüber diesen Personen, welche gegenüber sich selbst? In
   welchen Situationen zeigt sich das? Welche realistischen Möglichkeiten haben
   <u>Sie alle</u>, in die positive Lebensposition „Ich bin ok, du bist ok" zu kommen?
   (◘ Abb. 6.10)

6

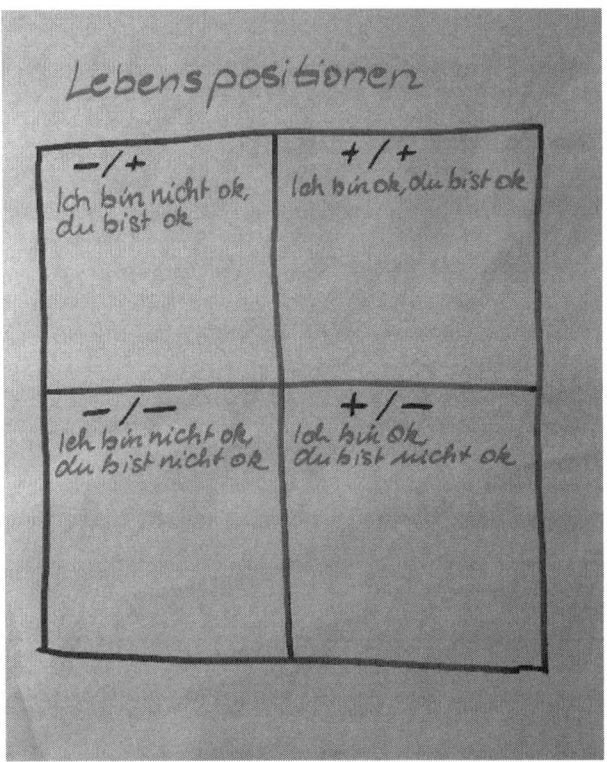

◘ **Abb. 6.10**   Muster Lebenspositionen. (Eigene Darstellung)

4. Dramadreieck. Führungskräfte und Mitarbeitende sind im Drama-Dreieck, wenn sie sich rechtfertigen, Beschuldigungen aussprechen, meinen, recht zu haben oder sich ungerecht behandelt fühlen. Es ist daher hilfreich, sein eigenes Verhalten zu überprüfen: In welche Rolle gerate ich schnell? Wie kann ich aus dem Drama-Dreieck aussteigen? Wie kann ich mich mit meinen Gefühlen positionieren, ohne in das Drama einzusteigen? Zeichnen Sie eine für Sie typische Situation und zeigen Sie danach mögliche Lösungen. Diskutieren Sie mit anderen über Ihre Erfahrungen und Ergebnisse (◘ Abb. 6.11).

5. Aufgabe Gesprächstechniken
    a) Welche beruflichen Gesprächssituationen haben Sie schon erlebt, wo Sie sich gewünscht hätten, dass Sie professioneller kommuniziert hätten? Notieren Sie eine Situation und schreiben Sie den Dialog oder das Gespräch neu – mit den jetzt bekannten Gesprächstechniken. Entsteht ggf. ein anderes Ergebnis? Nutzen Sie die Chance und spielen Sie das für mehrere Situationen durch! Wie geht es Ihnen nach dem neuen Gesprächsverlauf?
    b) Auf welche Gesprächssituationen sollten Sie als Führungskraft vorbereitet sein? Skizzieren Sie einige. Welche Fragetechniken nutzen Sie? Welche Rolle spielt das aktive Zuhören? Machen Sie die einzelnen Techniken in den Dialogen farbig kenntlich.

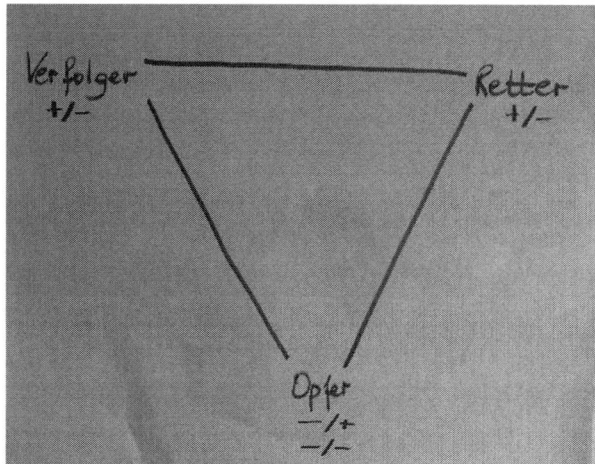

Abb. 6.11 Muster Dramadreieck. (Eigene Darstellung)

6. Aufgabe Konflikte
   a) Reflektieren Sie: Welche Handlungsmuster haben Sie bei sich entdeckt? Wie werden Sie als Teammitglied zukünftig agieren? Wie als Führungskraft?
   b) Welche Konfliktsituationen sind Ihnen bereits im beruflichen Umfeld begegnet? Wie wurden sie gelöst? Was haben Sie dazu beigetragen? Notieren Sie eine der Situationen und schreiben Sie einen neuen Verlauf mithilfe Ihres neuen Wissens über Konflikte. Was ändert sich? Was ist das Ergebnis?
   c) Welche Lösungsansätze zur Konfliktvermeidung würden Sie zukünftig in Ihrem Team anwenden? Wenn Sie dort Führungskraft wären: Welche Ansätze würden Sie dann wählen?

Mein Lerntagebuch

? **Fragen**

1. Was ist für Sie sozial kompetentes Verhalten? Wodurch zeichnen sich aus Ihrer Sicht sozial kompetente Führungskräfte aus? Sammeln Sie Stichworte per Mindmapping und tauschen Sie sich mit den anderen Teilnehmern aus! Vielleicht dürfen die anderen Ihr Mindmapping weiterentwickeln? Überlegen Sie: Warum haben Sie sich für diese Begriffe entschieden? Haben Sie Beispiele?

- **Meine Gedanken/Fragen**

_____

_____

_____

_____

- **Mögliche Erlebnisse dazu aus meinem Führungsalltag**

_____

_____

_____

_____

? Fragen

2. Sie sind die Führungskraft einer Mitarbeiterin mit hoher Distanz- und Wechselaus-
    richtung. Sie haben einen Projektauftrag für die Entwicklung eines neuen
    Produktes an sie vergeben, das Ihnen sehr wichtig ist und womit Sie sich bei der
    Geschäftsleitung profilieren wollen. Sie wissen, dass die Mitarbeiterin das Projekt
    fachlich umsetzen kann.
    Zunächst schätzen Sie sich selbst ein: In welchem Quadranten finden Sie sich
    wieder? Im nächsten Schritt überlegen Sie, was Sie tun können, um Ihre und die
    Werte der Mitarbeiterin zum Wohl des Projekterfolges in Einklang zu bringen.
    Nutzen Sie Ihr gesamtes bisheriges Wissen, beschreiben Sie in Stichworten
    Ihr Vorgehen und tauschen Sie sich mit den anderen Teilnehmer/innen aus
    (◘ Abb. 6.9).

- **Meine Gedanken/Fragen**

  _____

  _____

  _____

  _____

- **Erlebnisse dazu aus meinem Führungsalltag**

  _____

  _____

  _____

  _____

- **Lösungsvorschläge**

  _____

  _____

  _____

  _____

- **Fragen an die anderen Teilnehmer**

  _____

  _____

  _____

  _____

? **Fragen**

3. Reflexion von Lebenspositionen: Mit welchen drei Personen haben Sie beruflich
   Kontakt, jedoch ein eher schwieriges Verhältnis? Tragen Sie sich selbst und
   die anderen in die jeweilige Lebensposition ein und reflektieren Sie: Welche
   Einstellung haben Sie gegenüber diesen Personen, welche gegenüber sich
   selbst? In welchen Situationen zeigt sich das? Welche realistischen Möglichkeiten
   haben Sie alle, in die positive Lebensposition „Ich bin ok, du bist ok" zu kommen?
   (**◘** Abb. 6.10)

■ **Meine Gedanken/Fragen**

_____

_____

_____

_____

■ **Erlebnisse dazu aus meinem Führungsalltag**

_____

_____

_____

_____

■ **Lösungsvorschläge**

_____

_____

_____

_____

■ **Fragen an die anderen Teilnehmer**

_____

_____

_____

_____

Fragen

4. Dramadreieck: Führungskräfte und Mitarbeitende sind im Drama-Dreieck, wenn sie sich rechtfertigen, Beschuldigungen aussprechen, meinen, recht zu haben oder sich ungerecht behandelt fühlen. Es ist daher hilfreich, sein eigenes Verhalten zu überprüfen: In welche Rolle gerate ich schnell? Wie kann ich aus dem Drama-Dreieck aussteigen? Wie kann ich mich mit meinen Gefühlen positionieren, ohne in das Drama einzusteigen? Zeichnen Sie eine für Sie typische Situation und zeigen Sie danach mögliche Lösungen. Diskutieren Sie mit den anderen Teilnehmern über Ihre Erfahrungen und Ergebnisse (▪ Abb. 6.11).

- **Meine Gedanken/Fragen**

___

___

___

___

- **Erlebnisse dazu aus meinem Führungsalltag**

___

___

___

___

- **Lösungsvorschläge**

___

___

___

___

- **Fragen an die anderen Teilnehmer**

___

___

___

___

? Fragen

5. Gesprächstechniken

   a) Welche beruflichen Gesprächssituationen haben Sie schon erlebt, wo Sie sich gewünscht hätten, dass Sie professioneller kommuniziert hätten? Notieren Sie eine Situation und schreiben Sie den Dialog oder das Gespräch neu – mit den jetzt bekannten Gesprächstechniken. Entsteht ggf. ein anderes Ergebnis? Nutzen Sie die Chance und spielen Sie das für mehrere Situationen durch! Wie geht es Ihnen nach dem neuen Gesprächsverlauf?

   b) Auf welche Gesprächssituationen sollten Sie als Führungskraft vorbereitet sein? Skizzieren Sie einige. Welche Fragetechniken nutzen Sie? Welche Rolle spielt das aktive Zuhören? Machen Sie die einzelnen Techniken in den Dialogen farbig kenntlich.

6

- **Meine Gedanken/Fragen**

  _____

  _____

  _____

  _____

- **Erlebnisse dazu aus meinem Führungsalltag**

  _____

  _____

  _____

  _____

- **Lösungsvorschläge**

  _____

  _____

  _____

  _____

- **Fragen an die anderen Teilnehmer**

  _____

  _____

  _____

  _____

Mein Lerntagebuch

? Fragen

6. Konflikte

a) Reflektieren Sie: Welche Handlungsmuster haben Sie bei sich entdeckt? Wie werden Sie als Teammitglied zukünftig agieren? Wie als Führungskraft?

b) Welche Konfliktsituationen sind Ihnen bereits im beruflichen Umfeld begegnet? Wie wurden sie gelöst? Was haben Sie dazu beigetragen? Notieren Sie eine der Situationen und schreiben Sie einen neuen Verlauf mithilfe Ihres neuen Wissens über Konflikte. Was ändert sich? Was ist das Ergebnis?

c) Welche Lösungsansätze zur Konfliktvermeidung würden Sie zukünftig in Ihrem Team anwenden? Wenn Sie dort Führungskraft wären: Welche Ansätze würden Sie dann wählen?

■ **Meine Gedanken/Fragen**

_____

_____

_____

_____

■ **Erlebnisse dazu aus meinem Führungsalltag**

_____

_____

_____

_____

■ **Lösungsvorschläge**

_____

_____

_____

_____

■ **Fragen an die anderen Teilnehmer**

_____

_____

_____

_____

6

Literatur

Bücher

Berkel, K. (2014). *Konflikttraining. Konflikte verstehen, analysieren, bewältigen. Arbeitshefte Führungs-psychologie* (12. überarbeitete u. erweiterte Aufl., Bd. 15). Hamburg: Windmühle.

Crisand, E. (1996). *Psychologie der Persönlichkeit. Arbeitshefte Führungspsychologie* (7. Neu bearbeitete u. erweiterte Aufl., Bd. 1). Heidelberg: Sauer.

Crisand, E. (2002). *Soziale Kompetenz als persönlicher Erfolgsfaktor. Arbeitshefte Führungspsychologie* (Bd. 41). Heidelberg: Sauer.

Csikszentmihalyi, M. (2010). *Flow. Das Geheimnis des Glücks* (15. Aufl.). Stuttgart: Klett-Cotta.

Fisher, R., Ury, W., & Patton, B. (2004). *Das Harvard Konzept: Der Klassiker der Verhandlungstechnik* (22. durchgesehene Aufl.). Frankfurt: Campus.

Franken, S. (2016). *Führen in der Arbeitswelt der Zukunft. Instrumente, Techniken und Best-Practice-Beispiele.* Wiesbaden: Springer Fachmedien.

Gründler, E. C. (2009). Nur mit ihrem spirituellen Denken können Menschen innovativ sein. Ein Interview mit Danah Zohar. In: W. Jäger & P. J. Kohtes (Hrsg.), *Zen@Work. Manager und Meditation. Einzigartige Erfahrungsberichte aus der Führungsetage.* (2. Aufl.). Bielefeld: Kamphausen.

Hagehülsmann, U., & Hagehülsmann, H. (1998). *Der Mensch im Spannungsfeld seiner Organisation. Transaktionsanalyse in Managementtraining, Coaching, Team- und Personalentwicklung.* Paderborn: Junfermann Verlag.

Hays (Hrsg.). (2015). HR-Report 2014/2015 Schwerpunkt Führung. In: S. Franken, *Führen in der Arbeitswelt der Zukunft. Instrumente, Techniken und Best-Practice-Beispiele.* Wiesbaden: Springer Fachmedien.

Hertel, A. von (2013). *Professionelle Konfliktlösung. Führen mit Mediationskompetenz* (3. überarbeitete u. aktualisierte Aufl.). Frankfurt: Campus.

Hintz, A. J. (2016). *Erfolgreiche Mitarbeiterführung durch soziale Kompetenz. Eine praxisbezogene Anleitung* (3. Aufl.). Wiesbaden: Springer Gabler Verlag.

Jäger, W., & Kohtes, P. J. (2009). *Zen@Work. Manager und Meditation. Einzigartige Erfahrungsberichte aus der Führungsetage* (2. Aufl.). Bielefeld: Kamphausen.

Kindl-Beilfuß, C. (2014). *Fragen können wie Küsse schmecken. Systemische Fragetechniken für Anfänger und Fortgeschrittene* (5. Aufl.). Heidelberg: Carl Auer.

Mohr, G. (2008). *Coaching und Selbstcoaching mit Transaktionsanalyse.* Bergisch Gladbach: EHP-Verlag Andreas Kohlhage.

Rüttinger, R. (1999). *Transaktionsanalyse. Arbeitshefte Führungspsychologie* (7. Aufl., Bd. 10). Heidelberg: Sauer-Verlag.

Satir, V. (2008). *Mein Weg zu dir. Kontakt finden und Vertrauen gewinnen.* (9. Aufl.,). München: Kösel-Verlag.

Schulz von Thun, F. (1993). *Miteinander reden: 1: Störungen und Klärungen. Allgemeine Psychologie der Kommunikation.* Reinbek: Rowohlt.

Stroebe, R. W. (2001). *Kommunikation 1. Grundlagen – Gerüchte – schriftliche Kommunikation. Arbeitshefte Führungspsychologie* (5. Aufl., Bd. 5). Heidelberg: Sauer.

Watzlawick, P. (1999). *Wie wirklich ist die Wirklichkeit? Wahn-Täuschung-Verstehen* (25. Aufl.). München: Piper-Verlag.

Webers, T. (2015). *Systemisches Coaching. Psychologische Grundlagen.* Wiesbaden: Springer Fachmedien.

Ausbildung zur Führungskraft im Unternehmen

© Springer Fachmedien Wiesbaden GmbH, ein Teil von Springer Nature 2019
A. Lüneburg, *Auf dem Weg zur Führungskraft*,
https://doi.org/10.1007/978-3-658-21986-4_7

Wie können zukünftige Führungskräfte umfassendes Wissen, Führungskompetenzen und eine innere Haltung entwickeln? Wie können sich Beziehungen, Kommunikation und die Zusammenarbeit in Organisationen verbessern? Wie kann die Zahl der inneren Kündigungen verringert werden zugunsten von engagierten und motivierten Mitarbeitenden, die gern lernen und Verantwortung tragen?

Durch eine echte, qualitativ und quantitativ hochwertige Ausbildung zur Führungskraft.

Die Idee ist entstanden in vielen Gesprächen mit gut bekannten Geschäftsführern, Personalverantwortlichen, Beratern, Trainern und Coaches aus der Wirtschaft und anderen Organisationen, die sich alle wie die Autorin in den letzten Jahren mit dem Frage beschäftigt haben: Wenn wir überaus umfangreich und professionell fachlich ausbilden – warum tun wir das nicht auch in der Führung? Menschen zu führen ist mindestens so anspruchsvoll wie ein Produkt oder eine Strategie zu entwickeln oder technische Aufgaben umzusetzen – und da es um Menschen geht, sogar deutlich anspruchsvoller und wichtiger. Schlechte Führung kann neben der – im schlimmsten Fall – psychischen Misshandlung von Menschen zu Verlusten in Unternehmen führen, wie es die jährlichen Zahlen zu inneren Kündigungen und „Dienst nach Vorschrift" zeigen (siehe ▶ Kap. 1). Fachbücher und Trainings zum Thema Führung gibt es in großen Mengen – es scheint trotzdem nicht zu funktionieren. Eine besondere Idee stammt von Heinz-W. Bertelmann:

> » Führung ist ein so wichtiges Thema, das die Unternehmen nicht allein stemmen können. Der Staat könnte analog zum bestehenden Ausbildungssystem, auch mit finanzieller Unterstützung, eine duale Ausbildung für Führungskräfte anbieten, z.B. drei Jahre in Vollzeit oder sechs Jahre in Teilzeit. Oder ein Aufbaustudium „Master of Business Leadership" – nicht zu verwechseln mit dem MBA, der Managementtechniken lehrt (Heinz-W. Bertelmann).

Während der Entstehung dieses Buches hat die Autorin Expertinnen und Experten Fragen zum Thema Führungskräfte und Ausbildung gestellt, die in dieses Kapitel einfließen. Bevor das Konzept einer Führungskräfte-Ausbildung vorgestellt wird, sollen zunächst folgende Fragen beantwortet werden:

- Wie entscheiden Unternehmen, jemandem Führungsverantwortung zu übertragen?
- Werden externe Berater hinzugezogen und/oder Persönlichkeitstests durchgeführt?
- Was treibt Menschen an, Führungsverantwortung zu übernehmen?
- Welche Ressourcen sollten diese Menschen mitbringen?
- Wie werden (potenzielle) Führungskräfte auf Führungsaufgaben vorbereitet, unterstützt und/oder ausgebildet?
- Worauf legen Unternehmen bei einer echten Führungskräfteausbildung Wert?
- Ist eine solche Ausbildung auch für erschöpfte Führungskräfte geeignet, um die Selbstkompetenz zu stärken?

■ Entscheidung zur Übertragung von Führungsverantwortung

In den meisten Fällen werden bereits im Unternehmen tätigen Fachkräften Führungsaufgaben übertragen, ohne dass die Persönlichkeit tiefer gehend betrachtet wird; nach einer Schätzung verfahren über 60 % der Unternehmen so, vor allem im Mittelstand. Hier ist oft der Fall, dass man jemanden persönlich kennt, der oder die sich eignen könnte und/oder man hat jemanden im Rahmen einer Projektleitung oder im Umgang mit Kunden und Kollegen erlebt. Manche Unternehmen haben jedoch mit einem Personalrahmenprogramm oder einer Personalstrategie begonnen, Menschen zu suchen, die genau zum Unternehmen und zur Position passen. Die Entwicklung scheint dahin zu gehen, dass persönliche und soziale Kompetenzen berücksichtigt werden, beispielsweise Einstellungen, Motivation, (Selbst-) Vertrauen, gute Kommunikation oder Offenheit. Auch wird beobachtet, ob jemand als Führungskraft gestalten und Menschen gewinnen will oder ob ihm oder ihr der Status wichtiger ist.

» Die Grundhaltung, die Werte und die Authentizität eines Menschen ist wichtig, der bei uns führen will. Wir wünschen uns bei den Werten eine Übereinstimmung von mindestens 80% mit den Werten unseres Unternehmens (H.-Jochen Becker).

- **Unterstützung durch externe Berater und/oder Persönlichkeitstests**

Abhängig von der Führungsebene und vom Unternehmen werden häufig Assessment-center durchgeführt. Konzerne haben Personalentwicklungsstrategien, High-Potential-Programme und führen professionelle Karriere- und Recruiting-Gespräche.

Im Mittelstand sind häufig keine Strategien zu finden, auch die Gespräche sind wenig professionell und gelegentlich reine Selbstdarstellungsszenarios, in denen der Bewerber nicht zu Wort kommt – und so erfährt der Fragende auch nichts über ihn und seine Eignung. Einige Unternehmen führen Persönlichkeitstests oder Potenzialanalysen durch, die jedoch meist verhaltensbasiert sind und herausfinden sollen, wie sich Menschen in bestimmten Situationen verhalten bzw. wie sie handeln würden oder welche herausragenden Eigenschaften sie haben (z. B. Dominanz, Gewissenhaftigkeit oder Initiative). So erfahren sie jedoch nicht viel über die Persönlichkeit der Bewerber, nur durch ein Instrument wie das LUXXprofile ist es möglich (siehe ▶ Abschn. 2.4.2). Auch Berater werden zur Unterstützung im Recruiting-Prozess herangezogen, jedoch eher in großen Unternehmen.

- **Antreiber für die Übernahme von Führungsverantwortung**

Natürlich hängt es von der jeweiligen Persönlichkeit ab, aus welchen Gründen Menschen führen möchten. Die häufigsten Gründe sind der Wille
- Verantwortung zu übernehmen
- zu gestalten (Arbeitsumfeld, das Unternehmen etc.)
- mehr Entscheidungsfreiheit zu haben
- Einfluss und Macht zu haben und delegieren zu können.

Dazu kommen Gründe wie Freude am Arbeitsfeld, persönliche Weiterentwicklung (z. B. Projekte leiten anstelle von Einzelaufgaben), sich selbst etwas zu beweisen oder Anerkennung zu erhalten.

Es gibt nach wie vor monetäre Gründe, zumindest in den Unternehmen, die Führungskräften mehr zahlen als Spezialisten. Hier scheint es jedoch einen Wechsel zu geben, da erkannt wird, dass Spezialisten heute unersetzlich sein können und nicht unbedingt die besten Führungskräfte sind. Auch der Antrieb aus Statusgründen scheint im Wandel zu sein, insbesondere bei jungen Menschen unter 30. Damit fallen extrinsische Motivatoren weg, die den bisherigen Führungsgenerationen oft wichtig waren.

- **Ressourcen von potenziellen Führungskräften**

Hier gibt es eine große Bandbreite von Ressourcen, die Interessierte mitbringen sollten. Da sicherlich nicht alle genannten Ressourcen bei allen Interessierten vorhanden
sind, kann hier schon geprüft werden, was im Rahmen einer Ausbildung zusätzlich
vermittelt werden könnte.

Die wichtigsten Eigenschaften, die führungsinteressierte Menschen mitbringen
sollten, sind

- ein positives Menschenbild und damit auch die Anerkennung der Einzigartigkeit von
  Menschen
- Empathie, Interesse an anderen und mit anderen in den Dialog gehen wollen.

> » Führung ist Kommunikation. Nur im Dialog kann man sich austauschen, Ideen
> weiterentwickeln, voneinander lernen und gemeinsam Ziele erreichen (Petra Clemen).

Weitere Eigenschaften sind
- Mut und Ausdauer
- Selbstvertrauen und Vertrauen
- (Selbst-)verbindlichkeit und (Selbst-)verantwortung übernehmen wollen
- Schnelle Auffassungsgabe, v. a. der Unternehmensstruktur und -kultur
- Entscheidungs- und Gestaltungsfreude, Begeisterung für Veränderungen
- Kommunikation: durch Konsens führen
- Durchsetzungsvermögen
- Ehrgeiz und Zielstrebigkeit
- Konfliktfähigkeit
- Neugier und Pionierdenken
- Organisation, Planung und Delegation
- Glaubwürdigkeit und Authentizität
- Guter Umgang mit Fehlern
- Gelassenheit, Humor und über sich selbst und mit anderen lachen können.

> » Wichtige Ressourcen für Führungskräfte sind:
>
> - „Adler sein": Schnell offizielle und inoffizielle Strukturen durchschauen
> - Zuhören und verstehen wollen, hohe Wahrnehmungsfähigkeiten
> - starker Wille
> - gute Kommunikations- und Kooperationsfähigkeiten (wer kann mit wem verträg-
>   lich zusammenarbeiten?)
> - Entwicklung von Strategien
> - Schützen vor Rollenzuweisungen. (Birgit Jürgens)

- **Vorbereitung, Unterstützung und/oder Ausbildung für Führungskräfte**

In kleinen und mittleren Unternehmen gibt es häufig keine Begleitung oder Vorbereitung; manchmal ein offenes Führungsseminar, in dem allgemein Instrumente
und Methoden vermittelt werden. Hier ist die Anwendung im Unternehmen bzw.
die Effizienz des Seminars nicht überprüfbar oder wird nicht nachgefragt. Andererseits erwarten diese Unternehmen, dass Führungskräfte wissen, was sie aufgrund ihrer
Stellenbeschreibung und ihrer Verantwortung und Verantwortlichkeit brauchen und

dieses in Gesprächen mit ihren jeweiligen Vorgesetzten klären. Manche Unternehmen bieten Coachings an, vor allem, nachdem eine neue Führungskraft schon geraume Zeit im Unternehmen ist und erste Erfahrungen oder sogar die erste Niederlage erlitten hat. Andere bieten eine Seminarreihe oder Workshops an, die jedoch nicht unbedingt auf das Unternehmen abgestimmt sind oder setzen allein auf systematische Einarbeitung.

Im Gegensatz dazu ist seit einigen Jahren zu beobachten, dass Führungskräfte mehr persönliche Begleitung (Mentoring oder Coaching) bekommen; manche Unternehmen investieren sogar in eine richtige Ausbildung für neue Führungskräfte, die über ein oder zwei Jahre geht, oder in begleitende abgestimmte Weiterbildungen für die gestandenen Leitungen über mehrere Jahre. Zu diesen Angeboten gehören nicht nur die Vermittlung von fachlichen und methodischen Kompetenzen, sondern auch das Erlernen von sozialen und emotionalen Kompetenzen sowie die persönliche Weiterentwicklung. Die Angebote sind sehr unterschiedlich: Sie laufen zwischen sechs Monaten und zwei Jahren, bestehen aus 2–8 Modulen oder Workshops, manchmal ergänzt von Online-Vorträgen, Online- oder Präsenz-Coachings. Manche Unternehmen lassen die Ausbildungen von Führungskräften oder sogar der Unternehmensleitung begleiten: Durch Projekte, Mentoring oder Kaminabende mit der Möglichkeit zum persönlichen Gespräch. Es wird jedoch deutlich, dass sich offenbar nur die großen Unternehmen lange „echte" Ausbildungen leisten können – oder nur diesen Unternehmen ist es das wert.

- **Worauf legen Unternehmen bei einer echten Ausbildungskonzeption wert?**

Auch wenn es in einer echten Ausbildung für Führungskräfte grundsätzliche Themen gibt, so hat jedes Unternehmen andere Ziele und Strategien, andere Unternehmens- und Führungskulturen, die zu berücksichtigen sind. Daher ist ein Planungsgespräch im Unternehmen unabdingbar, in dem Erwartungen mit allen Facetten sowie Ziele geklärt und verbindlich festgelegt werden, um daraus ein maßgeschneidertes Konzept zu entwickeln, in das alle Sonderwünsche eingebaut werden. Zu klären ist darüber hinaus, ob und wenn ja welche Leistungen die Teilnehmer/innen während und am Ende der Ausbildung erbringen sollen (Hausarbeiten, Projekte, Fallstudien, Interviews etc.). Auch der Ort (in den Räumen des Unternehmens? Im Seminarhotel? Im Kloster?) und die Dauer der einzelnen Module müssen besprochen werden sowie die Frage, ob die Module im Rahmen der Arbeitszeit oder am Wochenende in der Freizeit stattfinden und das Unternehmen nur die Kosten übernimmt.

Eine besondere Rolle spielen die Mitarbeitenden: Manchmal entwickeln sie eine hohe Erwartung, wenn ihre Führungskraft sich weiterbildet. Daher sollten entweder vorher und hinterher Befragungen stattfinden oder ein bis zwei Tage mit Mitarbeiterbeteiligung eingeplant werden.

- **Ist eine solche Ausbildung auch für erschöpfte Führungskräfte geeignet?**

Hier sind sich alle Befragten einig, dass zunächst andere Möglichkeiten besser geeignet sind, um im geschützten Raum Ursachen herauszufinden, der Fürsorgeaufgabe nachzukommen und den Erhalt der Arbeitskraft zu unterstützen. Meist wird in der Phase der Erschöpfung vieles als Last empfunden, sodass die Teilnahme an einem Kurs zusätzlich Druck auslösen kann. Hier empfiehlt sich Einzelcoaching mit möglichst 10 Sitzungen; auch können Alternativen angeboten werden, zwischen denen

Erkrankte wählen können: Bezahlter Ausstieg, Sabbatmonate oder Klosteraufenthalt. Hier macht es Sinn zu fragen: „Was würde Ihnen jetzt gut tun?". Später können dann ggf. einzelne Module angeboten werden wie Zeit- und Selbstmanagement oder Organisation, je nach Ergebnis des Coachings.

An dieser Stelle empfehlen alle Berater, Trainer und Coaches den Unternehmen einen Aufbau von Präventionsmaßnahmen zur Selbstfürsorge im Sinne von Salutogenese (Wissenschaft von der Entstehung und Erhaltung von Gesundheit). Dazu können Weiterbildungen wie „Wie bleibe ich gesund bis zur Rente?" oder „Drei Gesundheitstage/Salutogenese mit Supervision und Coaching" als Ausgleich für (zu) große Organisationen gehören, Work-Life-Balance-Kurse über drei Tage oder Impulsvorträge im Rahmen des Gesundheitsmanagements. Es reicht jedoch nicht aus, Obstkörbe in Büros zu verteilen oder Sportprogramme anzubieten.

» Wie viele Führungsaufgaben verträgt eigentlich eine Führungskraft? Es fehlen Motivatoren, wenn das System zu groß ist (Birgit Jürgens).

7

Um es mit zukünftigen Führungskräfte erst gar nicht so weit kommen zu lassen, wurde die Führungskräfte-Ausbildung konzipiert, die nun vorgestellt werden soll.

Auch für den öffentlichen Bereich (Staat, Kommunen oder Kirchen) und Vereine mit hauptamtlichem Personal kann der Ansatz nützlich sein, denn hier geht es um das Führen und Leiten von ehrenamtlichen Mitarbeitenden oder Teilzeitkräften, das auf seine Art eine besondere Herausforderung darstellt.

> **Hinweis: Die Führungskräfteausbildung kann auch von kleinen und mittleren Unternehmen umgesetzt werden, wenn sie beispielsweise mit befreundeten Unternehmen gemeinsam planen. Voraussetzung ist ein klarer Auftrag aller beteiligten Unternehmen sowie Vertrauen und Verschwiegenheit. Als ersten Schritt können die Unternehmen eine/n Coach suchen, der/die sie berät und bei der Planung und Kalkulation unterstützt. So kann die gemeinsame Ausbildung eine Bereicherung sein.**

7.1 Ziele und Dauer der Ausbildung

Eine echte Ausbildung für Führungskräfte soll aus Sicht der Autorin vor allem aus Grundmodulen zur Wissenserweiterung von Führungs-, Sozial- und Selbstkompetenzen bestehen, die der Entwicklung zur Führungspersönlichkeit dienen. Die Teilnehmer/innen sollen die Möglichkeit erhalten, sich selbst und ihre Potenziale zu erkennen und zu entwickeln, um damit ihre Führungsqualität sicherzustellen.

> Es geht somit um **die eigene, persönliche Profilbildung als Führungskraft** jedes einzelnen Teilnehmers und nicht um eine uniforme Ausbildung. Jeder und jede führt anders – und das ist gut so, wenn er oder sie sich mit Menschen und Organisationen und ihren Eigenheiten ebenso gut auskennt wie mit sich selbst. Auf dieser umfassenden Grundlage kann jeder sein Wissen um Methoden, Managementtechniken oder Führungsinstrumente individuell ergänzen, wenn es gebraucht wird, wie in ◘ Abb. 7.1 sehen ist.

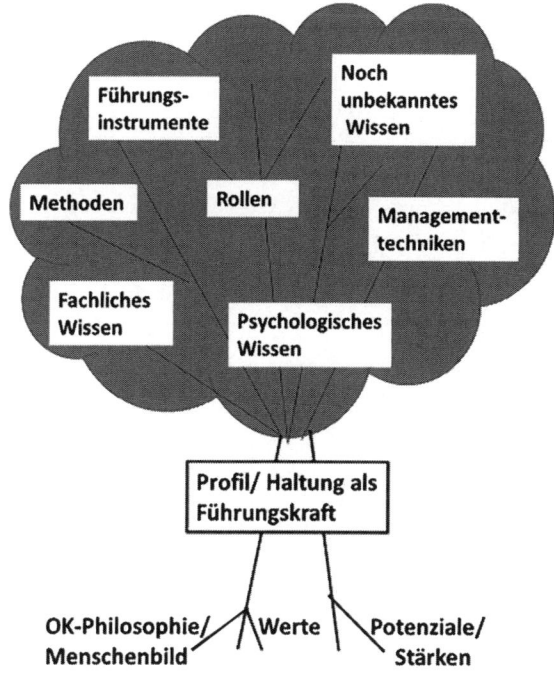

Abb. 7.1 Der Profilbaum der Führung. (Eigene Darstellung)

Eine positive Einstellung (OK-Philosophie) gegenüber Menschen und ihrer Leistungsbereitschaft sowie ein Bewusstsein der eigenen Werte und Potenziale ist für alle wichtig, die führen wollen; sie soll in der Ausbildung vermittelt werden. Manche Teilnehmer können im Laufe der Ausbildung zu einer Entscheidung kommen, dass sie doch keine Führungsverantwortung übernehmen und lieber im Team und/oder als Spezialist weiter tätig sein wollen. Dieser Entschluss ist eine wichtige Erkenntnis und wird damit rechtzeitig gefällt, bevor im Unternehmen Führungsfehler gemacht werden und/oder jemand ungern seine Arbeit macht. Das Wissen um die Einzigartigkeit von Menschen vermittelt den Teilnehmern, dass nicht jedes Führungsinstrument für jeden Mitarbeitenden Sinn macht und bei ihm „funktioniert".

Die Grundmodule werden dann in der Planungsphase auf die jeweiligen Ziele der beauftragenden Unternehmen und die Bedürfnisse der Teilnehmer/innen abgestimmt und entsprechend erweitert.

Allgemein soll die Führungskräfteausbildung folgendes Profil haben:
- Sie ist Begleitung der Teilnehmer/innen auf ihrem einzigartigen Weg zur authentischen, inspirierenden Führungspersönlichkeit
- Sie sorgt für ein tieferes Sinnverständnis von Führung
- Die Teilnehmer/innen entdecken ihre Potenziale und erfahren, wie sie sie in der Führung nutzen können
- Sie erfahren, was ihre Mitarbeitenden für ihre Arbeit brauchen
- Sie lernen Vertrauen, Respekt und Dankbarkeit und deren Bedeutung für den Führungsalltag und das Unternehmen kennen

— Sie erfahren Sicherheit: Im geschützten Raum können sie bei Bedarf Selbst-
korrekturen vornehmen und lernen, mit Werten wie Verantwortung und Vertrauen
umzugehen
— Sie lernen die Rolle von Führungskräften in Abgrenzung zu anderen Rollen kennen
— Sie werden auf Stress, Alltäglichkeit und Krisen in der Führungslaufbahn vorbereitet
und lernen, diese als Chance zur Weiterentwicklung zu sehen
— Sie erleben die vertrauensvolle Zusammenarbeit mit den anderen Teilnehmer/innen
und lernen, sie später als Netzwerk zu nutzen
— Sie denken über die Aufgabe des Dienens nach: Führungskräfte dienen dem Unternehmen und dem Gemeinwohl.

Wichtigstes Ziel der Ausbildung ist das Gewinnen der inneren Haltung als Führungs-
kraft; es gibt jedoch noch weitere Ziele, die insbesondere für die befragten Unternehmen
unabdingbar sind:
— Ziele des Unternehmens erreichen, Umsatz, Gewinne, Rendite steigern
— Produktivität erhalten und verbessern, Fundament stärken
— Unternehmensklima halten und verbessern, weitertragen und verändern
— Unternehmenskultur, Werte und Spielregeln erkennen, verstehen und entsprechend
handeln können
— Stärken stärken: Persönlichkeit ausbilden unter dem Dach der gemeinsamen Unter-
nehmenswerte und -leitsätze
— Soziale Kompetenzen/Kommunikation lernen, dazu gehören Konfliktbewältigung,
Entscheidungen fällen können, Teamführung, Gesprächsführung und Moderation,
um vor allem die Zahl von Sitzungen/Mails zu reduzieren und Konflikte zu ver-
meiden
— Selbstführung, -verantwortung,-steuerung, Selbstfürsorge
— Professionelles und sachliches Arbeiten, operative Maßnahmen beherrschen
— Frei arbeiten, jedoch lernen, die Konsequenzen zu tragen im Sinne von Ver-
antwortung und entsprechend erforderlicher Entscheidungsstärke.

> **Hinweis: Die ersten beiden Ziele werden immer genannt; im Verlauf wird jedoch
> deutlich, dass für die Unternehmen die anderen Ziele noch wichtiger sind – ohne
> deren Erreichung lassen sich die erstgenannten Ziele nicht erreichen.**

Auch die befragten Trainer/innen, Berater/innen und Coaches sehen Ziele, die sie mit
einer Führungskräfteausbildung verbinden. Zum Teil überschneiden sie sich mit den
Zielen der Unternehmen, z. B. Kommunikation, Unternehmenskultur und -klima (und
werden nicht noch einmal genannt).

Folgende **Ziele** sind aus ihrer Sicht wichtig:
— Beziehungskompetenzen ausbilden
— Führung menschlicher machen
— Reflexionsfähigkeit
— Stärkung der Führungskräfte, um ihren Arbeitsalltag zu erleichtern
— Selbstkompetenz entwickeln
— Kompetenzen erweitern und im geschützten Raum ausprobieren dürfen
— Mitarbeiterorientiert führen lernen: Wie arbeiten Mitarbeitende gut?
— Wissen über Prozesse vermitteln (Gerüst aus der Theorie für praktische Anwendung)

Die Ausbildung kann somit als Beitrag oder Investition der Organisation in gute Führungskräfte mit guten Führungskompetenzen im eigenen Unternehmen betrachtet werden.

Zu den wichtigen **Führungskompetenzen,** die in der Ausbildung vermittelt werden, gehören:

- Werteorientierung und Wertschätzung
- Die Bedeutung von Führungsaufgaben anerkennen und vor die Fachaufgaben stellen (Umorganisation in der Abteilung/Bewusstsein im Unternehmen erforderlich)
- Leistungsprinzip, Ziele, Strategien, Unternehmensführung
- Ergebnisorientiertes Handeln
- Umgang mit Kritik
- Selbstreflexion, Selbstführung, „Ruhe im Geist"
- Empathie, Mimik, Gestik
- Delegation mit Verantwortungsübergabe
- Teamdynamik verstehen und Teamführung (ausgleichend wirken, offene Tür)
- Gute Kommunikation und Kooperation
- Konfliktfähigkeit und Konfliktvermeidung
- Methoden- und Lösungskompetenzen
- Psychologische und Milieu-Kenntnisse
- Wissenstransfer und Akzeptanz, dass Mitarbeitende fachlich mehr wissen
- Verlässlichkeit und Ehrlichkeit
- Folgebewusstsein (Folgen von Entscheidungen)
- Tatkraft
- Gemeinsam mit Mitarbeitenden Ziele erreichen und ihnen helfen, erfolgreich zu sein bzw. sie zu fördern (es besteht die Gefahr, dass reine Fachkräfte das nicht sehen).

7.1.1 Dauer der Ausbildung

Die echte Ausbildung zur Führungskraft soll insgesamt zwei Jahre dauern, da sie neben der Berufs- und Führungstätigkeit im Unternehmen durchgeführt wird. Wichtig ist ausreichende Zeit zur Reflexion und für Aufgaben und/oder Fallstudien zwischen den einzelnen Modulen.

Sie findet in sieben Modulen statt, die ersten sechs innerhalb von 18 Monaten in möglichst regelmäßigen Abständen, das siebte Modul nach weiteren sechs Monaten.

Jedes Modul hat einen Umfang 4–5 Tagen, empfehlenswert ist die Umsetzung in einem Hotel oder in einem Kloster mit Tagungsräumen, einem Park oder grünem Umland für Spaziergänge, weitere Aktivitäten oder Pausen im Freien. So bleibt abends der Abstand zum Unternehmen und zum Privatleben sowie Zeit für die Reflexion sowie für Gruppenarbeiten, ggf. auch für Meditationen, um zur Ruhe zu kommen.

Die Anreise kann beispielsweise montags am Vormittag erfolgen, der erste Tag beginnt mit zwei Blöcken. Dann folgen zwei oder drei ganze Tage, jeweils mit einem Block von 9.00 bis 12.00 Uhr, längerer Mittagspause zur Regeneration, Reflexion oder zum Austausch zu zweit, einem zweiten Block von 15.00 bis 18.00 Uhr und ggf. einem Abendblock ab 20.00 Uhr. Der letzte Tag endet dann nach dem Mittagessen, damit die Teilnehmer/innen Zeit für die Heimfahrt und zur Regeneration haben. Wenn gewünscht, können Zeiten für Meditation oder Entspannung angeboten werden.

□ Abb. 7.2   Die sieben Module der Führungskräfteausbildung. (Eigene Darstellung)

7.2   Aufbau und Inhalte der Ausbildung

Die Inhalte der Ausbildung entsprechen neben dem gewünschten Unternehmenswissen den Inhalten der ► Kap. 2 bis 6. Alles fließt in den Aufbau und die Zuordnung der Inhalte und wird ergänzt um den Umgang mit Stress, Krisen, Sicherheit und anderen Situationen aus dem Führungsalltag. In allen sieben Modulen (□ Abb. 7.2) wechseln sich kurze theoretische Abschnitte mit Übungen ab: Allein und in Gruppen, mit Rückzugsmöglichkeiten, Präsentationen sowie Rollenspielen. Zum Abschluss erhalten alle Aufgaben oder Fallstudien, die allein, zu zweit oder in einer kleinen Gruppe bis zum nächsten Modul erarbeitet werden. Dort werden sie dann vor der gesamten Gruppe präsentiert oder anderweitig vorgestellt.

7.2.1   Kommunikation zwischen den Modulen

Wenn von den Teilnehmer/innen gewünscht, kann eine Gruppe in einem sozialen Medium oder eine Chatfunktion eingerichtet werden, um sich zwischen den Modulen auszutauschen, Erfahrungen zu teilen oder sich Unterstützung zu holen. Ob die oder der leitende Coach Mitglied wird, sollte die Gruppe entscheiden; es ist jedoch in einer zweiten Gruppe empfehlenswert, wenn beispielsweise aktuelle Fälle aus dem Führungsalltag besprochen werden sollen. Auch Webkonferenzen zwischen den Modulen sind denkbar.

- ▪ **Modul 1 – Kennenlernen und Ziele**
Im ersten Modul wird dem Kennenlernen Raum gegeben, in dem durch Übungen und ungewöhnliche Vorstellungen Vertrauen und Offenheit der Teilnehmer/innen entsteht.

Die gesamte Organisation sowie zu leistende Aufgaben und das Lerntagebuch (siehe ► Abschn. 7.4) werden vorgestellt. Die Teilnehmer/innen tauschen sich über gute Führung, Vorbilder und Rollen von Führungskräften aus und erarbeiten Ziele für ihre Ausbildung sowie für ihre Zukunft als Führungskraft. Sie klären für sich, woher ihre Motivation stammt, führen zu wollen und welche Auswirkungen das auf ihr Privatleben, insbesondere auf ihre Partnerschaft, haben kann. Sie erhalten viel Raum für Erfahrungsaustausch und üben in Rollenspielen Situationen aus dem Führungsalltag.

» Gute Fragen zu Beginn sind: Wie wollen <u>Sie</u> geführt werden? Wie möchten <u>Sie</u> führen? (Petra Clemen).

▪ **Modul 2 – Emotionale Kompetenzen und Selbstkompetenz**

Im zweiten Modul geht es zunächst um Menschen, ihre Gefühle und Bedürfnisse, bevor dann das Thema Selbstführung mit allen Facetten erarbeitet wird.

Viele Weiterbildungen (und Persönlichkeitstests) beschäftigen sich ausschließlich mit menschlichem Verhalten und deren Veränderungen und dringen nicht bis zum Kern der Persönlichkeit vor. Um als Führungskraft gut agieren zu können, ist es unerlässlich, sich mit der eigenen Persönlichkeit auseinanderzusetzen, um das eigene sowie das Verhalten anderer zu verstehen. Ebenso ist dann möglich, Verhaltensmuster zu erkennen und mit ihnen umzugehen. Daher geht dieses Modul in die Tiefe menschlichen Seins und beschäftigt sich mit Glaubenssätzen, menschlicher Motivation, Werten, Lebensmotiven bzw. Antreibern und der Einzigartigkeit von Menschen. So kann die Entwicklung emotionaler Kompetenzen bei den Teilnehmer/innen erreicht werden, die wiederum eine gute Grundlage für die Erarbeitung sozialer Kompetenzen und der Selbstkompetenz ist. Am Rande geht es um Unterschiede zwischen Generationen und Unterschiede zwischen Land- und Stadtbevölkerung.

Die Teilnehmer/innen erarbeiten ihre eigene Gefühlswelt, ihren professionellen Umgang mit Emotionen im Führungsalltag und beschäftigen sich mit Strategien für Veränderungen. Mit diesem Wissen sind die Teilnehmer/innen gut auf die Themen Selbstführung, Selbstreflexion und Selbstfürsorge vorbereitet, die Grundlagen für gute Führung sind.

» Führung erfordert zunächst Selbstführung! (Heinz-W. Bertelmann).

Die Teilnehmer/innen werden sich mit ihrer eigenen Lebensbalance, ihren Lebenszielen und Werten beschäftigen. Auch der Weg dorthin wird gezeigt, sodass sie sich im eigenen Führungsalltag Zeiten der Reflexion ermöglichen können. So wird ihnen der Nutzen von Selbstführung, beispielsweise beim Umgang mit Stress, Unsicherheiten oder Fehlern, deutlich. Es wird mit Übungen, Rollenspielen, Fallstudien und Reflexionen gearbeitet.

In früheren Zeiten war es Führungskräften noch möglich, innezuhalten und über sich selbst und ihren weiteren Weg zu reflektieren. Aufgrund der hohen Arbeitsverdichtung bei Führungskräften, die häufig zu abendlichem Arbeiten und stetiger Erreichbarkeit führt, ist das Innehalten kaum mehr möglich, sollte jedoch wieder ermöglicht werden.

» Es ist wichtig, sich immer wieder zu hinterfragen, um das Fundament des Unternehmens und seiner Kultur abzusichern (Dr.-Ing. Claus-Christian Ehrhardt).

Während der Ausbildung soll auch der Gedanke unterstützt werden, sich später als (zukünftige) Unternehmens- oder Bereichsleitung regelmäßige Auszeiten (allein und gemeinsam mit dem eigenen Führungskreis) zu nehmen, um das Unternehmen, die Mitarbeitenden und sich selbst weiterzuentwickeln.

» Auch langjährige Führungskräfte brauchen Zeit zum Innehalten, zur
  Weiterbildung und zum Austausch. Ich begleite 2-4x pro Jahr für einen oder
  zwei Tage Führungskräfte mit ihrer Geschäftsleitung. Hier sprechen wir über
  die Unternehmensstrategie und Führungsthemen. Es ist eine Zeit, in der die
  Führungskräfte ihr Handeln und ihr Führungsverhalten reflektieren und gemeinsam
  Lösungen für aktuelle Führungsthemen erarbeiten. Gerade die kollegiale
  Beratung und der Austausch untereinander bringen neue Ideen, ein besseres
  Führungsverständnis und sorgen für ein starkes Gemeinschaftsgefühl an der
  Führungsspitze (Petra Clemen).

Coaching unterstützt den Weg zur Selbstführung sehr gut, daher werden in diesem Modul Formen professionellen Coachings sowie Anlässe und Nutzen von Coaching für Führungskräfte und Organisationen vorgestellt. Passende Tools sind beispielsweise das „innere Team", die „Ressourcenpyramide" oder die Nutzung des LUXXprofile. Die Teilnehmer werden in die Rolle von Coaches und Coachees schlüpfen.

Die Coaching-Tools sollen nur bedingt später im Führungsalltag genutzt werden; hier geht es um das eigene Kennenlernen und das Eingehen auf die anderen Teilnehmer/innen. Einzelne Elemente, wie beispielsweise das „systemische Fragen", können jedoch gut eingesetzt werden.

Nach den ersten beiden Modulen haben die Teilnehmer/innen gelernt
- Eigenes Handeln bewusst zu steuern
- unbewusste Verhaltensmuster zu erkennen und überwinden
- eigene innewohnende Potenziale zu erkennen und sie zukünftig im Leben und Beruf
  zu entfalten
- Wege zu finden, ihre Werte leben zu lernen
- in guter Verbindung mit den unterschiedlichen Persönlichkeitsanteilen zu sein
- im inneren Gleichgewicht zu bleiben, auch bei hohen Anforderungen
- die Konzentrationsfähigkeit zu stärken
- unabhängig und bewusst entscheiden zu können
- und viele Handlungsalternativen zu haben.

» Führungskräfte müssen darauf achten, was ihre Mitarbeitenden brauchen und dass
  sie die Erwartungen der Mitarbeitenden kennen. Sie sollen erkennen können, was die
  Mitarbeitenden am besten können und sie fördern und begleiten. Sie sollen sich auch
  für sie als Mensch interessieren (Barbara Schüssler).

Selbstführung ist aus Sicht von Coaches, Beratern und Trainern das Thema, das in einer Führungskräfteausbildung zuerst erarbeitet werden muss. Damit finden Führungskräfte heraus, wer sie sind in Bezug auf verschiedene Situationen, beispielsweise bei Veränderungen, unter Druck, im Stress, bei Langeweile, bei Fehlern, bei Zeitmangel oder bezogen auf ihren Selbstwert. Wenn sie ihre eigenen Lebensziele und Werte kennen und durch ihr (möglicherweise hier entwickeltes) Selbstvertrauen anderen vertrauen, können sie leichter mit den Anforderungen der Führungstätigkeit umgehen sowie ihr Leben, ihren Arbeitstag und ihren Arbeitsplatz organisieren. Sie sind in der Lage, sich zum Nachdenken auf die Metaebene zu begeben und so neue Lösungen zu finden.

» Voraussetzung ist jedoch die Bereitschaft der Geschäftsleitung, dieser Entwicklung Raum und Zeit zu geben (Dietrich von Holten).

■ Modul 3 – Organisationen

Alle Führungskräfte arbeiten in Organisationen – wirtschaftliche, öffentliche, kirchliche oder andere Non-Profit-Organisationen. Organisationen sind Systeme, deren Wirkung und Energien zukünftige Führungskräfte verstehen sollten. Daher werden im dritten Modul Ziele und Aufgaben von Organisationen sowie Organisationsformen heute und in Zukunft gemeinsam erarbeitet. Es werden unterschiedliche bestehende Organisationen in Fallstudien erarbeitet und sich mit den Inhalten des Buchs „Reinventing Organizations" auseinandergesetzt, vor allem mit der evolutionären Organisationsform der Zukunft. Ebenso lernen die Teilnehmer/innen den Sinn von Organisationsvisionen, -missionen und -leitbildern und ihre Auswirkungen auf Mitarbeitende zu verstehen. Darüber hinaus beschäftigen sie sich mit lernenden und lebendigen Organisationen sowie organisationaler Energie, um wiederum deren Bedeutung für die Zukunft (auch des eigenen Unternehmens) zu erkennen. Sie lernen, welche wichtige Rolle sie als Führungskräfte spielen, um ihre Organisation zukunftsfähig zu machen und wie Veränderungen möglich sind.

> **Übersicht**
> Evolutionäre Organisationen schaffen drei Durchbrüche, die das Management, wie wir es bisher kannten, verändern.
> - Selbstführung der Organisation: Wirkungsvolle, fluide Systeme mit kollektiver Intelligenz,
> - Ganzheit: Arbeiten ohne professionelle Maske, sondern Einbringen des ganzen Selbst,
> - evolutionärer Sinn: Evolutionäre Organisationen haben eine eigene Richtung; deren Mitglieder sind aufmerksam und verstehen, in welche Richtung sich die Organisation entwickeln will.
> - Diese drei Durchbrüche beinhalten Praktiken, die von bisherigen Managementmethoden abweichen (vgl. Laloux 2017, S. 54–55).

Die organisationalen Themen werden in Form von Fallstudien mit verschiedenen Organisationen, Rollenspielen und Übungen erarbeitet und reflektiert. Hier könnte beispielsweise das eigene Unternehmen in die Zukunft versetzt werden: Was würde sich alles ändern, wenn es ab morgen eine evolutionäre Organisation wäre? Was wäre, wenn sich alle anderen ändern, nur das eigene Unternehmen nicht? Weitere Szenarien können durchgespielt werden.

■ Modul 4 – Kommunikation

Rein fachlich orientierte Führungskräfte sehen häufig nicht die Notwendigkeit, so zu kommunizieren, dass sie von ihren Mitarbeitenden verstanden werden und diese sich wertgeschätzt fühlen. Sie empfinden Mitarbeitende manchmal als „Kindergarten" und wollen kein „Psychologe" sein. Daher ist dieses Modul sehr wichtig, damit Führungskräfte lernen, warum es Führungsaufgaben erleichtert, wenn sie gute Kommunikation lernen und damit Konflikte von vorn herein vermeiden.

» Führungskräfte müssen ihre Wirkung auf Mitarbeitende kennen und ausgleichend wirken. Mitarbeitende sollten jederzeit zu ihren Vorgesetzten kommen können und eine offene Tür vorfinden – auch wenn es manchmal anstrengend ist und sie viele andere Sachen auf dem Tisch haben, die wichtig sind (Holger Littau).

Es geht in diesem Modul vor allem um Erwartungen der Mitarbeitenden an die Führungskraft hinsichtlich ihrer verbalen und nicht-verbalen Kommunikation. Ziel dieses Moduls ist es, dass die Teilnehmer/innen lernen, wie sie durch gute Kommunikation Konflikte vermeiden und ein gutes Teamklima schaffen können im Sinne von Paul Watzlawick „man kann nicht nicht kommunizieren". Dazu gehören das Erlernen von Gesprächsführung in verschiedenen Situationen, das Moderieren von Sitzungen und das Führen von Verhandlungen durch Rollenspiele in Gruppen und zu zweit. Besonderer Schwerpunkt ist das Moderieren von Teams und das Führen von regelmäßigen Mitarbeitergesprächen über das verpflichtende jährliche Gespräch hinaus. Dazu wird es in einem Impulsvortrag um die Nutzung von Sprache, Mimik und Gestik gehen, die die Teilnehmer/innen anschließend erproben können. Interkulturelle Kommunikation sollte ebenfalls thematisiert werden, denn immer mehr Teams bestehen aus Mitgliedern unterschiedlicher Kulturkreise und/oder sind als virtuelle Teams in unterschiedlichen Kulturen zu Hause.

- **Modul 5 – Soziale Kompetenzen**
In diesem Modul werden sich die Teilnehmer/innen mit sozialen Kompetenzen beschäftigen, die für Führungskräfte unabdingbar sind. Dazu werden die Modelle der emotionalen und spirituellen Intelligenz vorgestellt und Beispiele gezeigt sowie von den Teilnehmer/innen in Gruppenarbeit zusammengestellt und diskutiert. Ein großer Komplex ist das Thema Umgang mit Konflikten: Auf Basis des vorherigen Moduls wird intensiv an Konfliktursachen und -lösungen gearbeitet, Konfliktgespräche in Rollenspielen und Konfliktmediation trainiert. Dem Kennenlernen der Transaktionsanalyse und des systemischen Coachings wird großer Raum eingeräumt, da sie für die Entwicklung sozialer Kompetenzen sehr hilfreich sind. Die Teilnehmer/innen lernen weitere Coaching-Tools kennen und erproben sie, z. B. Fragetechniken, aktives Zuhören oder das Drama-Dreieck.

> Die Transaktionsanalyse unterstützt Führungskräfte dabei, aus der OK-Position (+/+) heraus zu führen. Sie schätzen ihre Mitarbeitenden, auch wenn nicht jedes Verhalten ok ist. Ebenso lernen sie, die menschlichen Grundbedürfnisse Strokes, Stimulation und Structure zu erkennen und auf den Umgang mit ihren Mitarbeitenden anzuwenden.

- **Modul 6 – Führung und Leadership**
Nun kommen die Teilnehmer/innen auf die Zielgerade der Ausbildung. Sie beschäftigen sich intensiv mit Führungsthemen und grenzen den Begriff Management gegenüber Leadership ab. So geht es mit Unterstützung verschiedener Impulse um Ziele und Aufgaben, Verhalten von Führungskräften und Leadern und deren Auswirkungen. Ein Impuls kann beispielsweise sein:

» Führung bedeutet, die Mitarbeitenden handlungsorientiert zu halten. Mit 50% ihrer Zeit sollten Führungskräfte überprüfen, ob das so ist, und mit den anderen 50% sollten sie Veränderungsprozesse steuern (Birgit Jürgens nach Bernard Lievegoed).

Durch Kurzvorträge, Rollenspiele und Coachings erarbeiten sie ein Sinnverständnis von Führung in verschiedenen Organisationen und setzen sich mit Führungskompetenzen und Werten auseinander, mit denen sie sich bereits in den vorherigen Modulen aus der eigenen Sicht und aus der Sicht von Organisationen beschäftigt haben: Art des Menschenbildes, Vertrauen und Selbstvertrauen, Klarheit, Freiheit und Verantwortung. Sie bilden zum Abschluss ihr eigenes Profil als Führungskraft aus, also ihre Persönlichkeit bzw. innere Haltung.

Ein Teil dieses Moduls beschäftigt sich mit der Auseinandersetzung mit verschiedenen Führungsformen wie der transformationalen Führung (Vertrauen und Zusammengehörigkeit anstelle Egozentrierung, intrinsische anstelle von extrinsischer Motivation, die Führungskraft als Begleiter) und der transaktionalen Führung als Gegensatz. Ein weiterer Teil ist der Weg zur emergenten Führungskraft (Mitarbeitende früh und häufig beteiligen, qualitativ und quantitativ zufriedenstellende Kommunikation, Vertrauen als Haltung). Der dritte Teil unterstützt die Teilnehmer/innen darin, ihre eigene Haltung zu definieren:

— Wofür stehe ich als Führungskraft?
— Was erwarte ich von den Mitarbeitenden?

und mit den Fragen von Petra Clemen:

— Wie wollen Sie geführt werden?
— Wie möchten Sie führen?

Eine weitere Idee für eine Basis, auf der Führungskräfte ihre Haltung bzw. ihr Profil entwickeln können, ist „das ebenerdige Haus der Führung" mit einem Atrium in der Mitte (◘ Abb. 7.3):

Dort begegnen sich Führungskräfte und Mitarbeitende auf einer Ebene. Das Atrium ist der Kommunikationstreff, wohin alle Türen gehen. Mitarbeitende und Führungskräfte begegnen sich im Atrium, wenn sie in andere Büros gehen und

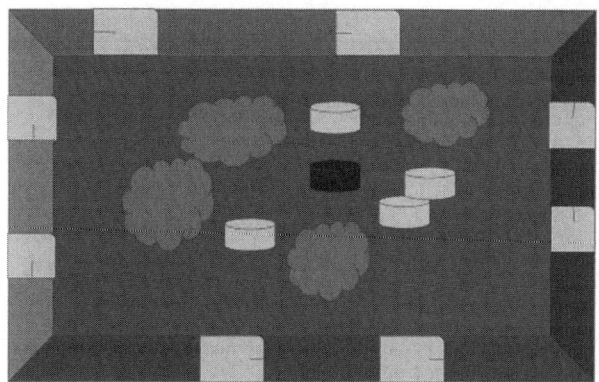

◘ **Abb. 7.3**   Das ebenerdige Haus der Führung. (Eigene Darstellung nach einer Idee von Birgit Jürgens)

können sich hier zu kreativen Sitzungen und in den Pausen treffen. Im Atrium gibt Sitzplätze, Tische, Pflanzen und hoffentlich Vogelzwitschern. Die Teilnehmer/innen können die Idee dann weiter ausbauen.

7.2.2   Abschlussarbeit

Auch wenn zukünftige Führungskräfte viel leisten und wenig Zeit haben, ist eine Abschlussarbeit wichtig. Sie dient der Reflexion und dem Wahrnehmen der Lernergebnisse sowie dem Austausch mit den anderen Teilnehmer/innen. Neben dem stetig geführten Lerntagebuch und den Fallstudien oder Aufgaben, die sie nach jedem Modul erarbeiten und spätestens vier Wochen vor dem nächsten Modul der leitenden Coach schicken, erstellen die Teilnehmer/innen eine Abschlussarbeit. Hier können sie ein Thema selbst wählen oder sich Vorschläge vom Coach geben lassen. Beispiel für ein Thema kann die Erstellung des eigenen Profils als Führungskraft sein. Es ist auch möglich, die Arbeit zu zweit zu erstellen. Sie soll pro Teilnehmer nicht mehr als 10 Seiten umfassen; die Ergebnisse werden in Modul 7 der Gruppe präsentiert.

- **Modul 7 – Erfahrungsaustausch und Reflexion**

Sechs Monate nach Modul 6 treffen sich die Teilnehmer/innen wieder und tauschen sich über ihre Erfahrungen aus. Sie berichten von Fällen aus dem Führungsalltag, bei Fragen und Anliegen leisten alle kollegiale Unterstützung. Sie blicken gemeinsam zurück auf ihre Ziele, die sie im ersten Modul formuliert haben und passen sie ggf. an. Die zwei gemeinsamen Jahre werden ebenso reflektiert wie die Erfahrungen, die sie gesammelt haben und ihre Zukunftsplanung. Die Teilnehmer/innen legen dem leitenden Coach ihre Lerntagebücher vor und präsentieren die Ergebnisse ihrer Abschlussarbeit in Form einer Präsentation vor der Gruppe. Sofern möglich, können die Mentor/innen der Teilnehmer/innen zu dieser Abschlusspräsentation eingeladen werden. Zum Abschluss geben sie dem leitenden Coach Feedback, was die Ausbildung für den Praxistransfer gebracht hat.

7.3   Rolle der begleitenden Coaches und Mentoren

Die Ausbildung kann von verschiedenen Personen begleitet werden, welche genau dabei sein sollen, hängt vom beauftragenden Unternehmen und seinen Zielen für die Ausbildung ab. Im Folgenden werden alle möglichen Rollen und ihre Funktion vorgestellt.

7.3.1   Leitende/r Coach

Das Unternehmen, das eine Führungskräfteausbildung anbieten will, beauftragt entweder eine/n externe/n Coach oder, wenn vorhanden, den eigenen Bereich für Personalentwicklung mit der Planung und Umsetzung sowie mit einer Evaluation nach einem Jahr, ggf. auch nach fünf Jahren.

Der leitende Coach konzipiert die gesamte Ausbildung und trägt die Verantwortung für die Durchführung. Sie oder er ist bei jedem Modul dabei und sorgt für eine problemlose Umsetzung. Er ist stetiger Ansprechpartner für die Teilnehmer/innen, auch zwischen den Blöcken. Wenn Bedarf besteht, steht er auch für Einzelcoachings zur Verfügung.

7.3.2 Verschiedene Coaches, Trainer/innen oder erfahrene Führungskräfte

Neben dem verantwortlichen Coach ist es sinnvoll, wenn in einigen Modulen unterschiedliche Trainer/innen, Coaches oder auch erfahrene Führungskräfte dazukommen, die auf bestimmte Themen spezialisiert sind bzw. eine besondere Herangehensweise haben, wie beispielsweise beim Coaching-Tool Psychodrama oder der Transaktionsanalyse. Führungskräfte können Fallstudien oder Projekte begleiten oder auch von besonderen Herausforderungen berichten. Es ist Aufgabe des leitenden Coachs in Absprache mit dem Unternehmen, entsprechende qualitätsvolle Partner/innen einzuplanen.

7.3.3 Mentoren

Wenn die Teilnehmer/innen zusätzlich Mentor/innen zur Seite gestellt bekommen sollen, so ist es Voraussetzung, dass diese an einer vergleichbaren Führungskräfteausbildung teilgenommen haben, damit die Begleitung nicht kontraproduktiv ist. Viele Unternehmen bieten kein zusätzliches Mentoring an, falls es jedoch geplant ist, sollten die Teilnehmer/innen ihre Mentoren selbst aussuchen dürfen, damit die Vertrauensebene stimmt.

7.4 Führung eines Lerntagebuchs

Ein wichtiger Teil der Ausbildung ist die Führung eines Lerntagebuches (◘ Abb. 7.4). Dieses dient der stetigen Reflexion des Gelernten; hier werden die Ergebnisse der einzelnen Aufgaben, die nach jedem Modul zu erledigen sind, zusammengetragen. Sinnvoll

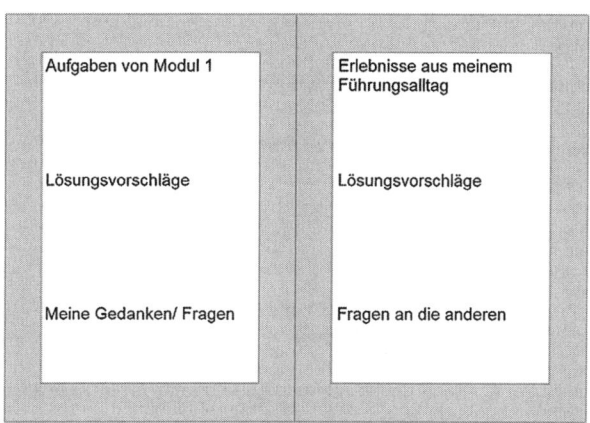

◘ **Abb. 7.4** Muster für das Lerntagebuch. (Eigene Darstellung)

ist es, auch eigene Gedanken und Kommentare zu den Themen oder dem Gelernten zu notieren sowie Erlebnisse aus dem Führungsalltag, die gern mit den anderen Teilnehmer/innen im nächsten Modul oder auf anderer Ebene besprochen werden sollen.

Empfehlenswert ist die Nutzung eines besonders schönen Buches, in das jede/r mit der Hand seine Gedanken und Reflexionen notiert. Ebenso bietet es sich für Unterlagen in Papierform an, die man im Laufe der zwei Jahre erhält, eine schöne farbige Mappe zur Verfügung zu stellen. Auch Ergebnisse von Fallstudien oder Projekten können hier Platz finden. Beides ist etwas Besonderes, motiviert für die Arbeit am eigenen Profil als Führungskraft und erfreut das Auge.

Wer lieber alles online schreibt und ablegt, dem sei das natürlich nicht genommen – auch da lässt sich sicherlich eine schöne Darstellung finden.

> **Wie Sie bereits gesehen haben, befinden sich nach jedem ▶ Kap. 2, 3, 4, 5 und 6 Muster für Ihr Lerntagebuch. Zusätzlich können Sie es sich auf der Website ▶ www. anke-lueneburg.de herunterladen. Das Lerntagebuch ist bereits für eine Führungskräfteausbildung in der Gruppe konzipiert, kann aber auch allein genutzt werden.**

Am Ende jedes Moduls wird es Fragen und Aufgaben zur Reflexion geben, die bis vier Wochen vor dem nächsten Modul zu erledigen sind. Das Lerntagebuch kann zum Ende hin Grundlage für die Abschlusspräsentation sein und zeigt die gesamte Entwicklung auf. Es wird im Führungsalltag immer wieder als Stütze dienen und während der Ausbildung zum Notieren von Punkten, die beim nächsten Mal geklärt werden sollen, nützlich sein.

7.5 Nutzen für Führungskräfte

Warum sollten zukünftige Führungskräfte eine solche umfangreiche Ausbildung machen, die viel Zeit und Engagement erfordert? Ist eine solche rund 30tägige Investition so viel mehr wert als klassische Führungsseminare? Folgende Gründe sprechen dafür:

- Die Teilnehmer/innen gewinnen ein tieferes Sinnverständnis von Führung
- Sie lernen neue Handlungsautomatismen durch Selbstreflexion kennen
- Die Ausbildung wirkt motivierend und (Selbst-)Vertrauen stärkend
- Die Teilnehmer/innen entwickeln eine positive Haltung sich selbst gegenüber
- Sie erlernen soziale Kompetenzen
- Sie setzen sich mit Anders- und Einzigartigkeit auseinander (Frauen/Männer, Generationen, Kulturen etc.)
- Die Ausbildung trägt zur Verringerung von Ängsten, Unsicherheit und Befürchtungen bei
- Die Teilnehmer/innen lernen eine positive Fehlerkultur kennen
- Sie lernen Konflikt- und Durchsetzungsfähigkeit im Sinne des Unternehmens
- Sie lernen, was ihre Mitarbeitenden brauchen, um gute Arbeit zu leisten.

Zusammengefasst sorgt eine solche Ausbildung dafür, dass die Teilnehmer/innen Klarheit für sich und ihr Handeln gewinnen und ihre Empathie (weiter)entwickeln. Sie werden damit im Sinne der Transaktionsanalyse, aber auch in der reinen Bedeutung des Wortes erwachsen. Die Teilnahme an einer solchen Führungsausbildung erfordert Mut zum Kennenlernen der eigenen Persönlichkeit – der persönliche Gewinn ist jedoch so groß, dass es sich lohnt, diesen Mut aufzubringen.

7.6 Nutzen für Unternehmen

Welchen Nutzen haben nun Unternehmen von einer solchen Ausbildung, die hohen finanziellen und zeitlichen Einsatz erfordert?

- Unternehmen bekommen zunächst eine individuelle, genau auf ihre Bedürfnisse abgestimmte Ausbildung, auf deren Themen sie Einfluss nehmen können
- die Chance zur Teilnahme ist eine Wertschätzung und Motivation für die eigenen Führungskräfte
- durch die Verbesserung von Kompetenzen lassen sich Entscheidungen beschleunigen und Hierarchien verschlanken – es sind nicht mehr so viele Abstimmungsrunden und Sitzungen erforderlich
- das Betriebsklima verbessert sich aufgrund höheren Vertrauens in andere
- es wird Wissen aufgebaut und mehr Verhalten mehr reflektiert
- das Projektmanagement wird sich verbessern
- es werden neue Maßnahmen gelernt
- zwischen den Teilnehmer/innen gibt es einen ständigen Dialog sowie Wissensgruppen, die auch nach der Ausbildung bestehen bleiben und der positiven Entwicklung des Unternehmens zugute kommen
- es entwickelt sich eine Feedback-Kultur
- die Ausbildung trägt zur Mitarbeiterbindung und zur höheren Unternehmensloyalität bei
- die Bereitschaft, Verantwortung zu übernehmen, steigt
- Unternehmen zeigen so, dass sie eine Personalentwicklungsstrategie haben und zukunftsorientiert handeln.

» Durch eine solche Ausbildung sichern Unternehmen ihren wirtschaftlichen Erfolg und ihre Zukunft, denn sie sind ein attraktiver Arbeitgeber (Dietrich von Holten).

Alle Befragten sahen die partnerschaftlichen Beziehungen zwischen den Teilnehmer/innen positiv. Die dort entstandene Vertrauensbasis sorgt für

- eine bessere Kenntnis, mehr Verständnis und ggf. Unterstützung für anderer Bereiche (wird als größter Wert gesehen)
- eine positive Weiterentwicklung der Unternehmenskultur (der „Spirit" wird weitergeführt)
- bessere Kenntnisse des Unternehmens durch Projekte, die während der Ausbildung durchgeführt werden
- stetige Beachtung der Unternehmensziele und -inhalte.

Natürlich kann auch Wettbewerb entstehen, vor allem, wenn sich Führungskräfte wie „Könige" benehmen. Es ist jedoch wahrscheinlich, dass es bei Teilnehmer/innen dieser Ausbildung seltener der Fall sein wird oder dass einzelne dafür sorgen, dass ein Wettbewerb schnell beendet wird. Hier ist insbesondere die Unternehmensleitung gefragt, die in folgendem Sinne handeln könnte:

» Der Fisch soll vom Kopf her nicht stinken, sondern duften (Birgit Jürgens).

Die Unternehmen bekommen also gut ausgebildete Führungskräfte, die Probleme in Teams identifizieren und diese konstruktiv lösen können, Zusammenhalt schaffen und einen gemeinsamen Leistungswillen fördern.

Sie beherrschen die Führungskompetenzen der Zukunft und können sich durch die Ausbildung zu echten Leadern entwickeln. Sie führen in Form von Leadership, indem sie
- Begeisterung bei ihren Mitarbeitenden wecken
- Identität mit dem Unternehmen fördern und selbst besitzen
- Stolz auf das Unternehmen entwickeln (und die Mitarbeitenden ebenso)
- Mitarbeitende ermutigen, selbst Führungsverantwortung im Unternehmen zu übernehmen, um hohe Leistungen für gemeinsame Aufgaben und übergeordnete Ziele zu erreichen.

❯❯ Hinweis für Existenzgründer. Existenzgründer sind zugleich Führungskräfte, möglicherweise das erste Mal, und repräsentieren ihr eigenes Unternehmen. Um gleich zu Beginn die Weichen richtig zu stellen, bietet sich eine solche Ausbildung an, wenn die ersten Führungsebenen eingezogen worden sind – auch für die Gründer selbst. Hier spricht die Autorin aus eigener Erfahrung, auch wenn in ihrem Fall die Lösung kleiner war als die hier vorgeschlagene. Als Geschäftsführerin einer neu gegründeten Gesellschaft hat sie regelmäßig Weiterbildungs- und Rückzugstage mit dem Führungskreis durchgeführt. So konnten die Mitarbeitenden zum einen stärker in die Strategie des Unternehmens eingebunden werden und zum anderen unterstützte ihr Wissen die Weiterentwicklung des Unternehmens. Damit haben sich alle Punkte, die oben unter Nutzen für Unternehmen genannt wurden, im Fall dieses Unternehmens erfüllt.

7.7 Messung des Erfolges der Ausbildung

Es gibt unterschiedliche Möglichkeiten, den Erfolg der Ausbildung zu messen. Voraussetzung ist eine gute Absprache vor der Planung: Welche Ziele und Erwartungen hat die Unternehmensleitung, welche die Teilnehmenden? Und nicht zuletzt: Welche Erwartungen haben die Mitarbeitenden der Führungskräfte, die in die Ausbildung gehen? Nach Abschluss der Ausbildung können alle Betroffenen nach einem Feedback befragt und daraus Rückschlüsse für die Konzeption der nächsten Ausbildung gezogen werden. Die Teilnehmer/innen sollten genauer befragt werden, vor allem nach ihren persönlichen Wahrnehmungen und Erfolgen. Hier werden ehrliche Antworten möglich sein, da in den vergangenen zwei Jahren Vertrauen aufgebaut wurde. Auch eine weitere Befragung nach fünf Jahren ist sinnvoll, um zu sehen, wie sich Persönlichkeiten weiterentwickelt haben und welche Auswirkungen sie auf das Unternehmen und die Mitarbeitenden hatte.

Ein Beispiel für Erfolg ist, wenn sich die Führungskräfte mit ihren Aufgaben wohler fühlen als vorher, da sie Führung einen ähnlichen Raum einräumen wie ihren Fachaufgaben. Dazu gehört auch eine bessere Aufgabenverteilung als vorher: Weniger Fachaufgaben, mehr Führungsaufgaben.

❯❯ Wichtig ist, dass die Unternehmens- oder Bereichsleitung fachliche Aufgaben neu verteilt, sodass Führungskräfte mehr Zeit für Führung haben (Sylke Schliep).

Wenn sich Führungskräfte positiv entwickeln, beispielsweise anders mit ihren Emotionen umgehen oder Mitarbeitergespräche anders als vorher führen, ist das ebenfalls ein Erfolgsindikator, der schnell von anderen zu merken ist und auf einen ganzen Bereich oder eine Abteilung ausstrahlt.

Ein weiterer Gradmesser für Erfolg ist nur langfristig messbar: Das Unternehmen läuft gut, die Zusammenarbeit und das Engagement ist qualitativ hoch. Führungskräfte wie Mitarbeitende identifizieren sich mit dem Unternehmen und sind stolz darauf, dort zu arbeiten. Diese Einstellung macht sich u. a. in der Haltung gegenüber Externen bemerkbar und führt damit zu einem besseren Ruf als Arbeitgeber und unterstützt die Arbeitgebermarke (Employer Branding). Auch wenn die Fluktuation sinkt, möglicherweise gegen Null, sind die Auswirkungen der Ausbildung spürbar erfolgreich.

Literatur

Laloux, F. (2015). *Reinventing Organizations. Ein Leitfaden zur Gestaltung sinnstiftender Formen der Zusammenarbeit.* München: Vahlen.

„Profilentwicklung in der Führung" als Kurs an Hochschulen, berufsbildenden Schulen und Meisterschulen

© Springer Fachmedien Wiesbaden GmbH, ein Teil von Springer Nature 2019
A. Lüneburg, *Auf dem Weg zur Führungskraft*,
https://doi.org/10.1007/978-3-658-21986-4_8

Neben der Idee zu einer echten Ausbildung für Führungskräfte in und über Unternehmen entstand eine weitere: Warum nicht eine Zusatzqualifizierung für Studierende ab dem 5. Semester anbieten, die über die Inhalte der bisher angebotenen Fächer, verbunden mit Prüfungsleistungen, hinausgehen? In den meisten Fächern (nicht nur aus dem Bereich Management und Führung) geht es den Studierenden um schnelle Wissensaufnahme der klausurrelevanten Inhalte und weniger um die eigene Weiterentwicklung. Für diese ist normalerweise kein Platz vorgesehen – weder im Format der Lehre noch in der zur Verfügung stehenden Zeit.

Gleichzeitig entscheiden sich offensichtlich immer mehr junge Menschen aus den Generationen Y und Z gegen die Übernahme von Führungsverantwortung. Sie sehen das hohe berufliche Engagement und das Leistungsprinzip ihrer Eltern und anderer Älterer mit vielen Überstunden sowie die Konsequenzen Müdigkeit und Erschöpfung, wenig private Zeit und sogar Krankheiten. Das halten sie für wenig erstrebenswert; in den Metropolen entscheiden sich sogar schon manche für eine 30-Stunden-Woche, damit sie ausreichend Zeit für ihre Freunde, Hobbys und sich selbst haben. Niemand erzählt den jungen Menschen offensichtlich von der Freude, die das Führen von Menschen auslösen kann, von der Freude Verantwortung zu übernehmen und ein Unternehmen mitgestalten zu können. Zu zeigen wie Führung sein kann, ist eine Motivation, Führungskurse auch an Hochschulen, berufsbildenden Schulen oder Meisterschulen anzubieten.

Durch eigene Erfahrungen als Lehrbeauftragte an einer Hochschule sind mir die Wünsche von Studierenden nach praktischem Wissen über Führung, Selbstführung und Führungskompetenzen bekannt. Auf Basis meines Führungs- und Coaching-Wissens entwickelte ich dann die Idee eines Kurses. Zunächst wurden dreitägige Wochenendseminare im Rahmen des Fachs „Psychologie der Führung" angeboten. Als Vorlauf eigneten sie sich gut, auch wenn deutlich wurde, dass die Zeit zu knapp war und Abstand für die Reflexion fehlte.

Gerade wurden die ersten „echten" Zusatzkurse für die Bachelor-Studierenden des 6. Semesters im Fachbereich Wirtschaft getestet, die je einen Umfang von drei Blöcken à zwei Tagen und einem Abschlusstag hatten. Sie waren freiwillig, jedoch mit verbindlicher Teilnahme. Die Studierenden bekamen keine Credit Points, sondern „nur" ein Zertifikat. Es wurde deutlich, dass ein Zusatzkurs bei den ohnehin vollen Stundenplänen für die Studierenden eine große Herausforderung ist, trotzdem waren beide Kurse ausgebucht.

Es ist sinnvoll, dieses Angebot weiter auszubauen, in Studiengänge bei einer Reakkreditierung einzubinden und es Studierenden aller Fachbereiche, Bachelor und Master, anzubieten. Ebenso liegt es nahe, an berufsbildenden Schulen und Meisterschulen solche Kurse zu etablieren, da zumindest ein Teil der Schüler/innen später Führungsverantwortung übernehmen (wollen). Dazu empfehlen sich Informationsveranstaltungen, damit sowohl Lehrkräfte als auch Studierende/Schüler sich über Inhalte und Nutzen informieren können. Voraussetzung ist, dass an den Schulen und Hochschulen Budgets vorhanden sind, um diese Kurse zu ermöglichen. Hier kann wieder Heinz-W. Bertelmann zitiert werden:

» Führung ist ein so wichtiges Thema, das die Unternehmen nicht allein stemmen können. Der Staat könnte analog zum bestehenden Ausbildungssystem, auch mit finanzieller Unterstützung, eine duale Ausbildung für Führungskräfte anbieten, z.B. drei Jahre in Vollzeit oder sechs Jahre in Teilzeit. Oder ein Aufbaustudium „Master of Business Leadership" – nicht zu verwechseln mit dem MBA, der Managementtechniken lehrt (Heinz-W. Bertelmann).

Bevor Länder und Bund so weit sind wie in der Vision von Herrn Bertelmann beschrieben, könnten erste Versuche in den jeweiligen Ländern unternommen werden, kleinere Versionen der Ausbildung auf Projektbasis zu finanzieren.

Dieses Kapitel ist wie ▶ Kap. 7 aufgebaut; Ziele, Inhalte und Nutzen sind ähnlich, gelten für beide Typen von Ausbildungen und sollen daher hier nicht wiederholt werden. Da jedoch die Führungsausbildung als Kurs an öffentlichen (Hoch-)Schulen kürzer ist (sein muss) und sich die Länge nach Zeit- und Finanzkapazitäten richtet, müssen die Module immer wieder neu geplant werden und werden hier beispielhaft für einen Umfang von vier Wochenstunden gezeigt. Spezielle Ziele für Schüler/innen und Studierende werden ergänzt.

8.1 Ziele, Zielgruppen und Dauer des Kurses

Auch in den Kursen für Hochschulen und Schulen sollen Inhalte aus diesem Buch gelehrt werden. Die wichtigsten Ziele sind für die Teilnehmer/innen
- das Kennenlernen der eigenen Persönlichkeit
- die Klärung der eigenen Ziele und Möglichkeiten
- die Klärung der eigenen Motive im Leben und Beruf
- eigene Potenziale entdecken und nutzen
- die Anders- und Verschiedenartigkeit von Menschen kennenlernen und respektieren
- auf Stress und Krisen in der Berufslaufbahn vorbereitet werden und lernen, diese als Chance zu sehen
- Sicherheit im Umgang mit anderen und sich selbst gewinnen
- Kommunizieren und Konflikte lösen lernen.

Kurz gesagt, geht es auch hier um das „Erwachsen werden" und um das Entwickeln des eigenen Profils bzw. der eigenen inneren Haltung als Führungskraft. Ein Beispiel für die Erarbeitung von Werten, Wissen, sozialen Kompetenzen und Selbstführung an der Hochschule ist in ◘ Abb. 8.1 zu sehen.

8.1.1 Zielgruppen

Ein Kurs „Profilentwicklung in der Führung" eignet sich für höhere Semester. Empfehlenswert ist die Teilnahme in den Hochschulen ab dem 5. Semester für Bachelor-Studierende bzw. für Master-Studierende aus allen Fachbereichen. Eine Mischung aus Teilnehmern verschiedener Fachbereiche ist besonders gut für die Arbeit des Kurses, da wie in Unternehmen mit verschiedenen Abteilungen Einblicke in andere Ausbildungen gewonnen werden können.

In berufsbildenden Schulen bieten sich ebenfalls die höheren Klassen an; hier ist es sehr wichtig, dass die Teilnehmer/innen vorab wenigstens ein oder mehrere Berufspraktika absolviert haben, falls sie nicht eine Ausbildung machen.

Bei den Meisterschulen könnte ein Führungskurs die gesamte Zeit begleiten, jedoch muss beim Umfang darauf geachtet werden, dass es mit den anderen Fächern zusammenpasst.

8

Abb. 8.1   Beispiel für Arbeitsergebnisse eines Wochenendseminars an der Hochschule. (Foto: Lüneburg)

8.1.2 Dauer des Kurses

Beim Aufbau eines solchen Angebotes sollte der Kurs in einem Semester bzw. Schulhalbjahr (mit Ausnahme der Meister) stattfinden. Es bieten sich drei bis vier Module mit je 1,5–2 Tagen an, die je drei Wochen Abstand haben und rechtzeitig, also ca. vier Wochen, vor den Klausurphasen enden. Mehr ist aufgrund voller Stundenpläne zumindest der Studierenden schwer umsetzbar. In berufsbildenden Schulen mit Internatsfunktion könnte der Kurs in mehreren Anwesenheitsphasen ab Ende des zweiten Ausbildungsjahres angeboten werden. Wie bereits beschrieben, sind die Module nach den Wünschen und Möglichkeiten der (Hoch)Schulen immer wieder neu zu konzipieren.

Langfristig wäre ein Angebot an den Hochschulen wünschenswert, das sich über die zweite Hälfte des Studiums zieht, also beispielsweise im 3. oder 4.Semester beginnt und bis zum 6.Semester geht, analog bei den Master-Studierenden vom 1. bis zum 3. bzw. 4.Semester. Hier können ein bis zwei Module pro Semester durchgeführt werden, mit ausreichend Zeit für Reflexion, Aufgaben/Lerntagebuch und die regulären Vorlesungen und Seminare.

8.1.3 Kommunikation zwischen den Kursmodulen

Auch in diesem Kurs soll es die Möglichkeit geben, dass die Studierenden oder Schüler/innen mit dem Coach (der Lehrkraft) das Gespräch suchen können. Das ist bei dieser Zielgruppe möglicherweise besonders wichtig, da sie sich zum einen erstmals mit sich selbst auseinandersetzen und zum anderen z. T. noch jung sind. Hier ist es wichtig, dass sie für alle Fälle einen Halt finden und sich austauschen können. Beispielsweise gab es in der Vergangenheit eine Studierende, die fest davon überzeugt war, dass sie sich schnellstmöglich von allen Schwächen „befreien", sie „ausmerzen" müsse. Hier war ein Gespräch bzw. ein kleines Coaching unter vier Augen notwendig. Auch bei den Übungen kann es vorkommen, dass sie nachwirken und die Teilnehmer/innen noch einmal ein reflektierendes Gespräch benötigen.

8.2 Inhalte des Kurses

Die Inhalte können hier, wie schon erwähnt, nicht so zugeordnet werden wie in der Ausbildung für Führungskräfte von Unternehmen. In ◘ Abb. 8.2 wird ein Beispiel gezeigt, wie ein Kurs aufgebaut werden könnte, der vier Semesterwochenstunden oder sechs Tage umfasst und trotzdem möglichst viele Inhalte der Ausbildung enthalten soll. Es wird deutlich, dass ein solcher Kurs keinem Vergleich mit einer Ausbildung standhalten kann; er kann jedoch dazu dienen, den Studierenden oder Schülern Hinweise zu geben, was zur Entwicklung zu einer Führungspersönlichkeit mit einer eigenen Haltung dazu gehört.

◘ **Abb. 8.2**   Die vier Module des Kurses „Führung zur Selbstführung". (Eigene Darstellung)

An dieser Stelle muss betont werden, dass diese Module inhaltlich etwas anders gestaltet werden müssen als die echte Ausbildung. Es liegt möglicherweise wenig Erfahrung in Unternehmen vor, meist durch Praktika oder eine Ausbildung. Gleichzeitig ist das Kommunikationsverhalten bei den Generationen Y und Z völlig anders als bei Älteren; häufig herrscht der Eindruck vor, Arbeiten in einem Unternehmen sei nicht viel anders als Schule oder Hochschule. Es muss besonderen Wert auf das Lernen von echtem Zuhören sowie guten Fragetechniken gelegt werden, ebenso sollte intensiv über Werte und Motive gesprochen werden. Auch die Vermeidung von Konflikten bzw. Konfliktlösungstechniken sind unabdingbar. Insgesamt muss die Bedeutung persönlicher Gespräche hervorgehoben werden, damit die Teilnehmer/innen lernen, dass offene Punkte nicht unbedingt per Mail oder sozialen Medien gelöst werden können.

■ Modul 1 (1,5 Tage): Ziele, Emotionen und Selbstführung

Im ersten Modul erarbeiten die Studierenden oder Schüler/innen ihre Zukunftswünsche und -ziele als Führungskraft und tauschen sich über den Sinn von Führung sowie Vorbilder aus. Sie beschäftigen sich mit Gefühlen und Bedürfnissen, Verhalten, Lebensmotiven, Motivation sowie Unterschieden zwischen Menschen.

Dann setzen sie sich mit Selbstführung und seinem Nutzen für Führungskräfte auseinander und beschäftigen sich mit Themen wie

- Welche Ziele und Motive habe ich zu führen?
- Wie sehe ich mich selbst und wie nehmen andere mich wahr?
- Kenne ich meine persönlichen Stärken und wie kann ich sie nutzen, um zu führen?
- Habe ich schon Erfahrungen im Führen (z. B. durch Vereins- oder Gemeindearbeit) und was hat mir dort gefallen/nicht gefallen?
- Warum will ich führen? Will ich überhaupt führen?
- Lebensbalance: Was ist mir wichtig neben dem Beruf? Wie viel Zeit brauche ich dafür? Wie viel Zeit brauche ich für mich? Brauche ich Auszeiten?
- Wie gehe ich mit Problemen und Schwierigkeiten um? Wo kann ich Unterstützung gebrauchen?
- Wie reagiere ich in bestimmten Situationen (Stress/Langeweile, Veränderungen, Neues lernen etc.)?
- Wenn ich all diese Fragen beantwortet habe, was bedeutet das für meinen Umgang mit anderen?

Hier kann der Nutzen von Coaching durch systemische Coaching-Tools, die ausprobiert werden können, gezeigt werden. Auch ein Fragebogen zu Zielen und Motiven (siehe Anhang/online) kann im Modul eingesetzt werden. Es ist wichtig, dass ausreichend Zeit eingeplant wird. So erfahren die Teilnehmer/innen mehr über sich und lernen, sich und andere besser einschätzen.

> **Anmerkung:** In diesem Modul soll insbesondere auf die Konstruktion der Wirklichkeit hingewiesen werden, um zu zeigen, wie wichtig Reflexionen sind. Durch die Freiheit, sich eine eigene Wirklichkeit zu gestalten, folgt die Übernahme von Verantwortung für das eigene Verhalten und gleichzeitig Toleranz für die Wirklichkeit anderer Menschen. Das ist nicht einfach nachzuvollziehen für junge Menschen, da sie meist mit dem Anspruch „Das ist so" die Welt bewerten. Wenn sie sich mit Führung beschäftigen, ist die Auseinandersetzung mit der Konstruktion der Wirklichkeit unerlässlich.

- **Modul 2 (zwei Tage): Soziale Kompetenzen**

Kommunikation ist für junge Menschen (und nicht nur diese) ein sehr wichtiges Thema. Durch den Umgang mit sozialen Medien und anderen Online-Aktivitäten fällt es vielen von ihnen sehr schwer, Gespräche konstruktiv, sachlich und wertschätzend zu führen. Gleichzeitig sind sie gewohnt, alles und jedes zu bewerten, ohne diese Bewertungen zu begründen oder auch nachzuweisen, dass sie etwas tatsächlich gesehen oder genutzt haben. Auch an der Stimmlage und Art des Sprechens muss ggf. gearbeitet werden.

Daher werden hier folgende Themen besprochen und in Rollenspielen und Coachings trainiert:

- Wie ermögliche ich eine gute gegenseitige Verständigung?
- Was erwarten Mitarbeitende von mir?
- Wie bereite ich Gespräche und Sitzungen vor?
- Wie führe und leite ich Gespräche?
- Wie moderiere ich Sitzungen?
- Wie leite ich Teambesprechungen?
- Wie löse ich Konflikte konstruktiv?
- Wie vermeide ich Konflikte?
- Wie führe ich Mitarbeitergespräche?
- Wie vereinbare ich Ziele mit Mitarbeitenden?

Wenn es Zeit und Kompetenz der Lehrkraft zulässt oder falls ein externer Coach dazu kommen kann, bietet es sich an, hier Teile der Transaktionsanalyse einzuführen. Mit ihren Modellen lassen sich gut Lösungsmöglichkeiten durch gute Kommunikation zeigen und im Coaching üben. Eine weitere Möglichkeit sind Fragetechniken wie das systemische Fragen sowie das Modell des aktiven Zuhörens.

- **Modul 3 (1,5 Tage): Organisationen, Führung und Leadership**

Aufgrund der wenigen Tage, die in diesem Modell zur Verfügung stehen, kann das Thema Organisationen nur kurz behandelt werden. Hier ist es wichtig, dass die Teilnehmer/innen zumindest lernen, welche Organisationsformen es heute und möglicherweise in Zukunft gibt, dass Organisationen auch Werte haben und was das mit den eigenen Werten zu tun hat. Sie erfahren, dass es die Begriffe lernende und lebendige Organisation sowie eine organisationale Energie gibt und was das mit der Unternehmenskultur und dem Betriebsklima zu tun hat.

Beim Thema Führung geht es um die Abgrenzung zwischen Führung, Management und Leadership, Sinnverständnis von Führung, Führungskompetenzen und Werte (positives Menschenbild, Vertrauen und Selbstvertrauen, Klarheit, Freiheit, Verantwortung) sowie Karriereplanung.

So werden Themen bearbeitet wie

- Wofür stehe ich als Führungskraft?
- Welche Werte sind mir als Führungskraft wichtig?
- Wie schaffe ich es, dass meine Mitarbeitenden gut arbeiten können?
- Was erwarte ich von den Mitarbeitenden?
- Wie fördere und begleite ich Mitarbeitende?
- Wie entwickle ich mein Team weiter?
- Was erwarten meine Vorgesetzten von mir und wie gehe ich mit diesen Erwartungen um?

- Wie lerne ich, (gut) zu entscheiden?
- Wie kann ich meinen Berufsweg planen?

Diese Themen sollen Studierende und Schüler/innen inspirieren, sich bereits jetzt Gedanken zu ihrer inneren Haltung als Führungskraft zu machen.

Neben Tipps zur Berufs- und Karriereplanung sollte auch über Coaching, Supervision und Mentoring sowie über klassische Führungsseminare gesprochen werden, damit die Teilnehmer/innen verschiedene Methoden kennenlernen, die bei der Entwicklung der Persönlichkeit sowie beim Führen-Lernen unterstützen können.

■ **Modul 4 (ein Tag): Reflexion und Feedback**

Zum Ende des Semesters oder Schulhalbjahrs treffen sich die Teilnehmer/innen zum Erfahrungsaustausch und zur Reflexion des Erlebten und Gelernten. Sie blicken zurück auf ihre Ziele vom ersten Modul, legen ihr Lerntagebuch vor (siehe ▶ Abschn. 8.5) und halten ihre Abschlusspräsentation. Es bietet sich an, über ihre Entwicklung in den zwei Monaten (oder länger) zu berichten, ihre Eindrücke und ihre möglichen Veränderungen. Sehr schön wäre es, wenn einige bereits etwas zu ihrer inneren Haltung bzw. zu ihrem Profil sagen könnten.

Gleichzeitig dient dieser Tag dem Austausch von Wissen hinsichtlich Weiterbildung, Bewerbungen, Karriereplanung und der Beantwortung offener Fragen.

8.3 Abgrenzung zu Managementfächern und klassischer Lehre

Wie aus dem bisherigen Kapitel deutlich geworden ist, ist der Kurs nicht vergleichbar mit der klassischen Lehre oder klassischen Managementfächern und ist als Ergänzung zum bestehenden Angebot zu betrachten. Der hier notwendige Austausch bedingt eine hohe Vertraulichkeit und damit Mut der Teilnehmer/innen, den sie nicht aufbringen würden, wenn es um Credit Points und Lehrkräfte geht, die sie in einer Klausur oder Hausarbeit bewerten sollen. Niemand ist besser oder schlechter in seiner Persönlichkeit; alle wollen das Führen lernen – so müssten alle mit 1,0 bewertet werden. In diesem Kurs liegt der Schwerpunkt auf dem Lernen und Ausprobieren von Führungskompetenzen sowie dem Kennenlernen des eigenen Selbst im geschützten Raum, das normalerweise nicht unterrichtet wird.

Als zweiter Punkt ist der Unterschied der Inhalte hervorzuheben. In Vorlesungen, Seminaren oder im Schulunterricht wird Wissen zu Managementformen, Führungsstilen etc. vermittelt und später geprüft. Dieses Wissen unterscheidet sich in der Vermittlung, denn hier werden Grundlagen, Instrumente und Theorien gelehrt, meist unterstützt von Fallbeispielen, aber häufig ohne die Möglichkeit, etwas auszuprobieren, vor allem nicht im geschützten Raum. Das Wissen aus den Managementfächern ist kein Thema im Kurs, sondern der Kurs ist als Zusatzangebot zu sehen.

Damit ergänzen sich beide Angebote sehr gut. Wie in ◘ Abb. 8.3 zu erkennen ist, bildet der hier beschriebene Kurs den Mittelpunkt („den Stamm", also das Profil bzw. die innere Haltung als zukünftige Führungskraft). Ressourcen, Potenziale, Werte und Menschenbild sind in den Teilnehmer/innen vorhanden („verwurzelt") und werden (erst) im Kurs hervorgeholt, falls diese ihnen noch nicht bewusst sind. Sie bilden die

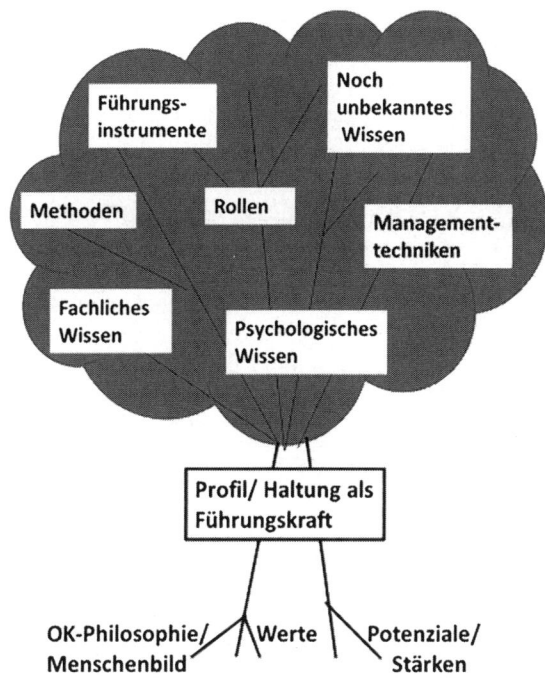

☑ **Abb. 8.3** Der Profilbaum der Führung. (Eigene Darstellung)

Wurzeln, die Basis für das Profil und die Haltung. Alles andere, was an Wissen benötigt wird, lernt jeder Teilnehmer auf seinem Karriereweg: An der (Hoch)Schule und später im Unternehmen. Hochschulen oder Schulen, die dieses Zusatzangebot schaffen, bieten damit ihren Studierenden und Schüler/innen einen Mehrwert.

8.4 Rolle der Coaches als externe oder interne Lehrbeauftragte

Die Personen, die diesen Kurs anbieten, benötigen andere Kompetenzen als die klassischen Lehrkräfte. Vor allem sollten sie nicht Studierende oder Schüler, die im Kurs sind, zusätzlich in anderen Fächern unterrichten und damit bewerten. Daher ist es eine gute Lösung, entweder einen externen Coach zu beauftragen, den Kurs zu konzipieren und durchzuführen, oder eine interne Lehrkraft mit den entsprechenden Coaching-Kompetenzen ohne Unterrichtsverpflichtung bei den Teilnehmern einzusetzen. Sollte die interne Lehrkraft zu einem späteren Zeitpunkt Studierende oder Schüler/innen aus dem Kurs in der Lehre oder im Unterricht haben, so ist das bei genügend zeitlichem Abstand umsetzbar.

Auf jeden Fall sollten bei der Kursleitung Coaching-Kompetenzen mit einem entsprechenden ethischen Anspruch vorhanden sein, um eine hohe Qualität des Kurses sicherzustellen. Auch die Mitwirkung weiterer Expert/innen (Coaches und Führungskräfte mit Erfahrung) ist wünschenswert.

8.5 Führung eines Lerntagebuchs

Wie in der echten Ausbildung wird den Teilnehmer/innen des Kurses empfohlen, ein besonders schönes Notizbuch und eine ebenso schöne Mappe zu besorgen, wo sie ihre Reflexionen, Gedanken und Antworten notieren bzw. Unterlagen einheften können. Es ist durchaus sinnvoll, auch hier mit kleinen Aufgaben zwischen den Modulen zu arbeiten – jedoch nur, wenn es um die persönliche Weiterentwicklung geht und das Interesse entsprechend hoch ist. Ansonsten lehrt die Erfahrung, dass die Aufgaben nicht angegangen werden. Es wird die Studierenden oder Schüler/innen möglicherweise motivieren, dass sie aus den Inhalten ihres Lerntagebuchs ihre Abschlusspräsentation erstellen können, die ihre Entwicklung dokumentiert und möglicherweise sogar zeigt, dass sie zu einer inneren Haltung als zukünftige Führungskraft gefunden haben.

8.6 Nutzen für Studierende und Schüler/innen

Die Teilnehmer/innen eines Führungskurses setzen sich bereits jetzt mit dem zukünftigen Führungsalltag auseinander und können überprüfen, ob sie führen wollen und wenn ja, wie. Folgende Punkte spiegeln ihren Nutzen wider:

- Sie lernen sich selbst kennen und reflektieren ihr Menschenbild und ihre Persönlichkeit und verringern damit Ängste, Unsicherheit und Befürchtungen
- Sie lernen einen positiven Umgang mit Fehlern
- Sie erkennen, dass „Stärken stärken" eine bessere Strategie ist als Schwächen zu beseitigen
- Sie setzen sich mit Mitarbeitererwartungen und der menschlichen Motivation auseinander
- Sie lernen den Wert guter Kommunikation schätzen, um so Konflikte zu vermeiden
- Sie können Konflikte lösen oder sind auf dem Weg dorthin
- Sie lernen Sitzungen zu moderieren und Gespräche zu führen
- Sie nehmen die Andersartigkeit von Menschen durch das Kennenlernen von Lebensmotiven, Lebenszyklen, Generationenunterschiede und interkulturelle Unterschiede wahr
- Sie lernen das Konzept des Leadership und passende Führungskompetenzen kennen
- Sie lernen Inhalte und Nutzen von Coaching-Prozessen sowie hilfreiche Tools kennen und anwenden
- Sie erhalten auf Wunsch Unterstützung in der persönlichen Karriereplanung und im Bewerbungsverfahren.

Sicherlich werden Teilnehmer/innen dieses kurzen Kurses vieles nur oberflächlich lernen bzw. nur weniges wird vertieft werden können, anderes wird theoretisch erläutert. Sie erhalten jedoch Hinweise, wo und wie sie selbst weiter an sich arbeiten können, mit oder ohne Unterstützung. Gleichzeitig gewinnen sie Sicherheit in der Wahrnehmung ihrer eigenen Persönlichkeit, sodass sie sich in zu ihnen passenden Unternehmen bewerben können – und dort möglicherweise ihre Ausbildung als Führungskraft fortsetzen können.

8.7 Nutzen für zukünftige Arbeitgeber

Im Grunde haben zukünftige Arbeitgeber den gleichen Nutzen von diesem Kurs wie die Studierenden und Schüler/innen. Mit anderen Worten, sie bekommen junge Menschen in ihre Teams, die sich vorab für Führung interessieren und sich damit und mit sich selbst auseinandergesetzt haben. Sie sind also auf einem guten Weg,

- ihre Führungskompetenzen zu entwickeln
- lösungsorientiert zu arbeiten
- ihre Kommunikations- und Konfliktfähigkeit zu verbessern
- Zusammenhalt in ihrem Team zu schaffen
- gemeinsam mit ihren Mitarbeitenden hohe Leistung zu zeigen und Ziele zu erreichen
- Begeisterung zu wecken und vieles mehr.

Sie brauchen dann Vorgesetzte, die ihnen den ihnen gemäßen Freiraum zur Verfügung stellen, sie zu Führungsverantwortung ermutigen und ihnen im besten Fall eine/n Mentor/in zur Seite stellen. Vielleicht nach dem Vorbild von Bill Gore, der bereits Ende der 1950er Jahre in seinem Unternehmen auf beziehungsorientierte und reflektierte Führung setzte:

» We don't manage people, people manage themselves. We organize ourselves around voluntary commitments. There is a fundamental difference in philosophy between a commitment and a command (Bill Gore in Wüthrich et al. 2009, S. 160–161).

Im Unternehmen von Bill Gores Nachkommen existiert das Modell des „Sponsorship": Jeder Mitarbeitende hat zwei Führungskräfte: Auf der einen Seite einen „Leader", der der klassischen Führungskraft entspricht, sich jedoch durch Projektarbeit und erfolgreiche Führung seinen Titel „Leader" erst erarbeiten muss. Auf der anderen Seite einen „Sponsor": Jeder Mitarbeiter des Unternehmens darf sich eine Führungskraft als Sponsor aussuchen, dessen Aufgabe es ist, ihn zu fordern und zu fördern, mit ihm seine Persönlichkeit und seine Fähigkeiten zu reflektieren und ihm bei Fragen vertraulich zur Seite zu stehen. Hier geht es um die Entwicklung und die Fürsorge für Mitarbeitende, nicht (direkt) um das Unternehmen (vgl. Wüthrich et al. 2009, S. 161–162).

Literatur

Wüthrich, H. A., Osmetz, D., & Kaduk, S. (2009). *Musterbrecher. Führung neu leben* (3. überarbeitete u. erweiterte Aufl.). Wiesbaden: Gabler.

Ausblick

Literatur – 268

© Springer Fachmedien Wiesbaden GmbH, ein Teil von Springer Nature 2019
A. Lüneburg, *Auf dem Weg zur Führungskraft*,
https://doi.org/10.1007/978-3-658-21986-4_9

Nun sind Sie am Ende des Buches angelangt und haben hoffentlich ein gut gefülltes, wunderschönes Lerntagebuch mit all Ihren Stärken und Eigenheiten – und kennen Ihre Persönlichkeit, Ihr Profil als Führungskraft.

Sie sind als Baum (◘ Abb. 9.1) nun gut verwurzelt mit Ihren Werten, Potenzialen, Ihrem Menschenbild, Ihrer OK-Philosophie und Ihre innere Haltung ist wie ein kräftiger Baumstamm, der allen Stürmen, die Führungskräfte nun mal überstehen müssen, standhält.

Ihre Baumkrone ist ein Wunder der Natur: Die fachlichen, sozialen, emotionalen und persönlichen Kompetenzen bilden Äste und Zweige, an denen Wissens-Früchte hängen: Wissen über Gefühle, Verhalten und Motivation hängen auf der einen Seite, Kommunikation, Konfliktfähigkeit und Organisationswissen an der anderen. Leadership, Selbstführung und spirituelle Intelligenz sind oben an der Krone zu finden.

Vielleicht hatten Sie sogar etwas Begleitung durch Coaching oder Mentoring auf Ihrem Weg? Vieles fällt leichter, wenn man jemanden neben sich hat, vor dem man laut denken kann und der einfach eine Zeit lang neben einem im gleichen Tempo geht.

Das ist auch die Idee der Ausbildung, die in diesem Buch vorgestellt wurde: All die Kompetenz-Zweige und Wissens-Früchte zum Thema Führung und Selbstführung in einer Gruppe zu lernen, in vertrauensvoller Umgebung, zwei Jahre lang – um dann als Führungskraft mit eigenem Profil voll durchzustarten. Mit Freude jeden Tag ins Unternehmen zu gehen und ein engagiertes, motiviertes Team aus lauter unterschiedlichen Menschen zu führen – das ist Ihr Ziel, und das schaffen Sie!

Wie wäre es, wenn Sie Ihr Lerntagebuch weiterführen, um Ihre weitere Entwicklung zu dokumentieren? Oder Sie empfehlen es Ihren Mitarbeitenden, damit diese auch die

◘ **Abb. 9.1**   Ihr Profil-Baum. (Eigene Darstellung)

Chance haben, sich zu einem starken Baum zu entwickeln? Ich wünsche Ihnen auf alle Fälle viel Freude bei Ihrem weiteren Wachstum, im Sinne folgender Zen-Weisheit:

> » Ein Baum mit starken Wurzeln kann einem gewaltigen Sturm widerstehen, aber kein Baum kann solche Wurzeln schlagen, wenn der Sturm bereits am Horizont auftaucht.

Oder haben Sie das Buch als Geschäftsführer oder Personalentscheiderin eines Unternehmens gelesen, das über eine Ausbildung für Nachwuchsführungskräfte nachdenkt? Dann habe ich Sie hoffentlich etwas inspiriert und möchte Ihnen noch ein paar Worte mitgeben:

Führungskräfte mit einer inneren Haltung verstehen, dass Menschen sich weiterentwickeln wollen und geben ihnen die Chance dafür. Sie übernehmen Verantwortung und erwarten das gleiche von ihren Mitarbeitenden. Sie sehen Sinn in ihrem Tun, kennen sich mit Beziehungen aus und verstehen Kommunikationsmuster. Sie können bewusst mit den verschiedenen Ich-Zuständen aus der Transaktionsanalyse umgehen und entwickeln ihre emotionale und spirituelle Intelligenz weiter.

Solche Führungskräfte nutzen Ihrem Unternehmen, gerade in Zeiten interkultureller Zusammenarbeit, mit virtuellen Teams und unterschiedlichen Lebens- und Berufsvorstellungen der Generationen. Eine Ausbildung wie vorgeschlagen ist zeit- und kostenintensiv – wenn Sie jedoch das Plus an Effizienz und Effektivität ausrechnen, das durch weniger Konflikte, weniger Sitzungen, geringere Fluktuation entsteht, werden Sie ein deutliches „Plus" feststellen – die Verbesserung des Betriebsklimas und die neue Unternehmenskultur noch gar nicht einkalkuliert! Oder die Kosten für die Personalsuche, weil wieder jemand gekündigt hat. Hier sei an die Aussagen aus der Metaanalyse 2016 von Gallup Deutschland erinnert:

> » …ist in Teams mit hoch gebundenen Mitgliedern die Produktivität um 20 Prozent und die Rentabilität um 21 Prozent höher als in Arbeitsgruppen mit geringer emotionaler Bindung und:

> » Mitarbeiterbindung ist demnach ein entscheidender Hebel für Leistungs- und Wettbewerbsfähigkeit. Eine mangelnde emotionale Bindung an das eigene Unternehmen geht in den allermeisten Fällen auf Defizite in der Personalführung zurück: Aus motivierten Leuten werden Verweigerer, wenn ihre emotionalen Bedürfnisse bei der Arbeit über einen längeren Zeitraum ignoriert werden. (► http://www.gallup.de/183104/engagement-index-deutschland.aspx).

Wie könnte eine Umsetzung für kleine oder mittlere Unternehmen erfolgen? Sie können sich mit befreundeten, vertrauten Unternehmen zusammentun, um eine Ausbildung mit einem klaren Auftrag durchzuführen. Auch können die einzelnen Module anders zusammengebaut werden: Weniger Tage am Stück, dafür mehr Module, größere Abstände zwischen den Modulen oder… – ganz wie Sie es möchten und wie es in Ihrem Unternehmen umsetzbar ist.

Ich freue mich, wenn Sie über meine Vorschläge nachdenken und im Unternehmen diskutieren – je mehr Unternehmen Führungskräfte mit innerer Haltung haben, desto besser auch für unsere Gesellschaft.

Ich wünsche Ihnen allen ein gutes Unternehmensumfeld, das Sie als Führungskraft fördert und Ihre Kompetenzen zu schätzen weiß.

Als zukünftige Führungskraft wünsche ich Ihnen Zeit für Ihre persönliche Weiterentwicklung zur selbstkompetenten Persönlichkeit mit starken Wurzeln!

Halten Sie mich gern auf dem Laufenden, wie es bei Ihnen weitergeht – vielleicht gibt es ja irgendwann ein Buch mit Praxisbeispielen, wer weiß? Und Sie gehören dann zu den Pionieren…

Gern können wir uns dazu in meinem Blog oder per Mail austauschen, ich freue mich, von Ihnen zu lesen:

Website: ► www.anke-lueneburg.de
Blog: ► https://www.anke-lueneburg.de/blog.html
E.Mail: post@anke-lueneburg.de

Viel Erfolg auf Ihrem weiteren Weg!
Ihre Anke Lüneburg

Literatur

Gallup Deutschland: Engagement Index Deutschland. ► http://www.gallup.de/183104/engagement-index-deutschland.aspx. Zugegriffen: 1. Apr. 2018.

9

Druck:
Canon Deutschland Business Services GmbH
im Auftrag der KNV-Gruppe
Ferdinand-Jühlke-Str. 7
99095 Erfurt